沧州地区
常用园林绿化植物应用手册

◎李 霞 李 霞 刘秀花 编著

U0348142

中国农业科学技术出版社

图书在版编目（CIP）数据

沧州地区常用园林绿化植物应用手册 / 李霞，李霞，刘秀花编著. —北京：
中国农业科学技术出版社，2020. 6

ISBN 978-7-5116-4784-9

Ⅰ. ①沧… Ⅱ. ①李… ②刘… Ⅲ. ①园林植物—沧州—手册 Ⅳ. ①S68-62

中国版本图书馆 CIP 数据核字（2020）第 096777 号

责任编辑　贺可香
责任校对　贾海霞

出 版 者　中国农业科学技术出版社
　　　　　北京市中关村南大街12号　　邮编：100081
电　　话　（010）82109708（编辑室）　（010）82109702（发行部）
　　　　　（010）82109709（读者服务部）
传　　真　（010）82106650
网　　址　http://www.castp.cn
经 销 者　各地新华书店
印 刷 者　北京建宏印刷有限公司
开　　本　710mm×1 000mm　1/16
印　　张　15.75
字　　数　290千字
版　　次　2020年6月第1版　　2020年6月第1次印刷
定　　价　68.00元

◆ 编者简介

　　李霞：女，1975年9月出生，林业高级工程师，现供职于沧州市园林绿化局。河北省住房和城乡建设厅园林专家。多年来从事园林绿化设计与工程管理工作，参与完成沧州市名人植物园、狮城公园、千童公园，河北省第1～4届园博会沧州园建设等重大项目，其中，"狮城公园"获得北京市第十六届优秀设计奖三等奖，"千童公园"获中堪协"计成奖"三等奖，"河北省首届园博会沧州园"获北京市勘察设计协会优秀设计奖三等奖，河北省园博会首届、第三届"先进个人"奖、河北省住房和城乡建设厅科技进步奖一等奖。编纂完成《沧州市创建国家园林城市资料汇编（2015年）》《沧州市国家园林城市资料汇编（2018年）》，2011年由北京理工大学出版社出版《计算机辅助园林设计》一书，参与编制完成《沧州市城市绿地系统规划（2017—2030年）》《沧州市绿廊绿道规划（2017—2035年）》等城市园林绿化规划。参与"沧州蛀干性害虫生物防治技术研究"等科研项目和行业标准5项。

　　李霞：女，1980年12月出生，林业高级工程师，现供职于沧州市园林绿化局。2017年沧州市第九次党代会代表，河北省技术能手、河北省建设行业技术能手。编纂完成《沧州市创建国家园林城市资料汇编（2015年）》《沧州市国家园林城市资料汇编（2018年）》等著作。参与编制完成《沧州市城市绿地系统规划（2017—2030年）》《沧州市绿廊绿道规划（2017—2035年）》等。近年来，主持完成"艺菊砧木的本土化及造型创新""沧州蛀干性害虫生物防治技术研究"等科研项目；作为主研人参与完成"沧州耐盐碱绿化树种的引种及适应性研究""沧州耐盐碱耐寒新优地被品种的引种及适应性研究""城市水体净化中水生植物的选择及应用探析""几种观赏草在沧州盐碱地区的引种适应性研究"等科研项目和行业标准14项，先后获得河北省住房和城乡建设厅科技进步奖一等奖、沧州市科技进步奖三等奖等。目前主要从事耐盐碱植物研究、引种驯化、生物防治及园林城市创建等工作。

　　刘秀花：女，1975年3月出生，中共党员，风景园林专业硕士研究生，林业高级工程师，现供职于沧州市园林绿化局。河北省风景园林学会理事，河北省住房和城乡建设厅园林专家。编纂完成《沧州市创建国家园林城市资料汇编（2015年）》《沧州市国家园林城市资料汇编（2018年）》等著作。参与编制完成《沧州市城市绿地系统规划（2017—2030年）》《沧州市绿廊绿道规划（2017—2035年）》等城市园林绿化规划。主持"沧州耐盐碱绿化树种的引种及适应性研究"等科研课题3项，参与"沧州蛀干性害虫生物防治技术研究"等科研项目和行业标准5项。先后获得河北省建设行业科学技术进步奖一等奖、河北省优秀城市规划设计奖三等奖等。目前主要从事城市园林绿化规划、耐盐碱植物引种驯化研究及园林城市创建和指导等工作。

前　言

　　沧州地处滨海盐碱地带，土质盐碱，水苦且咸，城市园林绿化工作长期以来都面临着苗木选择难、成活率低、保存率低等难题。近年来，随着沧州城市发展纳入京津冀一体化国家战略，沧州成为京津冀生态环境支撑区的重要组成部分，本地园林工作者通过不懈的努力，园林工作取得了长足的进展，通过长期的盐碱地改良、引种驯化和人工培育以及乡土植物的应用，使得园林景观用植物材料越来越丰富，充分体现了生物多样性的原则。如按常规分类园林景观植物分为乔、灌、草三大类，但是随着城市园林的不断发展，园林景观植物多样性在城市绿地上逐渐得以体现，结合植物生态习性和景观功能，本着便于结合生产和实际应用的原则，将沧州地区常用园林植物细分为常绿针叶乔木、常绿阔叶乔木、落叶阔叶乔木、常绿灌木、落叶灌木、藤本攀缘、竹类、草本类、草坪植物、水生植物、观赏草共计11类进行撰写，近年来发展较快的水生植物和观赏草都独立分类介绍。

　　针对本地区园林景观植物应用的现状，结合"沧州市常用绿化素材调查研究"科研项目，我们组织项目组成员、园林局一线养护技术人员、高校师生、相关单位设计人员组成园林景观植物调查组，对沧州市各类绿地进行了较为系统的摸底调查。从形态特征、生长习性、繁殖方式、病虫害、生长状态等各个方面进行记录、整理形成书面材料。据不完全统计，沧州地区共有园林植物种类84科、209属、314种，我们在其中遴选应用较为广泛、存活率高、观赏性强、养护较简易的常用园林绿化植物69科157属265种，依其在沧州市园林绿化中应用的情况，分别按重要品种、一般品种和次要品种进行繁简程度不同讲述，在编写格局上有所不同，使读者一目了然。本书对植物素材通过科属、分布、形态特征、生长习性、繁殖方法及栽培技术要点、主要病虫害、观赏特性及园林用途等几个版块进行阐述。本书可以说是结合了沧州市园林绿化局近二十年在开展本地区园林景观植物的品种繁育、引种驯化、植物栽培、病虫害防控等方面的研究成果，以及

"沧州市常用绿化素材调查研究"科研项目的研究成果，旨在为广大一线园林绿化工作者、园林设计师提供技术指导和帮助。

由于参考文献较多，仅列出一些重要的参考文献。因此，对引用但未列出的文献作者表示感谢。

本书的编写分工：李霞（1975年生），前言、常绿针叶乔木、常绿阔叶乔木、草本类、草坪类；李霞（1980年生），落叶阔叶乔木、常绿灌木、水生植物、观赏草；刘秀花，落叶灌木、藤本攀缘、竹类。在编写过程中，承蒙沧州市城市管理综合行政执法局三级调研员王志刚、沧州市园林绿化局副局长蒋京军的鼓励、指导和大力支持，并在成稿后多次给予审阅校正，陈汝新等专家也提出了中肯的修改意见和建议，还得到了沧州师院叶燕老师和园林专业本科生及本单位公智涛、张晨等的大力协助。在此谨向关心、支持和帮助本书编写的各位领导、专家和同志们表示衷心感谢。

因编写时间较为仓促，资料收集不够全面系统，编者水平所限，恳请各位同行、专家指正，以便再版时补充和修正。

编　者

2019年12月

目　录

1　常绿针叶乔木

1.1　圆柏

别称　桧柏、刺柏。

科属　柏科圆柏属。

分布　产于中国东北南部及华北等地，北自内蒙古及沈阳以南，南至两广北部，东自沿海省份，西至四川、云南。

形态特征　常绿乔木，高可达20m，胸径可达1m；树冠塔形或者圆锥形，老树成广卵形、球形或者钟形。树皮灰褐色，呈浅纵条剥离，有时呈扭转状，裂成长条片。幼树枝条斜上展，老树皮条状扭曲状，大枝近平展。雌雄异株，少同株。秋果近圆球形，翌年成熟，不开裂，暗褐色，外有白粉，有1~4个种子。种子卵形，扁。花期4月下旬，果多翌年10—11月成熟。

生长习性　喜光树种，较耐阴，喜温凉、温暖气候及湿润土壤。忌积水，耐修剪，易整形。耐寒、耐热，对土壤要求不严，能生于酸性、中性及石灰质土壤上，对土壤的干旱及潮湿均有一定的抗性。

繁殖方法及栽培技术要点　最好是选用当年采收的种子，种子保存的时间越长，其发芽率越低；注意选用籽粒饱满、没有残缺、没有畸形、无病虫害的种子。

主要病虫害　圆柏的病虫为害一般不严重，主要有以下几种：

双条杉天牛防治方法：加强养护管理，以增强树势。适当修剪，增强通风透光，使树生长健壮。3月中旬至4月中旬，成虫羽化、幼虫孵化期，可喷1~2次50%氧化乐果乳油200倍液，喷洒桧柏树干中下部，可有效地杀灭成虫、初龄幼虫。

侧柏毒蛾防治方法：于6月中旬和7月中下旬幼虫孵化后，用90%的晶体敌百虫或80%的敌敌畏800~1 000倍液杀灭幼虫。5月下旬和9月中旬在树叶、树皮缝处人工捉蛹。6月上中旬和9月中下旬成虫羽化期利用黑光灯诱杀成虫，或用敌敌畏烟雾熏杀。

蚜虫防治方法：发生期喷40%的乐果乳剂，或25%的亚胺硫磷乳剂，或80%的敌敌畏乳油毒杀若虫、成虫。保护和利用食牙虻等害虫天敌。

病害主要是桧柏梨锈病、桧柏苹果锈病及桧柏石楠锈病等。

观赏特性及园林用途　圆柏幼龄树树冠整齐圆锥形，树形优美，大树干枝扭曲，姿态奇古，可以独树成景，是中国传统的园林树种。因其耐修剪又有很强的耐阴性，故作绿篱比侧柏优良，下面的枝杈不易枯，冬季颜色不变褐色或黄色，且可植于建筑之北侧阴处。中国自古以来多配植于庙宇陵墓作墓道树或柏林。可以群植草坪边缘作背景，或丛植片林、镶嵌树丛的边缘、建筑附近。在本地区可作多景观带常绿树种，公园、游园点缀冬景树种。群植株距2～3m，苗木规格一般高2.5～4m，冠幅为0.8～1.2m，也可用作绿篱。本地区应用广泛，成活率高。圆柏在本地区常用的品种有河南桧、北京桧、蜀桧（下面章节重点介绍），变种有龙柏（下面章节重点介绍）、鹿角桧等。

1.2　洒金柏

别称　黄头柏。

科属　柏科圆柏属。

分布　洒金柏在中国分布很广，南北各地都有分布，其中又以黄河流域为其集中分布区。

形态特征　洒金柏是柏科圆柏属圆柏的一个变种，短生密丛，树冠圆球至圆卵形，叶淡黄绿色，入冬略转褐色。

生长习性　喜光，幼时稍耐阴，适应性强，对土壤要求不严，在酸性、中性、石灰性和轻盐碱土壤中均可生长。耐干旱瘠薄，萌芽能力强，耐寒力一般。

繁殖方法及栽培技术要点　一般在春、秋季扦插，春季扦插略优于秋季。春插在3月上旬至4月中旬，秋插在9月下旬至10月中旬。将处理好的插穗插入圃地。为了防止插穗伤皮，可采用沟埋法（先挖出小沟，再将插条整齐地放入沟内，最后用土掩埋基部）。

主要病虫害　由于其自身有特殊气味，病虫害并不多，也相对好控制。洒金柏上出现的害虫主要是盲蝽象，这种现象较为普遍。

病害主要为洒金柏叶枯病，首先应加强通风透光，降低空气湿度，注意水肥管理。出现枯萎叶片后，应及时修剪并将病叶烧毁或深埋。早春萌芽前喷1～3

波美度的石硫合剂。展叶后可喷粉锈宁、敌锈钠、代森锰锌、氧化萎锈灵等。

观赏特性及园林用途　洒金柏是中国北方应用最广、栽培观赏历史最久的园林树种之一，其树冠浑圆丰满，酷似绿球，叶色金黄，仿佛金沙笼罩，群植中混交一些观叶树种，交相辉映，艳丽夺目。夏绿冬青，不遮光线，不碍视野，尤其在雪中更显生机。洒金柏配植于草坪、花坛、山石、林下，可增加绿化层次，丰富观赏美感。是公园绿化的主要树种之一，同时是一种彩叶树种，观赏价值极佳，对污浊空气有很强的耐力，因此常用于城市绿化，种植于市区街心、路旁等地。本地区绿化可用于公园冬景点缀，丰富色彩。

1.3　龙柏

别称　龙爪柏。

科属　柏科圆柏属。

分布　主要产于长江流域、淮河流域，经过多年的引种，在中国山东、河南、河北等地也有龙柏的栽培。

形态特征　龙柏是圆柏的人工栽培变种。高可达8m，树干挺直，树形呈狭圆柱形，小枝扭曲上伸，故而得名。树冠圆柱状或柱状塔形；枝条向上直展，常有扭转上升之势，小枝密、在枝端成几相等长之密簇；鳞叶排列紧密，幼嫩时淡黄绿色，后呈翠绿色。

生长习性　喜阳，稍耐阴。喜温暖、湿润环境，抗寒。抗干旱，忌积水，排水不良时易产生落叶或生长不良。适生于干燥、肥沃、深厚的土壤，对土壤酸碱度适应性强，较耐盐碱。

繁殖方法及栽培技术要点　主要用嫁接和扦插进行繁殖。嫁接常用2年生（1年生壮苗亦可）侧柏或圆柏作砧木，接穗选择生长健壮的母树侧枝顶梢，长10～15cm。

扦插繁殖有硬枝（休眠枝）和半熟枝扦插两种。休眠枝扦插又有春插和初冬插之分。

主要病虫害　龙柏易发生红蜘蛛、立枯病、枯枝病等病虫害，要注意经常观察，做到早发现早防治。防治红蜘蛛可交替喷施20%螨克乳油3 000倍液、1.8%齐螨素乳油5 000倍液，或15%达嗪酮乳油3 000倍液；立枯病发病初期可用70%甲基托布津可湿性粉剂700～800倍液浇灌；防治枯枝病可喷施50%退菌特可湿性粉剂或70%百菌清可湿性粉剂1 000倍液。

观赏特性及园林用途　龙柏树形优美，枝叶碧绿青翠，公园绿化中冬景树常用苗木，多种植于庭园作美化用途。应用于公园、庭园、绿墙和高速公路中央隔离带。龙柏移栽成活率高，恢复速度快，在园林绿化中使用较多，其本身清脆油亮，生长健康旺盛，观赏价值高。本地区常应用于道路绿化、游园公园绿化及景观带。规格常用高2.5～4m高的苗木，株行距2～3m，也可作龙柏球、龙柏篱栽植。本地区应用广泛，成活率高。

1.4　蜀桧

别称　塔柏。

科属　柏科圆柏属。

分布　产于内蒙古乌拉山、河北、山西、山东、江苏、浙江、福建、安徽、江西、河南、陕西南部、甘肃南部、四川、湖北西部、湖南、贵州、广东、广西北部及云南等地。

形态特征　乔木，高可达20m，胸径可达3.5m；树皮深灰色，纵裂，成条片开裂；幼树的枝条通常斜上伸展，形成尖塔形树冠，老则下部大枝平展，形成广圆形的树冠；树皮灰褐色，纵裂，裂成不规则的薄片脱落；小枝通常直或稍成弧状弯曲，生鳞叶的小枝近圆柱形或近四棱形，径1～1.2mm。叶二型，即刺叶及鳞叶。

枝向上直展，密生，树冠圆柱状或圆柱状尖塔形；叶多为刺形稀间有鳞叶。

生长习性　喜光树种，喜温凉、温暖气候及湿润土壤。

繁殖方法及栽培技术要点　繁殖多用嫩枝扦插，对技术和环境条件要求特别严格。

应在生长健壮、无病虫害的幼龄母树上选择粗壮、饱满、生长旺盛的半木质化嫩枝作插穗。为防止枝条失水，最好在清晨剪穗，做到即剪即激素处理。插条长度以4～10cm为宜，要剪去基部叶片，保留其上部叶片，下切口要靠近腋芽。扦插深度以1～3cm为好，便于通气。

主要病虫害　常见病害有圆柏梨锈病、圆柏苹果锈病及圆柏石楠锈病等。应注意防治，最好避免在苹果、梨园等附近种植。

观赏特性及园林用途　应用于各种形式的绿地中，因该树种多种植与陵园，居住区绿地慎用。本地区应用广泛，成活率高。

1.5 侧柏

别称 黄柏、香柏、扁柏、扁桧、香树、香柯树。

科属 柏科侧柏属。

分布 侧柏为中国特产，除青海、新疆外，全国均有分布。寿命很长，常有百年和数百年以上的古树。已被选为北京市的市树。

形态特征 乔木，高可达20m，胸径可达1m；树皮薄，浅灰褐色，纵裂成条片；枝条向上伸展或斜展，幼树树冠卵状尖塔形，老树树冠则为广圆形；生鳞叶的小枝细，向上直展或斜展，扁平，排成一平面。

叶鳞形，长1～3mm，先端微钝，小枝中央的叶的露出部分呈倒卵状菱形或斜方形，背面中间有条状腺槽，两侧的叶船形，先端微内曲，背部有钝脊，尖头的下方有腺点。

雄球花黄色，卵圆形，长约2mm；雌球花近球形，径约2mm，蓝绿色，被白粉。

生长习性 喜光，幼时稍耐阴，适应性强，对土壤要求不严，在酸性、中性、石灰性和轻盐碱土壤中均可生长。耐干旱瘠薄，萌芽能力强，耐寒力中等，耐强太阳光照射，耐高温、浅根性。

繁殖方法及栽培技术要点 主要是播种繁殖，要选择20～50年生的树木作为母树。

侧柏适于春播，侧柏生长缓慢，为延长苗木的生养期，应依据本地天气条件适期早播为宜，例如华北地区3月中下旬为好。

主要病虫害 侧柏叶枯病防治方法：应促进侧柏生长，采取适度修枝和间伐，以改善生长环境，降低侵染源。有条件的可以增施肥料，促进生长。化学防治可以采用杀菌剂烟剂，在子囊孢子释放盛期的6月中旬前后，按每公顷15kg的用量，于傍晚放烟，可以获得良好的防治效果。经大面积防治试验，用杀菌剂Ⅰ号和Ⅱ号烟剂，放烟1次，其效果在50%以上。

观赏特性及园林用途 侧柏在园林绿化中有着不可或缺的地位，可用于行道、庭园、大门两侧、绿地周围、路边花坛及墙垣内外，均极美观。小苗可做绿篱、隔离带围墙点缀。侧柏对污浊空气具有很强的耐力，在市区街心、路旁种植，生长良好，不碍视线，吸附尘埃，净化空气。侧柏配植于草坪、花坛、山石、林下，可增加绿化层次，丰富观赏美感。

1.6 油松

别称 短叶松、短叶马尾松、红皮松、东北黑松。

科属 松科松属。

分布 分布于吉林、辽宁、河北、河南、山东、山西、内蒙古、陕西、甘肃、宁夏、青海、四川等地。

形态特征 乔木，高可达25m，胸径可达1m以上；树皮灰褐色或褐灰色，裂成不规则较厚的鳞状块片，裂缝及上部树皮红褐色；枝平展或向下斜展，老树树冠平顶，小枝较粗，褐黄色，无毛，幼时微被白粉；冬芽矩圆形，顶端尖，微具树脂，芽鳞红褐色，边缘有丝状缺裂。

生长习性 油松为喜光、深根性树种，喜干冷气候，在土层深厚、排水良好的酸性、中性或钙质黄土上均能生长良好。

繁殖方法及栽培技术要点 油松可播种育苗，还可以用营养杯育苗。

在园林工程种植中，要注意土球不能松散，穴状换土不低于1.2m见方，在种植前施足底肥，种植点略高出地面以利于排水。

主要病虫害 常见病害有油松立枯病、油松松针锈病等，常见害虫有油松毛虫和油松球果螟。要细心养护，多加防治。

观赏特性及园林用途 油松树干挺拔苍劲，四季常青，不畏风雪严寒。在古典园林中可作为主要景物，以一株即成一景者极多，三五株组成美丽景物者更多，其他作为配景、背景、框景等屡见不鲜。在本地园林配植中，除了适于作独植、丛植、纯林群植外，亦宜行混交种植。也可作为造型植于山石旁，可应用于各类绿地形式中，效果良好。因养护成本较高，建议作为景观的景点树，不宜多植，且成活率不理想，要加强养护管理。

1.7 黑松

别称 白芽松。

科属 松科松属。

分布 产自中国东北南部及华北等地，原产日本及朝鲜南部海岸地区。

形态特征 乔木，高可达30m，胸径可达2m；幼树树皮暗灰色，老则灰黑色，粗厚，裂成块片脱落；枝条开展，树冠宽圆锥状或伞形；一年生枝淡褐黄色，无毛；冬芽银白色，圆柱状椭圆形或圆柱形，顶端尖，芽鳞披针形或条状披针形，边缘白色丝状。针叶2针一束，深绿色，有光泽，粗硬，长6~12cm，径

1.5～2mm，边缘有细锯齿，背腹面均有气孔线；横切面皮下层细胞1或2层、连续排列，两角上2～4层，树脂道6～11个，中生。

生长习性　喜光，耐干旱瘠薄，不耐水涝，不耐寒。最宜在土层深厚、土质疏松，且含有腐殖质的砂质土壤处生长。抗病虫能力强，生长慢，寿命长。

繁殖方法及栽培技术要点　以有性繁殖为主，亦可用营养繁殖。其中枝插和针叶束插均可获得成功，但难度比较大，生产上仍以播种育苗为主。

耐寒耐旱，宜种于光照充足、空气流动之处。喜干燥而忌积水，浇水不可过量，见干才浇，浇则浇透。在生长期适当控水，可使枝干粗矮，针叶短小，增添观赏价值。夏季高温时，可经常喷叶面水，有利生长。

主要病虫害　为害黑松的害虫有很多种，如松大蚜、松干蚧、松梢螟、松毛虫等。每年3月下旬至4月下旬和7月下旬至8月下旬，喷洒2∶2∶100的波尔多液，或70%的甲基托布津400倍液，40%的多菌灵500倍液，75%的百菌清可湿性粉剂500倍液，10～15天1次，连续2～3次。为防止产生抗药性，应将以上药品交替使用。

观赏特性及园林用途　黑松一年四季常青，抗病虫能力强，是园林绿化中常用品种。其枝干横展，树冠如伞盖，针叶浓绿，四季常青，树姿古雅，可终年欣赏。本地区园林常作为冬景点景树及造型松盆景植于山石旁。由于养护成本比较高，目前在本地区的应用主要作为点景树，不宜大量应用。

1.8　白皮松

别称　白骨松、三针松、白果松、虎皮松、蟠龙松。

科属　松科松属。

分布　中国特有树种，分布于山西、河南西部、陕西秦岭、甘肃南部及天水麦积山、四川北部江油观雾山及湖北西部等地，苏州、杭州、衡阳等地均有栽培。生于海拔500～1 800m地带。

形态特征　乔木，高可达30m，胸径可达3m；有明显的主干，或从树干近基部分成数干；枝较细长，斜展，形成宽塔形至伞形树冠；幼树树皮光滑，灰绿色，长大后树皮成不规则的薄块片脱落，露出淡黄绿色的新皮，老则树皮呈淡褐灰色或灰白色，裂成不规则的鳞状块片脱落，脱落后近光滑，露出粉白色的内皮，白褐相间成斑鳞状；一年生枝灰绿色，无毛；冬芽红褐色，卵圆形，无树脂。针叶3针一束，粗硬，长5～10cm，径1.5～2mm，叶背及腹面两侧均有气孔线。

生长习性 喜光树种，耐瘠薄土壤及较干冷的气候；在气候温凉、土层深厚、肥润的钙质土和黄土上生长良好。对二氧化硫及烟尘的污染有较强的抗性，生长较缓慢。

繁殖方法及栽培技术要点 繁殖方法主要是嫁接，如采用嫩枝嫁接繁殖，应将白皮松嫩枝嫁接到油松大龄砧木上。白皮松嫩枝嫁接到3~4年生油松砧木上，一般成活率可达85%~95%，且亲和力强，生长快。接穗应选生长健壮的新梢，其粗度以0.5cm为好。

主要病虫害 病害有松落针病、松赤落叶病、煤污病。以上病害最好的措施就是防治蚜虫、介壳虫、粉虱等害虫，适当修剪以利于通风、透光，增强树势，减少发病，发病严重时可喷洒0.3波美度的石硫合剂。

害虫有：红脂大小蠹，如为害株数多、症状较轻，可使用植物性引诱剂诱杀防治；松大蚜，寄主以松类等为主，主要为害针叶、嫩梢、幼树或树干，可采用食蚜虻、瓢虫等天敌来控制。化学防治方法为在4月中旬用10%吡虫啉1 000~1 500倍液喷洒。

观赏特性及园林用途 白皮松是中国特有的园林绿化树种。树形多姿，四季青翠葱郁，枝条稠密均匀，挺拔向上生长；幼树树皮光滑，灰绿色，大树树皮不规则鳞片剥落露出乳白色内皮，淡褐色，剥落处灰绿白色，以后长期为白色，视之斑斓如白龙，独具奇观；针叶3针一束，是东亚唯一的三针松，松针粗短色浓，观之茂密繁重；白皮松有主干明显和自基部分生数个主干2种类型。分枝型离地2~3m，常分数干，枝疏生而横展，呈伞形树冠。白皮松树冠有阔圆锥形、卵形或圆头形3种。在本地区常用于道路绿化、公园等冬季景观。应用时种植于排水良好之处或地形之上，加强养护管理。不宜大量使用，可作为点景树。

1.9 华山松

别称 五须松、果松、青松、五叶松。

科属 松科松属。

分布 华山松产于山西南部中条山（北至沁源海拔1 200~1 800m）、河南西南部及嵩山、陕西南部秦岭（东起华山，西至辛家山，海拔1 500~2 000m）甘肃南部（洮河及白龙江流域）、四川、湖北西部、贵州中部及西北部、云南及西藏雅鲁藏布江下游海拔1 000~3 300m地带。江西庐山、浙江杭州等地有栽培。模式标本采自陕西秦岭。

形态特征 乔木，高可达35m，胸径可达1m；幼树树皮灰绿色或淡灰色，平滑，老则呈灰色，裂成方形或长方形厚块片固着于树干上，或脱落；枝条平展，形成圆锥形或柱状塔形树冠；一年生枝绿色或灰绿色（干后褐色），无毛，微被白粉；冬芽近圆柱形，褐色，微具树脂，芽鳞排列疏松。

花期4—5月，球果翌年9—10月成熟。

生长习性 阳性树，但幼苗略喜一定庇荫。喜温和凉爽、湿润气候，自然分布区年平均气温多在15℃以下，年降水量600～1 500mm，年平均相对湿度大于70%。耐寒力强，在其分布区北部，甚至可耐-31℃的低温。不耐炎热，在高温季节长的地方生长不良。喜排水良好，能适应多种土壤，最宜深厚、湿润、疏松的中性或微酸性壤土。不耐盐碱土，耐瘠薄能力不如油松、白皮松。

繁殖方法及栽培技术要点 繁殖方法播种繁殖为主。大苗木移植必须带土球，移栽时间以新芽萌动前成活率最高，栽植后立支架，勤喷水。用于庭院观赏的华山松，注意保护下面的枝杈，不必修剪，修剪易引起剪口流胶，保持其原有的苗木形。

主要病虫害 常见病害有松瘤病、叶枯病等，虫害主要有华山松大小蠹、松叶蜂、油松毛虫、松梢螟等。受松蚜虫的为害，常引起枝叶变色，叶卷曲皱缩或形成虫瘿，影响树木生长；同时因蚜虫大量分泌蜜露污染叶面，不仅影响正常的光合作用，还会诱发煤污病的发生。可用5%川保3号粉剂、2.5%溴氰菊酯5 000～10 000倍液或杀虫优油剂1号150～500倍液超低量喷雾防治。

观赏特性及园林用途 华山松高大挺拔，树皮灰绿色，叶5针一束，冠形优美，姿态奇特，是良好的绿化风景树。也是点缀庭院、公园、校园的珍品，植于假山旁、流水边更富有诗情画意。针叶苍翠，生长迅速，是优良的庭院绿化树种。华山松在园林中可用作园景树、庭荫树、行道树及林带树，亦可用于丛植、群植。本地区多应用于居住区绿化，孤植或三五株一组栽植。不宜大量使用，可作为点景树栽植。

1.10 樟子松

别称 海拉尔松、蒙古赤松、西伯利亚松、黑河赤松。

科属 松科松属。

分布 产于中国黑龙江大兴安岭海拔400～900m山地及海拉尔以西、以南沙丘地区。蒙古亦有分布。

形态特征 大乔木，高可达30m，胸径可达1m；树冠呈阔卵形。1年生枝淡黄褐色，无毛，2~3年枝灰褐色。冬芽淡褐黄至赤褐色，卵状椭圆形，有树脂。叶2针1束，较短硬而扭旋，长4~9cm，树脂道6~11，边生，叶断面呈半圆形，两面均有气孔线，边缘有细锯齿。雌雄花同株而异枝，雄球花黄色，聚生于新梢基部；雌球花淡紫红色，有柄，授粉后向下弯曲。球果长卵形，长3~6cm，径2~3cm，果柄下弯。

生长习性 喜光树种，比油松更能耐寒冷及干燥，又能生于砂地及石砾砂地地带，在大兴安岭阳坡有纯林。生长速度较快，尤以10~40年生期间高生长最旺。在自然界与之混交的种类视土壤条件而异。

繁殖方法及栽培技术要点 用种子繁殖。播种后在育苗地四周及中间设置防风障，5月下旬至6月上旬分两次撤出。为保持土壤水分、提高地温，床面需覆1层谷草，厚度以不见床面为宜，待苗出土后及时撤出。

主要病虫害 松苗立枯病：出苗后发病时用药防治：30%苏化911粉，每亩用药量0.75kg作药土，撒在苗床面上，或每亩用30%苏化911乳油720ml加水250~500kg，或新洁尔灭1：5 000也行。每次施药10~30min后，喷清水1次，洗掉叶上药液，免去药害。

观赏特性及园林用途 生长较快，适应性强，可作庭园观赏及绿化树种。目前本地应用较少，可在公园或者景观带做点景树栽植。

1.11 雪松

别称 香柏、喜马拉雅杉。

科属 松科雪松属。

分布 分布于阿富汗至印度，海拔1 300~3 300m地带。北京、旅顺、大连、青岛、徐州、上海、南京、杭州、南平、庐山、武汉、长沙、昆明等地已广泛栽培作庭园树。

形态特征 乔木，高可达30m左右，胸径可达3m；树皮深灰色，裂成不规则的鳞状片；枝平展、微斜展或微下垂，基部宿存芽鳞向外反曲，小枝常下垂，一年生长枝淡灰黄色，密生短茸毛，微有白粉，二三年生枝呈灰色、淡褐灰色或深灰色。

生长习性 喜阳光充足，也稍耐阴，在气候温和、凉润、土层深厚排水良好的酸性土壤上生长旺盛。在微碱性土也能生长。雪松喜年降水量600~

1 000mm的暖温带至中亚热带气候，在中国长江中下游一带生长最好。

繁殖方法及栽培技术要点 雪松可用土质疏松、排水良好的微酸性沙质壤土。以春季3—4月为宜，秋后亦可。一般用播种和扦插繁殖。播种可于3月中下旬进行，扦插一般都在春、秋两季进行。

主要病虫害 幼苗期易受病虫为害，尤以猝倒病和地老虎为害最烈，其他害虫有蛴螬、大袋蛾、松毒蛾、松梢螟、红蜡蚧、白蚁等，要及时防治。另外，要密切关注雪松的流胶情况，这是根系生长不良生理表现，及时调整管养措施。

灰霉病主要为害雪松的当年生嫩梢及两年生小枝，生长期一定做好防治。

观赏特性及园林用途 雪松是世界著名的庭园观赏树种之一。它具有较强的防尘、减噪与杀菌能力，也适宜作工矿企业绿化树种。雪松树体高大，树形优美，最适宜孤植于草坪中央、建筑前庭之中心、广场中心或主要建筑物的两旁及园门的入口等处。其主干下部的大枝自近地面处平展，长年不枯，能形成繁茂雄伟的树冠，此外，列植于园路的两旁，形成甬道，亦极为壮观。本地区常种植于单位、公园、游园、景观带中，种植位置在微地形上为佳。

1.12 云杉

别称 粗枝云杉、大果云杉、粗皮云杉。

科属 松科云杉属。

分布 云杉为中国特有树种，以华北山地分布为广，东北的小兴安岭等地也有分布。产于陕西西南部（凤县）、甘肃东部（两当）及白龙江流域、洮河流域。

形态特征 乔木，小枝有疏生或密生的短柔毛，或无毛，一年生时淡褐黄色、褐黄色、淡黄褐色或淡红褐色，叶枕有白粉，或白粉不明显，二三年生时灰褐色，褐色或淡褐灰色；冬芽圆锥形，有树脂，基部膨大，上部芽鳞的先端微反曲或不反曲，小枝基部宿存芽鳞的先端多少向外反卷。

生长习性 云杉耐阴、耐寒，喜欢凉爽湿润的气候和肥沃深厚、排水良好的微酸性沙质土壤，生长缓慢，属浅根性树种。在气候凉润、土层深厚、排水良好的微酸性棕色森林土地带生长迅速，发育良好。

繁殖方法及栽培技术要点 云杉一般采用播种育苗或扦插育苗。云杉种植发芽的有效温度为8℃，浸种催芽后在早春播种。幼苗不耐旱，宜多浇水保持湿润，对阳光抵抗力弱，应架设阴棚以免日灼伤。扦插育苗可在1～5年生实生苗上剪取1年生充实枝条作插穗最好，成活率最高。硬枝扦插在2—3月进行，落叶后剪取，捆扎、沙藏越冬，翌年春季插入苗床，喷雾保湿，30～40天生根。嫩枝扦插在5—6月进行，选取半木质化枝条，长12～15cm，插后20～25天生根。

主要病虫害 虫害有松天牛、袋蛾、蚜虫，防治措施可人工捕杀、用药物防治。病害有根腐病、叶枯病、赤枯病等，发病期间喷施波尔多液（即用500g硫酸铜、500g石灰加50kg水配制而成）。

观赏特性及园林用途 是常用的冬景树，可孤植，可对植，可群植，一般用于公园及景观，是优良的针叶常绿树种。本地区常用于景观带、公园中冬景的营造，成活率较高，但也不宜大量使用，增加养护成本。

1.13 青杆

别称 青云杉、刺儿松、细叶云杉。

科属 松科云杉属。

分布 青杆为中国特有树种，产于内蒙古（多伦、大青山）、河北（小五台山、雾灵山海拔1 400～2 100m）、山西（五台山、管涔山、关帝山、霍山海拔1 700～2 300m）、陕西南部、湖北西部海拔1 600～2 200m、甘肃中部及南部洮河与白龙江流域海拔2 200～2 600m、青海东部海拔2 700m、四川东北部及北部岷江流域上游海拔2 400～2 800m地带。江西庐山有栽培。适应性较强，为中国产云杉属中分布较广的树种之一。

形态特征 乔木，高可达50m，胸径可达1.3m；树皮灰色或暗灰色，裂成不规则鳞状块片脱落；枝条近平展，树冠塔形；一年生枝淡黄绿色或淡黄灰色，无毛，稀有疏生短毛，二三年生枝淡灰色、灰色或淡褐灰色；冬芽卵圆形，无树脂，芽鳞排列紧密，淡黄褐色或褐色，先端钝，背部无纵脊，光滑无毛，小枝基部宿存芽鳞的先端紧贴小枝。

生长习性 耐阴，喜温凉气候及湿润、深厚而排水良好的酸性土壤，适应性较强。在气候温凉，土壤湿、深厚，排水良好的微酸性地带生长良好。

繁殖方法及栽培技术要点 繁殖方法主要为播种和扦插，扦插采用硬枝扦插和嫩枝扦插。工程苗栽植时，注意土球一定不能松散，并施足底肥。生长期做好防护。

主要病虫害 病害有根腐病、叶枯病、茎枯病、赤枯病、紫纹羽病等，防治方法：对地上部生长不良的树木，秋季应扒土晾根，并刮除病部及涂药，挖开根区土壤寻找患病部位；对于主要为害细、支根的紫纹羽病，要观察地上部位的病害表现，先从重病侧部位，再详细追寻发病部位。虫害主要有松天牛、松毒蛾、袋蛾、蚜虫等，要加强防治。

观赏特性及园林用途 由于青杆树姿美观，树冠茂密翠绿，已成为北方地区园林绿化、庭院绿化树种的佼佼者。本地区常用于公园、景观带等，多栽植于微地形之上。一般常用规格高3～5m，株距3～5m为宜，少量栽植为宜。

1.14 白杆

别称 白云杉。

科属 松科云杉属。

分布 为中国特有树种，分布于山西（五台山区、管涔山区、关帝山区）、河北（小五台山区、雾灵山区）、内蒙古西乌珠穆沁旗。北京、北戴河、辽宁兴城、河南安阳等地有栽培。

形态特征 乔木，高可达30m，胸径可达60cm。树皮灰褐色，不规则块状脱落，枝近平展，小枝黄褐色或褐色，具密或疏短毛，稀无毛，冬芽圆锥形，褐色，稍具树脂，上部芽鳞常微向外反曲，小枝基部宿存的芽鳞先端微反曲或开展。

生长习性 耐阴，喜温凉气候及湿润、深厚而排水良好的酸性土壤，适应性较强。在气候温凉，土壤湿、深厚，排水良好的微酸性地带生长良好。

繁殖方法及栽培技术要点 一般采用播种育苗或扦插育苗，在1～5年生实生苗上剪取1年生充实枝条作插穗最好，成活率最高。硬枝扦插在2—3月进行，落叶后剪取，捆扎、沙藏越冬，翌年春季插入苗床，喷雾保湿，30～40天生根。

主要病虫害 病害有根腐病、叶枯病、茎枯病、赤枯病、紫纹羽病等，防治方法：对地上部生长不良的树木，秋季应扒土晾根，并刮除病部及涂药，挖开根区土壤寻找患病部位；对于主要为害细、支根的紫纹羽病，要观察地上部位的病害表现，先从重病侧部位，再详细追寻发病部位。虫害主要有松天牛、松毒蛾、袋蛾、蚜虫、蚧壳虫等。

观赏特性及园林用途 树体高大，树形优美，适合作为冬季点景树，亦可孤植、对植、组团种植，是常用的常绿景观乔木。本地区主要应用于游园及景观带，种植规格与密度同青杆云杉。

2　常绿阔叶乔木

大叶女贞

别称　桢树、长叶女贞、冬青、女贞籽、山白蜡树、无毛女贞。

科属　木犀科女贞属。

分布　分布于中国及喜马拉雅山一带；主分布于中国长江流域以南各地及陕西、甘肃南部，全国各地均有栽培。

形态特征　小乔木或灌木（本地区多为乔木），高可达12m；在本地可以常绿或半常绿，树皮灰褐色。枝黄褐色、褐色或灰色，圆柱形，疏生圆形皮孔，小枝橄榄绿色或黄褐色至褐色，圆柱形，节处稍压扁，幼时被短柔毛，后无毛。叶片纸质，椭圆状披针形、卵状披针形或长卵形。圆锥花序疏松，顶生或腋生，长7~20cm，宽7~16cm。花期3—7月，果期8—12月。

生长习性　暖地喜光树种，稍耐阴，喜温暖、湿润气候，不耐寒，不耐干旱贫瘠，在微酸、微碱性土壤上均能生长。

繁殖方法及栽培技术要点　大叶女贞主要采用播种方式进行繁殖，也可采用扦插方式繁殖，后者主要用于科研方面，又分为硬枝扦插和嫩枝扦插。

主要病虫害　大叶女贞的病害有叶褐斑病，它主要为害幼苗的叶片，发病初期叶片会出现红褐色小斑块，斑点周围有紫色晕圈，斑块有黑色霉状物忌连作，栽植前应用五氯硝基苯或福尔马林等对土壤进行消毒处理。加强水肥管理，不偏施氮肥，栽植地不可积水。发生后可喷施75%百菌清可湿性粉剂800倍液或70%甲基托布津可湿性粉剂1 000倍液进行防治，每7天喷施1次，连续喷三四次可有效控制住病情。

大叶女贞在春末夏初时节易受蚜虫侵害，因此应以预防为主，可在5月底时用氧化乐果800倍液进行喷洒。

观赏特性及园林用途　具有滞尘抗烟的功能，能吸收二氧化硫，适应厂矿、城市绿化，是少见的北方常绿阔叶树种之一。

大叶女贞是优良的绿化树种，用途广，可作为行道树或庭院树，也可作为绿篱，但是要注意冬季防寒。不宜在道路景观带中大量应用，用于点景栽植。

3 落叶阔叶乔木

3.1 白蜡

别称 中国蜡、虫蜡、川蜡、黄蜡、蜂蜡、青榔木、白荆树。

科属 木犀科白蜡属。

分布 北自中国东北中南部，经黄河流域、长江流域，南达广东、广西，东南至福建，西至甘肃均有分布。

形态特征 落叶乔木，高10~15m；树皮灰褐色，纵裂。树冠卵圆形，芽阔卵形或圆锥形，被棕色柔毛或腺毛。小枝黄褐色，粗糙，无毛或疏被长柔毛，旋即秃净，皮孔小，不明显。羽状复叶长15~25cm；叶柄长4~6cm，基部不增厚；叶轴挺直，上面具浅沟，初时疏被柔毛，旋即秃净；小叶5~7枚，硬纸质，卵形、倒卵状长圆形至披针形。

生长习性 白蜡树属于喜光树种，稍耐阴，对霜冻较敏感。喜深厚较肥沃湿润的土壤，常见于平原或河谷地带，较耐轻盐碱性土。

繁殖方法及栽培技术要点 多采用扦插繁殖。工程苗木栽植时，截干带冠均可，带冠栽植时，一定要适当修剪，以保证成活率，所带土球要完整不松散，运输时草绳保护树干，栽植后及时浇水。

主要病虫害 白蜡树病虫害较少，主要有白蜡蚧蚧、水曲柳巢蛾、白蜡梢距甲、灰盔蜡蚧、四点象天牛、花海小蠹等。可用50%杀螟松1 000倍液喷杀初龄幼虫。

病害主要是白蜡流胶病、煤烟病和牛藓病，目前钻蛀性害虫天牛类和小线角木蠹蛾较严重，宜采用肿腿蜂等生物防治措施，或者喷施注射药物清除。

观赏特性及园林用途 该树种形体端正，树干通直，枝叶繁茂而鲜绿，秋叶橙黄，是优良的行道树、庭院树、公园树和遮阴树；可用于湖岸绿化和工矿区绿化，本地区最常用作行道树栽植。成活率高，养护成本低，宜大量应用。工程苗规格多为胸径10cm左右，株距5m以上。

3.2 速生白蜡

科属 木犀科白蜡树。

分布 北自中国东北中南部，经黄河流域、长江流域，南达广东、广西，东南至福建，西至甘肃均有分布。

形态特征 树冠卵圆形，树皮黄褐色。小枝光滑无毛。奇数羽状复叶，对生，小叶5~9枚，通常7枚，卵圆形或卵状披针形，长3~10cm，先端渐尖，基部狭，不对称，缘有齿及波状齿，表面无毛，背面沿脉有短柔毛。圆锥花序侧生或顶生于当年生枝上，大而疏松；椭圆花序顶生及侧生，下垂，夏季开花。花萼钟状；无花瓣。翅果倒披针形，长3~4cm。花期3—5月；果10月成熟。翅果扁平，披针形。

生长习性 喜湿润，生长快，较耐盐碱。

繁殖方法及栽培技术要点 采用扦插方式繁殖，在幼苗生长过程中，加强对幼苗的抚育管理是培育壮苗的关键。

主要病虫害 在速生白蜡苗木病虫害防治工作中，应从冬耕、土壤消毒、精选良种、种子消毒、合理施肥、适时早播和经营管理等方面入手，预防病虫害的发生。

观赏特性及园林用途 速生白蜡的观赏价值高，所以在园林绿化的应用中，速生白蜡也非常普及。速生白蜡是防风固沙、城镇绿化美化、生态建设的优良树种，其枝叶繁茂，根系发达，生长迅速，耐旱、耐涝、耐寒、耐盐碱，抗风、抗病虫害，适应性强，干形通直，树形美观，在含盐碱量0.3%以下的土壤上正常生长。

可广泛应用于各种绿地类型，尤其做行道树，生长迅速，成荫快，但需防治钻驻性害虫，规格及株距同白蜡，但目前因钻驻性害虫严重，大量作为行道树或背景树时请慎重考量。

3.3 暴马丁香

别称 暴马子、白丁香、荷花丁香、阿穆尔丁香。

科属 木犀科丁香属。

分布 产于中国黑龙江、吉林、辽宁。生于山坡灌丛或林边、草地、沟边，或针、阔叶混交林中，海拔10~1 200m。俄罗斯远东地区和朝鲜也有分布。

形态特征 暴马丁香是落叶小乔木或大乔木，高4～10m，可达15m，具直立或开展枝条；树皮紫灰褐色，具细裂纹。枝灰褐色，无毛，当年生枝绿色或略带紫晕，无毛，疏生皮孔，二年生枝棕褐色，光亮，无毛，具较密皮孔，有时带宿存芽鳞。

生长习性 喜温暖、湿润及阳光充足。稍耐阴，阴处或半阴处生长衰弱，开花稀少。具有一定耐寒性和较强的耐旱力。对土壤的要求不严，耐瘠薄，喜肥沃、排水良好的土壤，忌在低洼地种植，积水会引起病害，直至全株死亡。

繁殖方法及栽培技术要点 多采用扦插方式繁殖。扦插可于花后1个月，选当年生半木质化健壮枝条作插穗，插穗长15cm左右，用50～100ml/L吲哚丁酸水溶液处理15～18h，插后用塑料薄膜覆盖，1个月后即可生根，生根率达80%～90%。扦插也可在秋、冬季取木质化枝条作插穗，一般于露地埋藏，翌春扦插。

主要病虫害 病害有凋萎病、叶枯病、萎蔫病等，另外还有病毒引起的病害。一般病害多发生在夏季高温高湿时期。害虫有毛虫、刺蛾、潜叶蛾及大胡蜂、介壳虫等，应注意防治。

观赏特性及园林用途 暴马丁香花序大，花期长，树姿美观，花香浓郁，花芬芳袭人，为著名的观赏花木之一，在中国园林中亦占有重要位置。植株丰满秀丽，枝叶茂密，且具独特的芳香，散植于园路两旁、草坪之中；与其他种类丁香配植成专类园，形成美丽、清雅、芳香、青枝绿叶、花开不绝的景区，效果极佳。因其香味特殊，有人会有过敏反应，居住区远离居民楼窗户处栽植。目前在沧州试种不宜大量应用，可作为点景树进行应用。

3.4 流苏树

别称 萝卜丝花、牛筋子、乌金子、茶叶树、四月雪。

科属 木犀科流苏树属。

分布 产于甘肃、陕西、山西、河北、河南以南至云南、四川、广东、福建及我国台湾各地有栽培。朝鲜、日本也有分布。

形态特征 流苏树属落叶灌木或乔木，高可达20m。小枝灰褐色或黑灰色，圆柱形，开展，无毛，幼枝淡黄色或褐色，疏被或密被短柔毛。树皮和小枝皮常卷裂。

生长习性 流苏树喜光，稍耐阴，较耐寒、耐旱，忌积水，生长速度较慢，寿命长，耐瘠薄，对土壤要求不严，但以在肥沃、通透性好的沙壤土中生长最好，有一定的耐盐碱能力，在pH值为8.7、含盐量0.2%的轻度盐碱土中能正常生长。

繁殖方法及栽培技术要点　流苏树的繁殖可采取播种、扦插和嫁接等方法。播种繁殖和扦插繁殖简便易行，且1次可获得大量种苗，故最为常用。扦插繁殖一般多在7—8月进行，选取当年生半木质化枝条，进行扦插。

主要病虫害　流苏树常见的病害是褐斑病，如果有褐斑病发生，除加强水肥管理注意通风透光外，还可用75%百菌清可湿性粉剂800倍液或50%多菌灵可湿性粉剂500倍液进行防治，每10天1次，可有效控制住病情。

流苏树育苗最大的虫害就是金龟子，常用的防治方法是用辛硫磷配成溶液后进灌根，亩施1 000g对水即可，或用敌百虫1 000倍液喷叶进行防治成虫。

观赏特性及园林用途　流苏树适应性强，寿命长，成年树植株高大优美、枝叶繁茂，花期如雪压树，且花形纤细，秀丽可爱，气味芳香，是优良的园林观赏树种，不论点缀、群植、列植均具很好的观赏效果。既可于草坪中数株丛植；也宜于路旁、林缘、水畔、建筑物周围散植。流苏树生长缓慢，尺度宜人，培养成单干苗，作小路的行道树。目前应用尚在实验阶段，慎重大量栽植，可用于公园绿化丰富种植品种。

3.5　石楠

别称　红树叶、石岩树叶、水红树、山官木、细齿石楠、凿木。

科属　蔷薇科石楠属。

分布　产于我国安徽、甘肃、河南、江苏、陕西、浙江、江西、湖南、湖北、福建、台湾、广东、广西、四川、云南、贵州。日本、印度尼西亚也有分布。

形态特征　本地表现为落叶至半常绿小乔木，也可栽植成灌木状或者修剪成球。高达4~12m。全体几无毛。叶长椭圆形至倒卵状长椭圆形，长8~20cm，先端尖，基部圆形或广楔形，缘有细尖锯齿，革质有光泽，幼叶带红色。花白色，径6~8mm，成顶生复伞房花序。果球形，径5~6mm，红色。花期5—7月，果熟期10月。

生长习性　喜光，稍耐阴；喜温暖，尚耐寒，能耐短期的-15℃低温，在西安可露地越冬；喜排水良好的肥沃壤土，也耐干旱瘠薄，能生长在石缝中，不耐水湿。生长较慢。

繁殖方法及栽培技术要点 繁殖以播种为主，种子进行层积，翌年春天播种。也可在7—9月进行踵状扦插或于秋季进行压条繁殖。一般无须修剪，也不必特殊管理。

主要病虫害 主要有叶斑病和灰霉病。防治方法：一是及时清理病叶；二是发病初期喷施波尔多液100～150倍液、60%～75%代森锌500～1 000倍液等进行防治。

灰霉病可用50%多菌灵1 000倍液喷雾预防，发病期可用1%波尔多液每半个月喷1次，或用50%代森锌800倍液喷雾防治。

观赏特性及园林用途 作为庭荫树或进行绿篱栽植效果更佳。根据园林绿化布局需要，可修剪成球形或圆锥形等不同的造型。在园林中孤植或基础栽植均可，丛栽使其形成低矮的灌木丛。目前应用量较少，需在公园或者居住区小气候较好的位置栽植，并注意冬季防寒防护。

3.6 红叶石楠

别称 火焰红、千年红、红罗宾、红唇、酸叶石楠、酸叶树。

科属 蔷薇科石楠属。

分布 主要分布在亚洲东南部与东部和北美洲的亚热带与温带地区，在我国许多省区也已广泛栽培。

形态特征 本地表现为落叶至半常绿小乔木或者灌木，乔木高可达5m、灌木高可达2m。树冠为圆球形，叶片革质，长圆形至倒卵状、披针形，叶端渐尖，叶基楔形，叶缘有带腺的锯齿。春季新叶红艳，夏季转绿，秋、冬、春三季呈红色，冬季上部叶鲜红，下部转为深红。花多而密，复伞房花序，花白色，梨果黄红色，5—7月开花，9—10月结果。

生长习性 红叶石楠在温暖潮湿的环境生长良好。但是在直射光照下，色彩更为鲜艳。同时，它也有极强的抗阴能力和抗干旱能力。但是不抗水湿。抗盐碱性较好，耐修剪，对土壤要求不严格，适宜生长于各种土壤中，很容易移植成株。

繁殖方法及栽培技术要点 红叶石楠的繁殖方式主要有组织培养和扦插两种方法。组织培养对设施和专业技术的要求和成本都较高，扦插成本低、操作简便、成活率高，可在普通塑料大棚生产。

主要病虫害 叶斑病：叶片受害时，先出现褐色小点，以后逐渐扩大发展成多角病斑。病斑在叶片正面为红褐色，背面为黄褐色，病害严重时，病斑可连成块，甚至全株枯死。

防治措施：冬、春季节结合抚育管理，集中清扫落叶，消灭越冬病源；3月及6月初每10~15天喷洒1次1%等量式波尔多液预防，发病时可用50%多菌灵300~400倍液或50%甲基托布津300~400倍液防治。

观赏特性及园林用途　红叶石楠萌芽性强、耐修剪，可根据园林需要栽培成不同的树形；红叶石楠也可培育成独干不明显、丛生形的小乔木，群植成大型绿篱或幕墙，在居住区、厂区绿地、街道或公路绿化隔离带应用；还可培育成独干、球形树冠的乔木，在绿地中孤植，或作行道树，或盆栽后在门廊及室内布置。目前在本地区应用尚不广泛，需在小气候条件好的地段，如居住区、公园内进行栽植，并做好冬季防护。

3.7　山楂

别称　山里果、山里红、酸里红、山里红果、酸枣、红果。

科属　蔷薇科山楂属。

分布　产自黑龙江、吉林、辽宁、内蒙古、河北、河南、山东、山西、陕西、江苏。朝鲜和西伯利亚也有分布。

形态特征　落叶乔木，高达6m，树皮粗糙，暗灰色或灰褐色；刺长1~2cm，有时无刺；小枝圆柱形，当年生枝紫褐色，无毛或近于无毛，疏生皮孔，老枝灰褐色；冬芽三角卵形，先端圆钝，无毛，紫色。

生长习性　山楂适应性强，喜凉爽、湿润的环境，既耐寒又耐高温，在-36~43℃均能生长。喜光也能耐阴，一般分布于荒山秃岭、阳坡、半阳坡、山谷，坡度以15°~25°为好。耐旱，水分过多时，枝叶容易徒长。对土壤要求不严格，但在土层深厚、质地肥沃、疏松、排水良好的微酸性沙壤土生长良好。

繁殖方法及栽培技术要点　选土层深厚肥沃的平地、丘陵和山地缓坡地段，以东南坡向最宜，次为北坡、东北坡。要注意蓄水、排灌与防旱。

主要病虫害　主要病害为白粉病，在发病较重的山楂园在发芽前喷1次5波美度石硫合剂，花蕾期、6月各喷1次600倍50%可湿性多菌灵或50%可湿性托布津。防治轮纹病在谢花后1周喷80%多菌灵800倍液，以后在6月中旬、7月下旬、8月上中旬各喷1次杀菌剂。

虫害：防治红蜘蛛和桃蛀螟在5月上旬至6月上旬，喷布灭扫利2 500倍液；

杀死越冬代食心虫幼虫。

观赏特性及园林用途　山楂树冠整齐，枝繁叶茂，花开如雪，果熟红艳，是兼具观花和观果效果的优良园林树种，山楂在城市园林中的应用可以突出季相变化，创造出特色园林景观，春华秋实的优美意境使人心情舒畅、精神愉悦，有益于人们的身心健康。另外，秋、冬季大量树木落叶，开花树种稀少，景观单调，尤其是常绿阔叶较少的北方城市，更有萧条之感，配置观果树种，可增加园林的生气，对营造秋、冬季的园林景观具有重要意义。成活率高，易养护，叶、花、果均可观赏，宜大量栽植应用。

3.8　西府海棠

别称　海红、子母海棠、小果海棠。

科属　蔷薇科苹果属。

分布　产于辽宁、河北、山西、山东、陕西、甘肃、云南。

形态特征　小乔木，树态峭立，高达2.5～5m，树枝直立性强；小枝细弱圆柱形，嫩时被短柔毛，老时脱落，紫红色或暗褐色，具稀疏皮孔；冬芽卵形，先端急尖，无毛或仅边缘有绒毛，暗紫色。叶片长椭圆形或椭圆形，先端急尖或渐尖，基部楔形稀近圆形。伞形总状花序，有花4～7朵，集生于小枝顶端，花梗长2～3cm，嫩时被长柔毛，逐渐脱落；花直径约4cm；花瓣近圆形或长椭圆形，粉红色。

生长习性　喜光，耐寒，忌水涝，忌空气过湿，较耐干旱。

繁殖方法及栽培技术要点　海棠通常以嫁接或分株繁殖，亦可用播种、压条及根插等方法繁殖。用嫁接所得苗木，开花可以提早，而且能保持原有优良特性。

主要病虫害　要注意防治金龟子、卷叶虫、蚜虫、袋蛾和红蜘蛛等害虫以及腐烂病、赤星病等。

腐烂病，又称烂皮病，是多种海棠的重要病害之一。防治方法：清除病树，烧掉病枝，减少病菌来源。早春喷射石硫合剂或在树干刷涂石灰剂。初发病时可在病斑上割成纵横相间约0.5cm的刀痕，深达木质部，然后喷涂杀菌剂。

观赏特性及园林用途　西府海棠在海棠花类中树态峭立，似亭亭少女。花红，叶绿，果美，不论孤植、列植、丛植均极美观。花色艳丽，一般多栽培于庭园供绿化用。西府海棠在海棠花类中树态峭立,似亭亭少女。花朵红粉相间,叶子嫩绿可爱,果实鲜美诱人,不论孤植、列植、丛植均极为美观。最宜植于水滨及小庭一隅。与玉兰、牡丹、桂花相伴,形成"玉棠富贵"之意。

由于成活率高,极易养护,已经成为沧州地区首选春花灌木,应用于各类绿地中。

3.9 红宝石海棠

别称 红叶海棠。

科属 蔷薇科苹果属。

分布 栽培品种,引入中国后,主要种植于中国北方地区。

形态特征 红宝石海棠为小乔木,高3m,冠幅3.5m;树干及主枝直立,小枝纤细;树皮棕红色,块状剥落。叶长椭圆形,锯齿尖,先端渐尖,密被柔毛,新生叶鲜红色,叶面光滑细腻,润泽鲜亮,28~35天后由红变绿,此时新发出的叶又是鲜红色,整个生长季节红绿交织。花期4月中下旬,花为伞形总状花序,花蕾粉红色,花瓣呈粉红色至玫瑰红色,多为5片以上,半重瓣或者重瓣,花瓣较小,直径3cm。果实亮红色,直径0.75cm,果熟期8月,宿存。

生长习性 红宝石海棠适应性很强,比较耐瘠薄,在荒山薄地的沙壤土上都能生长良好;耐轻度盐碱,在pH值为8.5以下,能适应且生长旺盛;耐寒冷,经过5年的试验观察,最低温达到-35.7℃时未出现过冻害,且长势良好;耐修剪,该树易修剪好整形,是最佳的城市优良彩色绿化树种。

繁殖方法及栽培技术要点 红宝石海棠可用嫁接和播种两种方式繁殖。嫁接红宝石海棠的砧木为普通海棠或山丁子,种子采用种子层积处理。

主要病虫害 主要是灰色霉病,发现此症状,应迅速将病叶及落花彻底清除烧毁,防止蔓延,加强通风,可用50%可湿性甲基托布津粉剂900~1 200倍稀释液喷雾或浇灌,每周1次,连喷4~6次。

白粉病也很常见,在通风不良和闷热的环境中较易发生,嫩叶卷曲,开花不良,此时除加强通风外,可用50%代森铵水溶剂100倍液稀释喷雾。

虫害主要是蚜虫与红蜘蛛,防治方法:25%鱼藤精加600~1 200倍稀释液或敌敌畏80%乳油800~1 200倍稀释液喷洒。

观赏特性及园林用途 红宝石海棠的应用十分广泛,凡是有绿化的地方都可以应用红宝石海棠,可以绿化花坛、道路、公园、小区、庭院、街道绿化观赏价值高，绿化效果出众。再者因其易修剪、好整形，常在庭院门旁或亭、廊两侧种植，也是草地和假山、湖石配置材料，是最佳的城市优良彩色绿化树种。

成活率高，养护简单，观赏价值高，易大量栽植应用。

3.10　红丽海棠

科属　蔷薇科苹果属。

分布　广泛分布于北半球温带。

形态特征　小乔木，高达2.5～5m，树枝直立性强；小枝细弱圆柱形，嫩时被短柔毛，老时脱落，紫红色或暗褐色，具稀疏皮孔；冬芽卵形，先端急尖，无毛或仅边缘有绒毛，暗紫色。叶片长椭圆形或椭圆形，长5～10cm，宽2.5～5cm，先端急尖或渐尖，基部楔形稀近圆形，边缘有尖锐锯齿。伞形总状花序，有花4～7朵。果实近球形，直径1～1.5cm，红色。

生长习性　喜光，耐寒，忌水涝，忌空气过湿，较耐干旱。

繁殖方法及栽培技术要点　以扦插、压条、嫁接为主，扦插以采用春插为多，夏插一般在入伏后进行；压条在立夏至伏天之间进行，最为相宜；多以野海棠（湖北海棠）或山荆子的实生苗为砧木。3月进行切接。6—7月进行芽接。

主要病虫害　参照西府海棠、红宝石海棠。

观赏特性及园林用途　适合孤植或在山石、水边栽植，果小繁密，晶莹可爱，观果期长。是我国北方著名的观赏树种。植人行道两侧、亭台周围、丛林边缘、水滨池畔等。成活率高，本地可大量应用。

3.11　亚当海棠

科属　蔷薇科苹果属。

分布　广泛分布于北半球温带。

形态特征　高8m，树型直立，树冠圆而紧凑。叶片卵圆形至椭圆形，先端急尖，锯齿钝。花蕾深红色，皱缩；膨大后逐渐转为深洋红色。春季果实为亮红色，呈橄榄形，夏季果实为浓红色。它是最重要的冬季观果品种之一。

生长习性　喜光，耐寒，忌水涝，忌空气过湿，较耐干旱。

繁殖方法及栽培技术要点　以播种繁殖的实生苗为砧木，进行枝接或芽接。

主要病虫害　海棠锈病发病初期，叶片正面出现黄绿色小斑点，后渐扩大为橙黄色病斑。防治方法：应尽量避免海棠、苹果、梨等与桧属、柏属的针叶树相互混交栽植，两类植物相距半径最好在5km以上。2月、3月上中旬，向桧柏上喷洒1%波尔多液，抑制海棠锈病冬孢子萌发扩散，10天1次，连续喷2～3次。

观赏特性及园林用途 是最重要的冬季观果品种之一。累累红果装点着秋冬季景观，适宜在公园、景观带大量应用。

3.12 绚丽海棠

科属 蔷薇科苹果属。

分布 广泛分布于北半球温带。

形态特征 树形紧密，株高4.5～6m，冠幅6m；新叶红色，花深粉色，绚丽海棠花期及果实单瓣，直径4～4.5cm；果亮红色，直径1.2cm。花期4月中下旬，果熟期6—10月。

生长习性 喜光，耐寒，耐旱，忌水湿。

繁殖方法及栽培技术要点 繁殖方式有扦插、压条、嫁接等。扦插方式同亚当海棠。

观赏特性及园林用途 此品种花繁茂艳丽，果实着色早，可夏季观果，耐寒抗病，可在园林设计中大量应用，非常适合本地园林绿化应用，适合孤植或在山石、水边栽植，果小繁密，晶莹可爱，观果期长。

3.13 山荆子

别称 林荆子、山定子、山丁子。

科属 松科云杉属。

分布 产自我国辽宁、吉林、黑龙江、内蒙古、河北、山西、山东、陕西、甘肃。生山坡杂木林中及山谷阴处灌木丛中，海拔50～1 500m。分布于蒙古、朝鲜、西伯利亚等地。

形态特征 乔木，高达10～14m。小枝细而无毛，暗褐色。叶卵状椭圆形，长3～8cm，先端锐尖，基部楔形至圆形，锯齿细尖，背面疏生柔毛或光滑；叶柄细长；2～5cm。花白色，径3～3.5cm，花柱5或4；萼片狭披针形，长于筒部，无毛；花梗细，长1.5～4cm。果近球形，径8～10mm，红色或黄色，光亮；萼片脱落。花期4月下旬；果熟期9月。

生长习性 性强健，耐寒、耐旱力均强，但抗涝力较弱；深根性。

繁殖方法及栽培技术要点 繁殖可用播种、扦插及压条等法。多用播种繁殖。果实在充分成熟时采收，每50kg果实可出种子1～1.5kg，沙藏越冬，正常出苗率在80%以上。种子细小，千粒重6～7g，幼苗在第一年生长较慢，通常在2年生时可供芽接。

观赏特性及园林用途 春天白花满树，秋季红果累累，经久不凋，甚为美观，可栽作庭院观赏树。目前本地区应用较少，可适当扩大应用范围。

3.14 杏

别称 杏子。

科属 蔷薇科杏属。

分布 杏树产于中国各地，多数为栽培，尤以华北、西北和华东地区种植较多，少数地区为野生，在新疆伊犁一带野生成纯林或与新疆野苹果林混生，海拔可达3 000m。世界各地也均有栽培。

形态特征 杏树是落叶乔木，高可达5～8（5～12）m；树冠圆形、扁圆形或长圆形；树皮灰褐色，纵裂；多年生枝浅褐色，皮孔大而横生，一年生枝浅红褐色，有光泽，无毛，具多数小皮孔。

叶片宽卵形或圆卵形，长5～9cm，宽4～8cm，先端急尖至短渐尖，基部圆形至近心形。

生长习性 杏为阳性树种，适应性强，深根性，喜光、耐旱、抗寒、抗风，寿命可达百年以上，为低山丘陵地带的主要栽培果树。

繁殖方法及栽培技术要点 杏树以种子繁育为主，也可由实生苗作砧木作嫁接繁育。选土层深厚、排水良好的沙质壤土，避开低洼积涝地带。株行距1.5m×4m，南北行向。定植穴长1m×宽1m×深0.8m。每穴施入10kg左右的腐熟有机肥。定植时苗木按等级分栽，苗木放入穴中，埋土1/3时将苗木向上提一下，让根系充分舒展，然后添土踏实。栽后灌透水沉实树穴。

杏树生长强健，管理简单，目前在园林中多有应用。

主要病虫害 病虫害有杏褐腐病、杏细菌性穿孔病、杏树介壳虫，也称为杏虱子。病虫害防治措施：从入冬到发芽前，清除果园内的枯枝、落叶，剪除掉病枝，集中销毁，刮除老树皮，清除越冬病虫源，减少病虫基数。开花前用5波美度石硫合剂喷枝干，防治杏疮痂病、黑斑病、球坚蚧和其他越冬虫卵。

观赏特性及园林用途 可作为早春观花植物种植成林，多用于公园、居住区的绿化，是经济林植物应用与园林绿化的典型树种。早春杏花繁盛，景观效果极佳，且养护简单，成活率高，观赏价值高，建议在公园、景观带中大量栽植。

3.15 杏梅

科属　蔷薇科杏属。

分布　野生于西南山区。

形态特征　杏梅是一个值得推广的梅花品系。优点是杏梅的花期大多介于中花品种与晚花品种之间，若梅园植之，则可在中花与晚花品种间起衔接作用。

杏与梅分别为蔷薇科的两个不同树种，枝叶介于梅杏之间，花托肿大、梗短、花不香，似杏，果味酸、果核表面具蜂窝状小凹点，又似梅。

生长习性　为梅与杏或山杏的天然杂交种。抗寒性强。杏梅生长强健，病虫害较少，特别是具有较强的抗寒性，能安全过冬，故是北方建立梅园的良好梅品。

繁殖方法及栽培技术要点　生产上多用扦插、嫁接等营养繁殖方法，可保留亲代的遗传优势。

主要病虫害　在做好病虫预测预报的同时，重点防治红蜘蛛、介壳虫；有针对地防治杏仁蜂、象鼻虫、卷叶蛾、流胶病等病虫害。

观赏特性及园林用途　杏梅系的梅花观赏价值高，花径大、花色亮且花期长。《花镜》云："杏梅花色淡红，时扁而斑，其味如杏。"

杏梅是一个值得推广的梅花品系，其优点在于：杏梅的花期大多介于中花品种与晚花品种之间，若梅园植之，则可在中花与晚花品种间起衔接作用。杏梅生长强健，病虫害较少，杏梅为春季重要的观花植物，多应用于公园、游园。

3.16 桃

科属　蔷薇科桃属。

分布　原产于中国，在华北、华中、西南等地区的山区仍有野生桃树。

形态特征　桃是一种乔木，高3~8m；树冠宽广而平展；树皮暗红褐色，老时粗糙呈鳞片状；小枝细长，无毛，有光泽，绿色，向阳处转变成红色，具大量小皮孔；冬芽圆锥形，顶端钝，外被短柔毛，常2~3个簇生，中间为叶芽，两侧为花芽。

生长习性　喜光，适应性很强，喜温暖气候，能耐-20℃低温，有一定的抗盐碱能力，喜生于地势平坦、山麓坡地及排水良好的砂质土壤，不耐水湿。若水分过分肥沃，枝梢易徒长，不适合黏土。

繁殖方法及栽培技术要点　以嫁接为主，也可用播种、扦插和压条法繁殖。春季用硬枝扦插，雨季用软枝扦插。

嫁接繁殖砧木多用山桃或桃的实生苗（本砧），枝接、芽接的成活率均较高。

主要病虫害　桃细菌性穿孔病防治方法：合理修剪改善通风透光条件，适时适度夏剪，剪除病梢，集中烧毁。发芽前喷4~5波美度石硫合剂或1:1:100波尔多液，花后喷1次科博800倍液。

桃流胶病防治方法：加强土壤改良，增施有机肥料，注意果园排水，做好病虫害防治工作，防止病虫伤口和机械伤口，保护好枝干。

根癌病防治方法：栽种桃树或育苗忌重茬。刨出主干附近根系，更换周围土壤，增施有机肥，增强树势。

桃蚜防治方法：冬季清除枯枝落叶，刮除粗老树皮，剪除被害枝梢，集中烧毁；保护好蚜虫天敌，如草蛉、瓢虫等，尽量少喷或不喷广谱性杀虫药剂；早春在桃芽萌动，越冬卵孵化盛期是防治桃蚜的关键时期，此时用菊酯类农药或硝亚基杂环类杀虫剂——吡虫啉（3 000倍液）、3%啶虫脒2 500~3 000倍液喷一次"干枝"，可基本控制为害。

观赏特性及园林用途　是我国传统名花，风姿秀丽，花色鲜艳，作为春花植物在游园、公园、植物园等栽植，也可用于景观带。

3.17　碧桃

别称　千叶桃花。

科属　蔷薇科桃属。

分布　原产于中国，分布在西北、华北、华东、西南等地。主要省市：江苏、山东、安徽、浙江、上海、河南、河北。世界各国均有引种栽培。

形态特征　落叶小乔木，高3~8m，树冠宽广而平展；树皮暗红褐色，老时粗糙呈鳞片状；小枝细长，无毛，有光泽，绿色，向阳处转变成红色，具大量小皮孔；冬芽圆锥形，顶端钝，外被短柔毛，常2~3个簇生，中间为叶芽，两侧花芽。

叶片长圆披针形、椭圆披针形或倒卵状披针形，花单生，先于叶开放，直径2.5~3.5cm；花梗极短或几无梗；萼筒钟形，被短柔毛，稀几无毛，绿色而具红色斑点；果实形状和大小均有变异，卵形、宽椭圆形或扁圆形，直径（3～5）～（7～12）cm，长几乎与宽相等。花期3月中下旬至4月。

生长习性 碧桃性喜阳光，耐旱，不耐潮湿的环境。喜欢气候温暖的环境，耐寒性好，能在-25℃的自然环境安然越冬。要求土壤肥沃、排水良好。不喜欢积水，如栽植在积水低洼的地方，容易出现死苗。

繁殖方法及栽培技术要点 为保持优良品质，多用嫁接法繁殖，砧木用山毛桃。采用春季芽接或枝接，嫁接成活率可多达90%以上。

主要病虫害 碧桃常见的虫害有蚜虫、介壳虫、红蜘蛛、红颈天牛。蚜虫一般出现在春天，会影响碧桃枝条的生长；另外，大量蚜虫聚集在碧桃枝干处，也会影响碧桃的观赏性。红蜘蛛会为害碧桃的枝、叶、花，在红蜘蛛虫害的初期，会使叶片有一些非常小的浅黄色的斑点，严重时会使叶片干枯卷曲，枯黄脱落。红颈天牛会在碧桃树皮内，蛀食碧桃的树皮，为害碧桃的生长。病虫害防治请参照桃。

观赏特性及园林用途 碧桃花大色艳，开花时美丽漂亮，观赏期20天。在园林绿化中被广泛用于湖滨、溪流、道路两侧和公园等，碧桃的园林绿化用途广泛，绿化效果突出，栽植当年就有特别好的效果体现。可列植、片植、孤植，当年就有特别好的绿化效果体现。

观赏碧桃开花时色彩鲜艳漂亮，具有很高的观赏价值，在公园等易见。本地区常见的春景树。

3.18 白碧桃

别称 白玉。

科属 蔷薇科桃属。

分布 同碧桃。

形态特征 落叶小乔木，干皮灰色，枝绿色，叶卵状披针形。着花密，花洁白如玉，重瓣，很有特色，花径4～6cm，花瓣平展15～30枚，萼片2轮10枚绿色，花期4月上旬至下旬，子房发育，果呈长球形。

该品种树势生长较强健，树姿较开张，干性较弱，叶片披针形，狭长浓绿，叶尖锐尖；叶芽小呈三角状。萌芽期2月中旬至2月下旬；展叶期3月中旬；新梢生长期3月中下旬。

初花期3月上旬末至3月中旬，盛花期3月中旬，终花期3月中旬末至3月下旬；果实成熟期5月中旬；落叶期11月中下旬。

生长习性 性喜阳光，耐旱，不耐潮湿的环境。喜欢气候温暖的环境，耐寒性好，能在-25℃的自然环境安然越冬，要求土壤肥沃、排水良好。

繁殖方法及栽培技术要点 同碧桃。

主要病虫害 病害主要有白锈和褐腐病，白锈病用50%萎锈灵可湿性粉剂2 000倍液喷洒，褐腐病用50%甲基托布津可湿性粉剂500倍液喷洒。虫害有蚜虫和浮尘子为害，用40%氧化乐果乳油1 000倍液喷洒。

病害有螨类、蚧类、蚜虫、潜叶蛾、天牛类、花蕾蛆等。

观赏特性及园林用途 白碧桃观赏期15天。在园林绿化中被广泛用于湖滨、溪流、道路两侧和公园等，可列植、片植、孤植，当年就有特别好的绿化效果体现。花色洁白，可与红粉色系花搭配栽植。

3.19 红碧桃

科属 蔷薇科桃属。

分布 原产地中国，世界各国均有栽培。

形态特征 落叶小乔木，直枝型，花亮红色，牡丹型，着花密，花期4月中下旬。

生长习性 喜光，喜温和，具有一定耐寒性，忌燥热，怕湿涝。

繁殖方法及栽培技术要点 繁殖以嫁接为主，各地多用切接或盾状芽接。南方多秋植，北方多春植；要施足基肥，灌足定根水。雨季要注意排水。

主要病虫害 有蚜虫、浮尘子、红蜘蛛、桃缩叶病、桃腐病等，应及早防治。参照碧桃病虫害防治。

观赏特性及园林用途 园林观赏树。种在山坡、水畔、墙际、庭院、草坪边为宜，注意选阳光充足处，且注意与背景之间的色彩衬托关系。

3.20 紫叶桃

别称 紫叶碧桃、紫叶冬桃

科属 蔷薇科桃属。

分布 原产于中国，各省（区、市）广泛栽培。世界各地均有栽植。

形态特征 乔木，叶片长圆披针形、椭圆披针形或倒卵状披针形，常年紫叶，叶柄粗壮，长1～2cm，常具1至数枚腺体，有时无腺体。花单生，先于叶开放，直径2.5～3.5cm；花梗极短或几乎无梗；萼筒钟形，被短柔毛，稀几无毛，绿色而具红色斑点；萼片卵形至长圆形，顶端圆钝，外被短柔毛；花瓣长圆状椭圆形至宽倒卵形，粉红色或紫红色。

生长习性　分布于中国各地，喜光，喜排水良好的土壤，耐旱怕涝。如淹水3～4天就会落叶，甚至死亡；喜富含腐殖质的沙壤土。

繁殖方法及栽培技术要点　采用嫁接方法，夏季芽接可削取芽片，或少带木质部芽片，在砧木茎干处剥皮。剪取母树的接穗即剪去叶片，留叶柄。在接穗芽下面1cm处用刀尖向上削切，长1.5～2cm，芽内侧要稍带木质部，芽位于接芽的中间砧木可选择如铅笔粗的实生苗，茎干距地面3～5cm，选用树干北侧的垂直部分。

主要病虫害　紫叶桃的病害主要有白锈和缩叶病，白锈病用50%萎锈灵可湿性粉剂2 000倍液喷洒；当叶片发生缩叶病时，可使用石硫合剂。

虫害有蚜虫和红蜘蛛为害，用40%氧化乐果乳油1 000倍液喷洒。

观赏特性及园林用途　景观用途，紫叶桃可用于各类绿化形式，既可作为观花植物，也能作为彩叶树点缀，可大量栽植。

3.21　垂枝桃

科属　蔷薇科桃属。

分布　广泛分布于亚、欧、非、北美各洲寒温带至亚热带地区。

形态特征　幼枝浅绿色或带紫褐色，枝上具并生复芽。单叶，叶阔披针形或椭圆状披针形。复芽的副芽为花芽，花多半重瓣，花小，花色有浓红、白、粉色等。花芽生当年生枝上，复芽的副芽为花芽，花粉红或白色。蓬径1.5m，高度2.2m，胸径5cm。喜光、耐寒，较耐干旱和瘠薄，忌积水。

生长习性　喜光、耐寒，较耐旱耐瘠，但不耐积水。宜每年修剪促生新梢，才会翌年开花。修剪短截时宜留向外的侧芽，新梢才易向四周垂吊。

繁殖方法及栽培技术要点　嫁接繁殖，栽培有红、白及重瓣品种。可通过嫁接法繁殖。砧木苗的培育：多采用毛桃或山桃作砧木。一般选择干形通直、生长快、干形良好、无病虫害的桃树作砧木；接穗的选择：选择生长健壮充实、表皮光滑的垂枝桃枝条，剪取其上芽饱满长势良好的当年生枝条作为接穗。

嫁接之后要及时抹掉砧木上的萌芽，以促进营养集中供应给接穗。一般每7～10天检查一次成活情况。待嫁接部位的伤口完全愈合后，即可去掉绑扎的塑料带，以防缢伤。

主要病虫害　病虫害较少。

观赏特性及园林用途　垂枝桃是桃花中枝姿最具韵味的一个类型，小枝拱形下垂，树冠犹如伞盖。花开时节，宛如花帘一泻而下，蔚为壮观。无论是孤植于庭院，还是群植，都有很好的观赏效果，可为美丽园景树或行道树。

3.22　寿星桃

科属　蔷薇科桃属。

分布　广泛分布于亚、欧、非、北美洲寒温带至亚热带地区。

形态特征　乔木，高3～8m；树冠宽广而平展；树皮暗红褐色，老时粗糙呈鳞片状；小枝细长，无毛，有光泽，绿色，向阳处转变成红色，具大量小皮孔；冬芽圆锥形，顶端钝，外被短柔毛，常2～3个簇生，中间为叶芽，两侧为花芽。

叶片长圆披针形、椭圆披针形或倒卵状披针形，长7～15cm，宽2～3.5cm，先端渐尖，基部宽楔形，上面无毛，下面在脉腋间具少数短柔毛或无毛，叶边具细锯齿或粗锯齿，齿端具腺体或无腺体；叶柄粗壮，长1～2cm，常具1至数枚腺体，有时无腺体。

花单生，先于叶开放，直径2.5～3.5cm。

生长习性　寿星桃性喜阳及排水性好的土壤，耐旱、较耐寒，寿星桃生性强健，注意施肥和疏花两个环节即可。

繁殖方法及栽培技术要点　多用嫁接繁殖，寿星桃的根系浅而较发达，宜用通透性较好，用腐叶土与菜园土等量混合后再加少量砂和微量铁粉，制成疏松肥沃的培养土，忌用重黏土。

寿星桃耐干旱，不耐水湿，更怕渍涝，浇必浇透，使之见干见湿。寿星桃是阳性花木，宜置于日照充足的庭院、屋顶花园。

主要病虫害　加强光照和通风可预防减少病虫害的发生，如患流胶病。可用刀刮净，并涂抹硫黄粉等，10天后再涂抹1次。

如有蚜虫，可用大蒜一个捣烂泡水24h，取其澄清液加水喷杀，或用40%的乐果乳剂的2 000倍溶液喷杀。

观赏特性及园林用途　重瓣花，有大红、粉红、白色、复色等品种。如将几种嫁接在一起，开花时五彩缤纷，十分艳丽，常用于公园绿化。适合在本地区推广种植。

3.23 山桃

别称 花桃。

科属 蔷薇科桃属。

分布 广泛分布在吉林、辽宁、北京、山东、山西、江苏、安徽、河北等地。生于山坡、山谷沟底或荒野疏林及灌丛内,海拔800～3 200m。

形态特征 乔木,高可达10m;树冠开展,树皮暗紫色,光滑;小枝细长,直立,幼时无毛,老时褐色。叶片卵状披针形,长5～13cm,宽1.5～4cm,先端渐尖,基部楔形,两面无毛,叶边具细锐锯齿;叶柄长1～2cm,无毛,常具腺体。

生长习性 山桃喜阳光、耐寒、耐旱、怕涝,萌蘖力强,对土壤要求不严,贫瘠、荒山均可生长。

繁殖方法及栽培技术要点 主要以播种繁殖。宜种植在阳光充足、土壤沙质的地方,管理较为粗放。

主要病虫害 常见虫害包括桃大尾蚜、山楂叶螨、刺蛾、红腹缢管蚜、朝鲜球坚蚧,不常见的还包括扁平球坚蚧、桑白蚧、桃蛀螟、桃潜蛾。病害主要是根癌病。这些常见问题如果不及时解决会造成山桃苗圃的大范围传播,因此需要及时防治。

观赏特性及园林用途 山桃花期早,花时美丽可观,并有曲枝、白花、柱形等变异类型。园林中宜成片植于山坡并以苍松翠柏为背景,方可充分显示其娇艳之美。在庭院、草坪、水际、林缘、建筑物前零星栽植也很合适。山桃在园林绿化中的用途广泛,绿化效果非常好,深受人们的喜爱。山桃的移栽成活率极高,恢复速度快。

3.24 菊花桃

科属 蔷薇科桃属。

分布 中国北部及中部地区。

形态特征 菊花桃为落叶灌木或小乔木,树干灰褐色,小枝灰褐至红褐色,叶椭圆状披针形,花生于叶腋,粉红色或红色,重瓣,花瓣较细,盛开时犹如菊花。花期3—4月,花先于叶开放或花、叶同放。花后一般不结果。

生长习性 抗逆性强,耐旱抗寒,适宜我国北方广大地区栽植等特点,喜阳光充足、通风良好的环境,耐干旱、高温和严寒,不耐阴,忌水涝。适宜在疏松肥沃、排水良好的中性至微酸性土壤中生长，水分以保持半墒为好，不耐碱土，亦不喜土质过于黏重，不择肥料。

繁殖方法及栽培技术要点 菊花桃以嫁接繁殖为主，繁殖可用一年生的山桃、毛桃或杏苗做砧木，在夏季芽接。接穗要用当年生发育充实、健壮、中段枝条上的芽，也可在春季用切接的方法繁殖。菊花桃生长迅速，一年能抽发2~4次副梢。根系发达，须根尤多；移植易于成活。

主要病虫害 病害主要是叶部穿孔病和枝干的流胶病，菊花桃的主要害虫有蚜虫、刺蛾和桃红颈天牛，加强平时巡查，发现早防治；防治措施：加强管理，增强树势，提高抗性，及时有效地控制树干害虫，减少不必要的机械损伤是防治的主要方法，也可根据具体情况选择适当的杀虫剂、杀菌剂。

观赏特性及园林用途 菊花桃植株不大，株型紧凑，开花繁茂，花型奇特，色彩鲜艳，观赏价值高，可用于庭院及行道树栽植，也可栽植于广场、草坪以及庭院或其他园林场所。菊花桃可盆栽观赏或制作盆景，还可剪下花枝瓶插观赏。

3.25 帚桃

别称 日本丽桃、塔型碧桃、照手桃、龙柱碧桃。

科属 蔷薇科桃属。

分布 在中国、日本、美国等地均有栽植应用。

形态特征 枝条挺拔向上，枝条细，丛生，树冠窄而高，形同扫帚，树型紧凑美观，宝塔形，适宜密植。叶绿色，椭圆披针形。

生长习性 喜光，喜沙质土壤，不耐水湿。抗逆性强，耐旱抗寒，宜种植在阳光充足、土壤沙质的地方。喜肥，适宜中国北方广大地区城栽植。

繁殖方法及栽培技术要点 繁殖方式主要是嫁接。可用毛桃、山桃、杏的一年实生苗作砧木，也可用生长多年的老桃树桩上萌发的一年生枝条做砧木，接穗则用优良品种观赏桃花的枝或芽。为了增加观赏性，还可在一株上嫁接不同品种的观赏桃花，使之开出不同颜色、花形的花朵。

主要病虫害 易发生的病害主要有褐斑病、缩叶病、树干流胶病等，皆因病菌感染所引起，可用百菌清、多菌灵600~700倍液喷洒防治，喷药时注意叶片的正反面都要喷。

虫害有蚜虫、介壳虫、红蜘蛛、刺蛾、卷叶蛾等，可用相关农药进行杀灭。

观赏特性及园林用途　观赏价值高，可用于庭院及行道树栽植。帚桃的平均株高可达3～5m，干性强，几乎不用做任何修剪就可以终生保持高耸直立的外观，除了可以做常规的庭园树栽植之外，还可以用来做行道树或者高大的花篱，是难得的观赏桃新类型，在城市园林绿化中有着广阔的应用前景。适宜做环境及庭院美化、景观设置，更适合园林绿化中行道树及高速公路隔离带栽植，群体效果十分壮观宏伟。建议大量应用于道路景观带绿化。

3.26　东京樱花

别称　日本樱花。

科属　蔷薇科樱属。

分布　原产于日本，中国多有栽培，尤以华北及长江流域各城市为多。

形态特征　落叶乔木，高可达16m。树皮灰色或暗褐色，平滑。小枝淡紫褐色，无毛，嫩枝绿色，被疏柔毛。冬芽卵圆形，无毛。叶片卵状椭圆卵形至倒卵形，长5～12cm，叶端急渐尖，叶基部圆形至广楔形，叶缘有细尖重锯齿，叶背脉上及叶柄有柔毛。花序伞形总状，总梗极短，有花3～4朵，先叶开放，花直径3～3.5cm；花瓣白色或粉红色，椭圆卵形，先端下凹，全缘二裂；雄蕊约32枚，短于花瓣；花柱基部有疏柔毛。核果近球形，直径0.7～1cm，黑色，核表面略具棱纹。花期4月，果期5月。

生长习性　性喜光、较耐寒，在沧州地区可露地越冬。生长较快但树龄较短：盛花期在20～30龄，至50～60龄则进入衰老期。对土壤的要求不严，宜在疏松肥沃、排水良好的沙质壤土生长，但不耐盐碱土。根系较浅，忌积水低洼地。

繁殖方法及栽培技术要点　以播种、扦插和嫁接繁育为主。以播种方式养殖樱花，注意勿使种胚干燥，应随采随播或湿沙层积后翌年春播。嫁接养殖可用樱桃、山樱桃的实生苗作砧木。在3月下旬切接或8月下旬芽接，接活后经3～4年培育，可出圃栽种。

主要病虫害　主要应预防流胶病和根瘤病，以及蚜虫、红蜘蛛、介壳虫等虫害。流胶病为蛾类钻入树干产卵所致，可以用尖刀挖出虫卵，同时改良土壤，加强水肥管理。根瘤病会导致病树的根无法正常生长，不管怎样施肥，树还是不健壮。要及时切除肿瘤，进行土壤消毒处理，利用腐叶土、木炭粉及微生物改良土壤。

对于蚜虫、红蜘蛛、介壳虫等病虫害应以预防为主，每年喷药3～4次，第一次在花前，第二次在花后，第三次在7—8月。

观赏特性及园林用途 东京樱花色鲜艳亮丽,枝叶繁茂旺盛,是早春重要的观花树种,常用于园林观赏。可以群植,也可植于山坡、庭院、路边、建筑物前。盛开时节花繁艳丽,满树烂漫,如云似霞,蔚为壮观。可大片栽植造成"花海"景观,可三五成丛点缀于绿地形成锦团,也可孤植,形成"万绿丛中一点红"之画意。在本地区应用目前没有海棠类广泛,成活率没有海棠类植物高。

3.27 日本晚樱

别称 重瓣樱花。

科属 蔷薇科樱属。

分布 原产于日本,日本庭园中常见栽培。中国引入栽培。

形态特征 乔木,高可达10m,干皮淡灰色,较粗糙;小枝粗壮而开展,无毛,冬芽卵圆形,无毛。叶片卵状椭圆形或倒卵椭圆形,先端渐尖,呈长尾状,叶缘锯齿单一或充锯齿,尺端有长芒,叶背淡绿色,无毛。花大型而芳香,单瓣或重瓣,常下垂,粉红或近白色。

生长习性 属浅根性树种,喜阳光、深厚肥沃而排水良好的土壤,有一定的耐寒能力。日本晚樱发育较快,树龄较短,花期较晚但花期的延续时间在各种樱花中却属最长的种类。

繁殖方法及栽培技术要点 日本晚樱通常不结实,故多用嫁接法繁殖。但其嫁接繁殖成苗慢,操作繁琐,硬枝扦插亦很难生根。所以,必须在扦插前进行埋藏处理才能有良好效果。处理的方法中最简单易行的是在1月选平直的枝条切成30cm长,30~50枝缚成1束,顶端向上,立埋入地中,深度以不见顶端为度,至3月见切口处生满愈伤组织后即可挖出,将先端略剪短,再插于插床上就易生根了。此法扦插成活率较高且生长十分迅速。

定植后的栽培管理法,可按一般的树木管理法处理。在日本的经验是樱花类不耐修剪,日本花农有谚语意谓"不修剪梅花是笨人,修剪樱花亦是笨人"。但在中国尚未发现有何严重影响,然而在修剪较粗的枝条后,仍以涂抹防腐剂为好。

主要病虫害 主要病害有根瘤病,防治方法:将受害植株崛起,冲净泥土,将根在1%的硫酸铜溶液中浸泡5~8min,浸泡后进行冲洗,然后再栽植。

炭疽病防治方法:用70%代森锰锌可湿性颗粒1 000倍液或50%多菌灵可湿性颗粒500倍液、50%退菌特可湿性颗粒1 000倍液交替喷施,连喷3~4次,每次间隔7~10天;发病期禁止对植株进行叶片喷雾。

褐斑穿孔病防治方法：发病后可喷施50%加瑞农1 000倍液进行防治，每10天1次，连续喷3～4次，可有效控制病情。

观赏特性及园林用途 日本晚樱花大、重瓣、颜色鲜艳、气味芳香、花期长，是樱花中的优良品种。以群植为佳，最宜行集团状群植，在各集团之间配植常绿树作衬托。日本晚樱中之花大而芳香的品种宜植于庭园建筑物旁或行孤植，是观赏效果良好的春花植物。建议多加应用。

3.28 紫叶李

别称 红叶李。

科属 蔷薇科李属。

分布 原产于亚洲西南部，中国华北及其以南地区广为种植。

形态特征 小乔木，高可达8m；多分枝，枝条细长，开展，暗灰色，有时有棘刺；小枝暗红色，无毛。

生长习性 喜好生长在阳光充足，温暖湿润的环境里，是一种耐水湿的植物。紫叶李种植的土壤要肥沃、深厚、排水良好。

繁殖方法及栽培技术要点 一般采用扦插繁殖、芽接法、高空压条法这三种方式。

主要病虫害 紫叶李抗病性较强，常见的病害是细菌性穿孔病。防治方法：合理修剪，利于植株通风透光；注重防治蚜虫、介壳虫等刺吸式口器的害虫；加强水肥治理，种植穴内切忌积水，施肥要注重营养平衡，非凡注重磷钾肥的施用；春季发芽前喷施5波美度的石硫合剂或1：1：100等量式波尔多液，消灭菌源。

紫叶李的主要虫害有红蜘蛛、刺蛾、布袋蛾、叶跳蝉、蚜虫、介壳虫等。可用BT乳剂1 000倍液喷杀刺蛾、布袋蛾，用10%吡虫啉1 500倍液喷杀介壳虫、叶跳蝉，用铲蚜500倍液喷杀蚜虫。

观赏特性及园林用途 紫叶李整个生长季节都为紫红色，宜于建筑物前及园路旁或草坪角隅处栽植，是本地区最常用的彩叶树种。

3.29 太阳李

别称 中华太阳李。

科属 蔷薇科李属。

分布　中国河北等华北地区均有种植。

形态特征　树体优美、枝叶鲜红艳丽，全年红叶期可达260天左右，比紫叶李、紫叶矮樱更鲜艳夺目，是园林绿化的稀有品种。

生长习性　耐寒性强、耐修剪，适应性广、生长速度快。

繁殖方法及栽培技术要点　繁殖方法多采用嫁接繁殖，也可枝接或插皮接。大部分采用枝接，以山桃，杏为砧木，砧木80cm定干嫁接，4月初开始嫁接。10天左右接穗的芽开始萌动。一年冠幅可达50～80cm。

主要病虫害　太阳李的抗病性较强，以细菌性穿孔病常见，主要害虫有棉蚜、红蜘蛛、刺蛾、草履蚧等。

观赏特性及园林用途　枝叶繁茂，树叶红色而光滑，叶自开春至深秋呈红色，春季最为鲜艳。花小，是良好的观叶园林植物，在园林绿化中多被选用，可孤植，也可作为公园、道路点缀。

3.30　美人梅

科属　蔷薇科李属。

分布　1987年2月自美国加州Modesto莲园通过黄国振教授而引入。

形态特征　落叶小乔木。叶片卵圆形，长5～9cm，紫红色，卵状椭圆形。花粉红色，着花繁密，1～2朵着生于长、中及短花枝上，先花后叶，花期春季，花叶同放，花色浅紫，重瓣花，先叶开放，萼筒宽钟状，萼片5枚，近圆形至扁圆，花瓣15～17枚，小瓣5～6枚，花梗1.5cm，雄蕊多数，自然花期自3月中下旬第一朵花开以后，逐次自上而下陆续开放至4月中旬。

生长习性　适应性强，对土壤的质地要求不严，山上、露地、微酸、微碱均能适应，耐瘠薄，但表土疏松，勤施肥则生长更佳，喜生长在排水良好的地方，忌水涝。

繁殖方法及栽培技术要点　采用嫁接、压条的方法繁殖。在晚秋落叶后或早春萌芽前进行嫁接，砧木可采用桃或杏及梅实生苗。

主要病虫害　常见的虫害有蚜虫、刺蛾、红蜘蛛、天牛等，如发生可用敌敌畏等广谱杀虫剂防治，但不宜用氧化乐果等易产生药害的农药。对于天牛等较顽固的虫害，可采用原液注干法。

常见病害有叶斑病、叶穿孔病、流胶病等，除加强水肥管理外，还应积极预防。每年初夏、初秋连喷2～3次百菌清等广谱杀菌剂，病害发生时也应选用广谱杀菌剂防治，交替使用更好。冬季修剪后将剪下的病虫枝、枯死枝集中焚烧，清理落叶。日常养护时树坑内保持干净，勿使杂草生长。

观赏特性及园林用途 观赏价值高，用途广，美人梅其亮红的叶色和紫红的枝条是其他梅花品种中少见的，其用途之广既可布置庭院、开辟专园，又可作梅园、梅溪等大片栽植，美人梅是重要的园林观花观叶树种。早春，花先叶开放，猩红色的花朵布满全树，绚丽夺目，妩媚可爱。可孤植、片植或与绿色观叶植物相互搭配植于庭院或园路旁。

3.31 紫叶稠李

科属 蔷薇科稠李属。

分布 紫叶稠李原产于北美洲。中国东北地区及河北、山西等地开始引种，是中国北方地区重要的彩叶树种。

形态特征 高大落叶乔木，树高可达20～30m。单叶互生，叶缘有锯齿，近叶片基部有2腺体。

总状花序，花白色，核果。初生叶为绿色，叶表有光泽，叶背脉腋有白色簇毛，进入5月后随着温度升高，逐渐转为紫红绿色至紫红色，叶背脉腋白色簇毛变淡褐色，或消失，整个叶背有白粉，秋后变成红色，整个生长季节，叶子都为紫色或绿紫色，变色期长，成为变色树种。花序直立，后期下垂，总花梗上也有叶，小叶与枝叶近等大。花瓣较大，近圆形。

生长习性 喜光，在半阴的生长环境下，叶子很少转为紫红色，它的根系发达，耐干旱，抗旱性强，喜欢温暖、湿润的气候环境，在湿润、肥沃疏松而排水良好的沙质壤土上生长健壮，4～5年生的小树年生长量有达1m多的，也有当年嫁接苗可长到2m多的。

繁殖方法及栽培技术要点 紫叶稠李可以播种、嫁接和扦插繁殖。嫁接繁殖是目前繁殖紫叶稠李的最好方法。

扦插繁殖也是繁殖稠李的好方法，可采用紫叶稠李的半成熟枝于6—7月，进行扦插，枝条用促进根系生长的促根素进行处理或用中国科学院北京植物园的3A生根粉3号或4号进行处理后进行扦插，生根率可达50%～60%。

主要病虫害 常见病虫害有流胶病及美国白蛾。病害在子囊孢子释放高峰时期，将胶状物刮除后，喷施40%百菌清500倍液或甲基托布津200倍液进行防治。美国白蛾为食叶性害虫，可在每代盛卵期至幼虫破网前喷洒灭幼脲2 000倍液防治；幼虫分散为害期可喷洒12%烟参碱乳油1 000倍液或氯氰菊酯2 000倍液防治。

观赏特性及园林用途 紫叶稠李适应性强，对生存环境要求不严，树势优美，在公园、街心花园及居民小区中孤植、对植、丛植，可独成一景。紫叶稠李作为一种有独特观赏价值的树木，无论是单独自然式散植，还是单独、规则、自然成片栽植或与其他植物在房前屋后、草坪、河畔、山石旁混植都能起到丰富景观层次、引导人们视野、分割景观空间的作用。紫叶稠李嫩叶鲜绿，老叶紫红与其他树种搭配，更是红绿相映成趣。目前栽植应用不多，可增加实验性栽植。

3.32 梨树

科属 蔷薇科梨属。

分布 广泛分布于全球。中国梨栽培面积和产量仅次于苹果。河北、山东、辽宁三省是中国梨的集中产区，栽培面积占一半左右，产量占60%，其中河北省年产量约占中国的1/3。

形态特征 冬芽具有覆瓦状鳞片，一般为11～18个，花芽较肥圆，呈棕红色或红褐色，稍有亮光，一般为混合芽；叶芽小而尖，褐色。单叶，互生，叶缘有锯齿，托叶早落，嫩叶绿色或红色，展叶后转为绿色；叶形多数为卵或长卵圆形，叶柄长短不一。

花为伞房花序，两性花，花瓣近圆形或宽椭圆形，栽培种花柱3～5，子房下位，3～5室，每室有2胚珠。

生长习性 喜温，喜光，年需日照1 600～1 700h，对土壤的适应性强。梨树对土壤酸碱适应性较广，pH值为5～8.5均能正常生长，以pH值为5.8～7最适宜；梨树耐盐碱性也较强，土壤含盐量在0.2%以下生长正常。

繁殖方法及栽培技术要点 繁殖方法有播种、扦插和嫁接。采用种子繁殖方法简便，可大量繁殖。

主要病虫害 梨树腐烂病主要为害主枝和侧枝的树皮，造成腐烂。症状有溃疡型和枝枯型两种，及时剪除病枝、刮除病疤，集中烧毁。梨树萌动前喷腐烂敌100倍液，或5波美度石硫合剂。

梨黑斑病该病是梨树常见多发病，主要为害果实、叶片和新梢。防治要点：加强栽培管理，增施有机肥，避免偏施氮肥。结合冬季修剪，清除园内枯枝、落叶及病果，深埋。

观赏特性及园林用途 梨树多姿多彩，就叶形而言，有卵形、卵圆形、椭圆形、长椭圆形，且叶柄长短不一。春天，雪白的梨花竞相开放；秋天，丰硕的梨果缀满枝条，为公园内一道靓丽的风景。另外，在公园池畔、篱边、假山下、土堆旁栽植梨树，配以草坪或地被花卉。将梨树同其他树种配合使用，既丰富了景观，又能吸引食果鸟类，增添观赏乐趣。

3.33 毛白杨

科属 杨柳科杨属。

分布 毛白杨在中国分布广泛，以黄河流域中、下游为中心分布区。雌株以河南省中部最为常见，山东次之，其他地区较少，北京有引种雌株。

形态特征 乔木，高达30m。树皮幼时暗灰色，壮时灰绿色，渐变为灰白色，老时基部黑灰色，纵裂，粗糙，干直或微弯，皮孔菱形散生，或2～4连生；树冠圆锥形至卵圆形或圆形。侧枝开展，雄株斜上，老树枝下垂；小枝（嫩枝）初被灰毡毛，后光滑。

生长习性 深根性，耐旱力较强，黏土、壤土、沙壤上或低湿轻度盐碱土均能生长。在水肥条件充足的地方生长最快，20年生即可成材，是中国速生树种之一。

繁殖方法及栽培技术要点 可用播种、插条（需加处理）、埋条、留根、嫁接等。

主要病虫害 主要病害有毛白杨破腹病和毛白杨红心病，防治措施：加强抚育管理，提高树势，增强植株的抗逆性；冬季寒流到来之前树干涂白或包草防冻；早春对伤口可用刀削平以利提早愈合。加强病虫害的防治，并保护好树干，避免人畜或其他原因造成的机械伤。

虫害主要有白杨透翅蛾，防治方法：认真做好检疫工作，严禁带虫苗木调进和运出，要把有虫部分剪下烧掉；还可将雌蛾装入铁纱小盒内，于每天下午2～4时进行诱杀；幼虫孵化末期用50%速灭松乳剂喷洒苗木或幼林，以杀死其中幼虫。

青杨天牛防治方法：结合冬春修剪，将有虫瘿的枝、梢剪下烧毁，以消灭越冬幼虫；成虫大量羽化时喷洒50%马拉松乳剂或90%敌百虫500倍液，或50%百治屠乳剂都市1 000倍液，并可兼杀初孵幼虫。

观赏特性及园林用途 毛白杨材质好，生长快，寿命长，较耐干旱和盐碱，树姿雄壮，冠形优美，为各地群众所喜欢栽植的优良庭园绿化树。本地区多用于景观带背景树。由于飞絮问题严重，一方面在城市中减少种植量，多用于四旁绿化及防护林；另一方面培养繁殖无飞絮树种，喷洒药剂等。规格多用胸径10cm左右的苗木，株距4~6m，行距3~4m。

3.34　河北杨

科属　杨柳科杨属。

分布　分布于我国华北、西北各省区，为河北省山区常见杨树之一，各地有栽培，多生长于海拔700~1600m的河流两岸、沟谷阴坡及冲积阶地上。

形态特征　乔木，高达30m。树皮黄绿色至灰白色，光滑；树冠圆大。小枝圆柱形，灰褐色，无毛，幼时黄褐色，有柔毛。

生长习性　适于高寒多风地区，耐寒、耐旱，喜湿润，但不抗涝；在缺少水分的岗顶及南向山坡，常常生长发育不良。

繁殖方法及栽培技术要点　河北杨扦插育苗生根困难，可采用科学的方法繁育出合格苗木。种条选用生长健壮，腋芽饱满，木质化程度高，粗度在1.2cm的健壮萌发条、平茬条，剪条时间以3月中旬至4月中旬发芽前为宜。苗木成活后，及时浇水、松土除草、追肥，7月后，停止灌水、施肥，促进苗木木质化，以防抽干。

主要病虫害　河北杨虫害较少，为害青杨和黑杨类较严重的杨天社蛾、透翅蛾、黄斑星天牛、芳香木蠹蛾等，甚少为害河北杨。病害主要是叶锈病。防治措施为早春开始喷500~1000倍退菌特液或400~500倍的65%可湿性代森锌液或300~500倍粉锈宁溶液或1∶2∶200的波尔多液等防治。幼树感病严重可进行平茬，烧毁病枝，让其另萌新株。

观赏特性及园林用途　同毛白杨。

3.35　新疆杨

科属　杨柳科杨属。

分布　主要分布于中国北方各省区，以新疆为普遍。分布在中亚、西亚、巴尔干、欧洲等地。

形态特征　新疆杨高15~30m，树冠窄圆柱形或尖塔形；树皮为灰白或青灰色，光滑少裂。萌条和长枝叶掌状深裂，基部平截；短枝叶圆形，有粗缺齿，侧齿几对称，基部平截，下面绿色几无毛；叶柄侧扁或近圆柱形，被白绒毛。雄花序长3～6cm；花序轴有毛，苞片条状分裂，边缘有长毛，柱头2～4裂；雄蕊5～20枚，花盘有短梗，宽椭圆形，歪斜；花药不具细尖。

生长习性　喜光，不耐阴、耐寒。耐干旱瘠薄及盐碱土。深根性，抗风力强，生长快。

繁殖方法及栽培技术要点　在年度极端最低气温达-30℃以下时，苗木冻梢严重，用插条繁殖较易。

主要病虫害　树苗灰斑病：该病是由杨棒盘孢引起，此病菌随落地病叶及感病枝梢越冬，所以秋季落后到第二年新叶发生前，一定要彻底清除落病叶及感病枝梢；树苗黑斑病该病是由松杨栅锈菌引起，65%可湿性代森锌500倍液或敌锈钠200倍液喷雾，每半个月1次；6月向杨苗上喷保护剂，发病后喷治疗剂，药剂同上。

观赏特性及园林用途　新疆杨树型及叶形优美，在草坪、庭前孤植、丛植，或于路旁植、点缀山石都很合适，也可用作绿篱及基础种植材料，可为片林应用，城区内慎用。

3.36　银白杨

科属　杨柳科杨属。

分布　我国辽宁南部、山东、河南、河北、山西、陕西、宁夏、甘肃、青海等省区栽培，仅新疆（额尔齐斯河）有野生。欧洲、北非、亚洲西部和北部也有分布。

形态特征　乔木，高15～30m。树干不直，雌株更歪斜；树冠宽阔。树皮白色至灰白色，平滑，下部常粗糙。小枝初被白色绒毛，萌条密被绒毛，圆筒形，灰绿或淡褐色。

生长习性　喜光，耐寒，-40℃条件下无冻害。不耐阴，深根性。抗风力强，耐干旱，但不耐湿热。

繁殖方法及栽培技术要点　用种子和插条繁殖。种子千粒重0.54g，发芽率95%。插条育苗时，将枝条进行冬季沙藏，保持0～5℃的低温，促使皮层软化，或早春将剪好的插穗放入冷水中浸5～10h，再用湿沙分层覆盖，经5～10天后扦插，也可用生长素处理。

主要病虫害　银白杨主要病虫害主要有立枯病、锈病、黑斑病和白杨透翅蛾等。一旦发生立枯病，喷洒敌克松800倍液或1%～3%的硫酸亚铁液，以淋湿苗床土壤表层为度，每隔10天左右喷施一次，共2～3次。

锈病：可喷洒65%可湿性代森锌500倍液或50%的退菌特500倍液。敌锈钠200倍液。

黑斑病：喷洒1∶1∶200波尔多液或65%的代森锌250倍液，4%代森锌粉剂，10～15天喷一次。

虫害主要是白杨透翅蛾，成虫羽化前后用毒泥堵塞虫孔，成虫产卵前后避免修枝和机械损伤，以免成虫在创伤处产卵。

观赏特性及园林用途　主要做防护林树种。

3.37　小叶杨

别称　南京白杨、河南杨、明杨、青杨。

科属　杨柳科杨属。

分布　为中国原产树种。华北各地常见分布，以黄河中下游地区分布最为集中。中国东北、华北、华中、西北及西南各省区均有分布，以河南、陕西、山东、甘肃、山西、河北、辽宁等省最多。

形态特征　乔木，高可达20m，胸径能达50cm以上。树皮幼时灰绿色，老时暗灰色，沟裂；树冠近圆形。幼树小枝及萌枝有明显棱脊，常为红褐色，后变黄褐色，老树小枝圆形，细长而密，无毛。芽细长，先端长渐尖，褐色，有黏质。叶菱状卵形、菱状椭圆形或菱状倒卵形，长3～12cm，宽2～8cm，中部以上较宽，先端突急尖或渐尖，基部楔形、宽楔形或窄圆形，边缘平整，细锯齿，无毛，上面淡绿色，下面灰绿或微白，无毛。

生长习性　喜光树种，不耐阴，适应性强，对气候和土壤要求不严，耐旱，抗寒，耐瘠薄或弱碱性土壤，在沙、荒和黄土沟谷也能生长，但在湿润、肥沃土壤的河岸、山沟和平原上生长最好。

繁殖方式及栽培技术关键要点　繁殖方式为播种和扦插。小叶杨播种育苗较扦插育苗繁杂，但有性繁殖能提高生活力，抗病虫及抗旱能力，延长寿命；扦插育苗，春、秋两季均可采集。

主要病虫害　小叶杨树苗灰斑病、小叶杨树苗黑斑病，秋季落下到第二年新叶发生前，一定要彻底清除落病叶及感病枝梢，必要时喷施农药。

观赏特性及园林用途　小叶杨是良好的防风固沙、保持水土、固堤护岸及绿化观赏树种；城郊可选小叶杨作行道树和防护林。小叶杨树形美观，叶片秀丽，生长快速，本地区多用于防护林绿地。

3.38 旱柳

别称 柳树、河柳、江柳、立柳、直柳。

科属 杨柳科柳属。

分布 生长于中国东北、华北平原、西北黄土高原，西至甘肃、青海，南至淮河流域以及浙江、江苏，为平原地区常见树种。模式标本采自甘肃兰州。朝鲜、日本、远东地区也有分布。

形态特征 落叶乔木，高可达20m，胸径可达80cm。大枝斜上，树冠广圆形；树皮暗灰黑色，有裂沟；枝细长，直立或斜展，浅褐黄色或带绿色，后变褐色，无毛，幼枝有毛。叶披针形，长5～10cm，宽1～1.5cm，先端长渐尖，基部窄圆形或楔形。

生长习性 耐干旱、水湿、寒冷，喜光，耐寒，湿地、旱地皆能生长，但以湿润而排水良好的土壤上生长最好；根系发达，抗风能力强，生长快，易繁殖。

繁殖方法及栽培技术要点 用种子、扦插和埋条等方法繁殖。扦插育苗为主，播种育苗亦可。扦插育苗，技术简单，方法简便，园林育苗生产上广泛应用。

主要病虫害 旱柳的主要病害有柳锈病，这种病一般是为害旱柳小树苗，可以采用敌锈钠200倍液，每10天喷一次。

主要虫害有柳毒蛾、柳天蛾等，这些虫害专吃旱柳的叶子。可以采用80%可湿性敌百虫1 000～1 500倍液喷杀。

木蠹蛾为害树干，在出虫期可在树干喷40%乐果乳剂灭杀，也可生物防治。

观赏特性及园林用途 旱柳枝条柔软，树冠丰满，是中国北方常用的庭荫树、行道树。常栽培在河湖岸边或孤植于草坪，对植于建筑两旁。树形美，易繁殖，深为人们喜爱。其柔软嫩绿的枝条、丰满的树冠及稍加修剪的树姿，更加美观。适合于庭前、道旁、河堤、溪畔、草坪栽植。柳属的一些绿化树种是落叶树种中绿期最长的一种。但由于种子成熟后柳絮飘扬，故在工厂、街道路旁等处，最好栽植雄株。本地区公园及景观带常用，一般规格胸径10cm左右，株距5～8m。

3.39 垂柳

科属 杨柳科柳属。

分布 产自中国长江流域与黄河流域，其他各地均栽培。在亚洲、欧洲、美洲各国均有引种。

形态特征 乔木，高达18m，枝细长下垂，树冠开展而疏散。树皮灰黑色，不规则开裂；芽线形，先端急尖。叶狭披针形或线状披针形，长9～16cm，宽0.5～1.5cm，先端长渐尖，基部楔形两面无毛或微有毛，雄花序长1.5～2cm，有短梗，轴有毛；雄蕊2，子房椭圆形，无毛或下部稍有毛，无柄或近无柄，花柱短，柱头2～4深裂；苞片披针形，长1.8～2（2.5）mm，外面有毛；腺体1。蒴果长3～4mm，带绿黄褐色。花期3—4月，果期4—5月。

生长习性 喜光，喜温暖湿润气候及潮湿深厚之酸性及中性土壤。较耐寒，特耐水湿，但亦能生于土层深厚之高燥地区。萌芽力强，根系发达，生长迅速，根系发达，对有毒气体有一定的抗性，并能吸收二氧化硫。

繁殖方法及栽培技术要点 繁殖方法多用插条扦插繁殖，也可用种子及嫁接繁殖。栽培要点：控制新育苗，移栽、定植过密苗木。垂柳枝叶稀疏、根系较深。主枝选择三四个方向合适、相距40～50cm、相互错落分布的健壮枝短截，短截枝不宜超过主干的1/3。

主要病虫害 病害主要有腐烂病和溃疡病。发病较轻时，可在枝干病斑上，纵横相间0.5cm，割深达木质部的刀痕，然后喷涂以下杀菌剂：15%氢氧化钠水溶液，1∶10～1∶12的苏打水，70%托布津200倍液，不脱酚乳油、蒽油等。对于发病较重的植株要及时拔除，使其与无病株隔离，防止其蔓延，代除的病株要及时烧毁，有效控制病菌的传播。

虫害主要有柳树金花虫和蚜虫。两者都是食叶性害虫。可在3月上中旬喷3～5波美度石硫合剂，4月上中旬喷25%灭幼脲3号2 000倍液防治。盛夏季节可见少量的柳叶甲、瓢虫、尺底蓟马、卷叶虫等虫为害，可用40%氧化乐果0.1%的溶液交替喷雾防治，每月防治1次。

观赏特性及园林用途 枝条细长，生长迅速，自古以来深受中国人民热爱。最宜配植在水边，如桥头、池畔、河流，湖泊等水系沿岸处。与桃花间植可形成桃红柳绿之景，是春景的特色配植方式之一。也可作庭荫树、行道树、公路树。亦适用于工厂绿化，还是固堤护岸的重要树种。本地区各类绿地多有栽植，最适合水景边栽植。成活率高，可广泛应用。

3.40　金丝垂柳

别称　金丝柳。

科属　杨柳科柳属。

分布　金丝柳在中国东北、华北、西北。浙江、江苏、山东、湖南、河南等地均有栽培。

形态特征　落叶乔木，高可达10m以上，树冠长卵圆形或卵圆形，枝条细长下垂。小枝黄色或金黄色。叶狭长披针形，长9～14cm，缘有细锯齿。生长季节枝条为黄绿色，落叶后至早春则为黄色，经霜冻后颜色尤为鲜艳。幼年树皮黄色或黄绿色。金丝垂柳生长迅速，是速生树种。金丝垂柳是一个新型环保树种，具有不飞毛、年生长量大、育苗周期短、主干无疤结等特性。秋天，新梢、主干逐渐变黄，冬季通体金黄色。

生长习性　喜光，较耐寒，性喜水湿，也能耐干旱、耐盐碱，以湿润、排水良好的土壤为宜。喜温暖湿润气候及潮湿深厚的酸性及中性土壤。萌芽力强，根系发达，生长迅速。

繁殖方法及栽培技术要点　主要为扦插繁殖，扦插前，土壤旋耕打碎，整地作平畦，以利灌溉，扦插后需加强管理。

主要病虫害　金丝垂柳的抗病力强，几乎无病害。病害主要有腐烂病和溃疡病。但是有时间也会出现金花虫和蚜虫病害，两者都是食叶性害虫。

防治措施：在3月上中旬喷3～5波美度石硫合剂，4月上中旬喷25%灭幼脲3号2 000倍液防治。

观赏特性及园林用途　优良的园林观赏树种，树姿优美，对有毒气体有一定抗性，并能吸收二氧化硫。枝条金黄，柔软下垂，随风飘舞，姿态婆婆潇洒，具有独特的观赏价值，可作行道树、庭荫树或孤植于草地，建筑物旁，规格及胸径参考旱柳。

3.41　速生竹柳

别称　竹柳、美国竹柳。

科属　杨柳科柳属。

分布　全国大部分区域。

形态特征 乔木，生长潜力大，树皮幼时绿色，光滑。顶端优势明显，腋芽萌发力强，分枝较早，侧枝与主干夹角30°～45°。树冠塔形，分枝均匀。叶披针形，单叶互生，叶片长达15～22cm，宽3.5～6.2cm先端长渐尖，基部楔形，边缘有明显的细锯齿，叶片正面绿色，背面灰白色，叶柄微红、较短。

生长习性 喜光，耐寒性强，能耐-30℃的低温，在7℃以上都可以生长，适宜生长温度为15～25℃；喜水湿，不耐干旱，有良好的树形，对土壤要求不严，在pH值为5.0～8.5的土壤或沙地、低湿河滩或弱盐碱地均能生长，但以肥沃、疏松、潮湿土壤最为适宜。根系发达，侧根和须根广布于各土层中，能起到良好的固土作用。

主要病虫害 折叠竹柳病害防治方法：增加树势，及时清除病死枝，对树势较弱的新移栽树木涂抹药剂进行预防保护。对发病较轻的竹柳树木采取刮划包扎术，根据发病情况以及树势进行不同深度、宽度、纵度的刮划。对发病较重的竹柳树木，补充营养液提高其长势，同时对竹柳树冠进行非定干修剪。

繁殖方法及栽培技术要点 以扦插为主，在春、秋季均可进行，一般采用平头状修剪。

观赏特性及园林用途 行道树、园林绿化和农田防护林的理想树种。但需防治钻蛀性害虫。

3.42 榆树

别称 家榆、榆钱、春榆、粘榔树家榆、白榆。

科属 榆科榆属。

分布 分布于中国东北、华北、西北及西南各省区。朝鲜、俄罗斯、蒙古也有分布。

形态特征 落叶乔木，高达25m，胸径1m；树冠圆球形。树皮暗灰色，纵裂，粗糙。小枝灰色，细长，排成2列状，叶卵状长椭圆形，长2～6cm，先端渐尖，基部稍歪，缘有不规则之单锯齿。早春叶前开花，簇生于前一年生枝的叶腋。翅果近圆形，种子位于翅果中部。花期3—4月；果4—6月成熟。

生长习性 喜光，耐寒，抗旱，也能耐干旱瘠薄和盐碱土。生长较快，寿命可长达百年以上。萌芽力强，耐修剪。主根深，侧根发达，抗风、保土力强。对烟尘及氟化氢等有毒气体的抗性较强。

繁殖方法及栽培技术要点 繁殖以播种为主，分蘖亦可。榆树种子易失去发芽力，宜采后即播。一般在4月下旬翅果由绿变黄白色并有少数飞落时采种。播前不必做任何处理。床播或大田播行距约20cm，覆土0.5～1cm。播种量每亩5～7kg。苗期管理要注意经常修剪侧枝，以促其主干向上生长，并保持树干通直。1年生苗高1m左右，最高可达1.5～2m。作为城市绿化用苗需分栽培育2～3年方可出圃。

主要病虫害　榆树常见虫害有榆蓝叶甲，防治措施：人工捕杀，利用成虫的假死性，震落杀灭；冬季结合修剪收集枯枝落叶，深翻土地，清除杂草，消灭越冬虫源。

榆毒蛾防治措施：结合抚育管理摘除卵块及初孵群集的幼虫；喷施生物制剂，应用每克或每毫升含孢子100×10^8以上的青虫菌制剂500～1 000倍液；用50%杀螟松乳油1 000倍液，或90%晶体敌百虫1 000倍液，或2.5%溴氰菊酯乳油5 000～8 000倍液，或25%灭幼脲Ⅲ号1 000倍液喷雾。

榆叶蜂防治措施：幼虫发生期喷施每毫升含孢量100×10^8以上的苏云金杆菌制剂（青虫菌、灭蛾灵等）400倍液；幼虫发生盛期，喷90%晶体敌百虫1 000倍液，50%杀螟松乳油1 000倍液，或20%杀灭菊酯乳油2 000倍液。

观赏特性及园林用途　可应用于公园、游园等。

3.43　金叶榆

别称　中华金叶榆。

科属　榆科榆属。

分布　中国河北、河南遂平、鄢陵、安阳引种较多，河南省各地均可栽培。

形态特征　金叶榆叶片金黄，有自然光泽；叶脉清晰；叶卵圆形，平均长3～5cm，宽2～3cm，比普通榆树叶片稍短；叶缘具锯齿，叶尖渐尖，互生于枝条上。花期3—4月，果期4—5月。

生长习性　金叶榆不像一般其他的绿化植物，对环境的要求特别高，它不管在寒冷的北方还是在炎热的南方，都能够自由生长，不择土壤。

繁殖方法及栽培技术要点　目前金叶榆常用的繁殖方法主要有嫁接和扦插两种，嫁接主要用来繁殖较大型的金叶榆树，而扦插主要用来繁育灌丛型金叶榆。

主要病虫害　病虫害较少，最主要的虫害为豹蠹蛾，最有效的防治方法是人工剪除带虫枝、枯枝，也可在幼虫孵化蛀入期喷洒触杀药剂，如见虫杀1 000倍液，或用吡虫啉2 000倍液等内吸药剂防治。

桃红颈天牛，主要为害木质部，防治方法用药剂注干防治桃红颈天牛效果较好，可选用内吸性杀虫剂。

观赏特性及园林用途 观赏性极佳。初春时期，便绽放出娇黄的叶芽，似无数朵蜡梅花绽放枝头，娇嫩可爱，早早给人们带来春天的信息；至夏初，叶片变得金黄艳丽，格外醒目，将街道、公园等景点打扮得富丽堂皇；盛夏后至落叶前，树冠中下部的叶片渐变为浅绿色，枝条中上部的叶片仍为金黄色，黄绿相衬。

金叶榆生长迅速，枝条密集，耐强度修剪，造型丰富。既可培育为黄色乔木，作为园林风景树，又可培育成黄色灌木及高桩金球，广泛应用于绿篱、色带、拼图、造型。本地区绿化应用十分广泛，作为彩叶树种被广泛应用。

选择工程苗时，要注意嫁接高度、嫁接条生长时间以及树形等，避免购买嫁接条弱的苗木。

3.44　构树

别称　构桃树、构乳树、楮树、楮实子、沙纸树、谷木、谷浆树、假杨梅。

科属　桑科构属。

分布　中国黄河、长江、珠江流域，也见于越南、日本。

形态特征　落叶乔木，高10~20m，树皮浅灰色，不易裂，小枝密被丝状刚毛，叶互生，有时近对生，广卵形至长椭圆状卵形，长6~18cm，宽5~9cm，先端渐尖，基部心形，两侧常不相等，边缘具粗锯齿，不分裂或3~5裂，小树之叶常有明显分裂，表面粗糙，疏生糙毛，背面密被茸毛。

生长习性　喜光，适应性强，耐干旱瘠薄，也能生于水边，多生于石灰岩山地，也能在酸性土及中性土上生长；耐烟尘，抗大气污染力强。

繁殖方法及栽培技术要点　用种子或扦插繁殖。为克服雌株多浆的果实在成熟时大量落果，影响环境卫生，可利用雄株作接穗，培育嫁接苗种植。

主要病虫害　主要病虫害为烟煤病和天牛。防治方法：烟煤病用石硫合剂每隔15天喷1次，连续2~3次即可。天牛用敌敌畏和敌百虫合剂800倍液喷杀，或用脱脂棉团蘸敌敌畏原液，塞入虫孔道，再用黄泥等将孔口封住毒杀。

观赏特性及园林用途　构树外貌虽较粗野，但枝叶茂密且有抗性、生长快、繁殖容易等许多优点。仍是城乡绿化的重要树种，尤其适合用作矿区及荒山坡地绿化，亦可选做庭荫树及防护林用。为抗有毒气体（二氧化硫和氯气）强的树种可在大气污染严重地区栽植。本地区目前应用较少，建议推广应用。

3.45 龙爪桑

科属 桑科桑属。

分布 在中国辽宁以南城市、北部暖温带落叶阔叶林区、南部暖带落叶阔叶林区、北亚热带落叶、常绿阔叶混交林区、中亚热带常绿、落叶阔叶林区。

形态特征 株高可达3m，冠幅2.0～2.5cm，树冠开张。枝条圆柱形，呈"S"形扭曲。叶互生，叶片大，阔卵形，先尖端，锯齿缘。5月开花，雌雄异株，雄花序下垂，雌花序直立。果实成熟时紫黑色，6月中旬成熟。龙爪桑一年生和多年生枝呈龙爪形扭曲，秋末落叶后直至春季萌发前，长达180天的观枝期，为漫长的冬季增添了观赏情趣。

阳性，适应性强，抗污染，抗风，耐盐碱。

繁殖方法及栽培技术要点 龙爪桑硬枝和嫩枝扦插生根率极差，主要用播种和嫁接法繁殖。

主要病虫害 桑树花叶病是春季桑园普遍发生的畸形叶病毒性病害。防治方法：要改变冬伐剪到根（根刈）的习惯，冬伐剪留下半年生长的枝条长30～60cm，就可以有效预防春季发生花叶病。

观赏特性及园林用途 庭院栽培观赏，多用于古典园林绿化。

3.46 杜仲

别称 杜仲、丝楝树皮、丝棉皮、棉树皮、胶树。

科属 杜仲科杜仲属。

分布 现各地广泛栽种。

形态特征 落叶乔木，高达20m，胸径50cm，树冠圆球形。树皮深灰色，枝具片状髓，树体各部折断均具银白色胶丝。小枝光滑，无顶芽，单叶互生，椭圆形，长7～14cm，有锯齿，羽状脉，老叶表面网脉下限，无托叶。花单性，花期4—5月，雌雄异株，无花被，生于幼枝基部的苞叶内，与叶同放或先叶开放。翅果扁平，长椭圆形，顶端2裂，种子一粒。果期10—11月。属于杜仲科杜仲属，本科仅1属1种。我国特有。

生长习性 生于山地林中或栽培喜阳光充足、温和湿润气候，耐寒，对土壤要求不严，丘陵、平原均可种植。分布长江中游及南部各省，河南、陕西、甘肃等地均有栽培。

繁殖方法及栽培技术要点　繁殖方法可用种子、扦插、压条及嫁接繁殖。

主要病虫害　常见病虫害有枝枯病、褐斑病和叶枯病，防治措施：加强水肥管理，注意营养平衡，不可偏施氮肥；注意通风透光，及时剪除过密枝条；发病初期喷65%代森锌可湿性粉剂500倍液，或75%百菌清可湿性粉剂800倍液，可有效控制病情。

杜仲的虫害主要有金龟子、地老虎、蝼蛄、豹纹木蠹蛾、咖啡豹蠹蛾、刺蛾、茶翅蝽象等。

3.47　元宝枫

别称　平基槭、华北五角槭、色树、元宝树、枫香树。

科属　槭树科槭树属。

分布　广布于东北、华北，西至陕西、四川、湖北，南达浙江、江西、安徽等省区。

形态特征　落叶乔木，高达10～13m，单叶对生，掌状5裂，有时中裂片或中部3裂片又3裂，叶柄细长，叶基通常截形最下部两裂片有时向下开展。花小而黄绿色，花成顶生聚伞花序，4月花与叶同放。萼片5，黄绿色，翅果扁平，翅较宽而略长于果核，形似元宝。果9月成熟。

生长习性　耐阴，喜温凉湿润气候，耐寒性强，但过于干冷则对生长不利，在炎热地区也如此。

繁殖方法及栽培技术要点　元宝枫通常采用播种育苗，应选择树干通直、生长良好、树龄15年以上的树作为采种树，生产中可以扦插繁殖，可采用软枝扦插繁殖，硬枝扦插生根较难。

主要病虫害　元宝枫的病害主要是叶斑病，要及时除去病组织，集中烧毁，药剂防治可使用25%多菌灵可湿性粉剂300～600倍液、50%甲基托布津1 000倍液、80%代森锰锌400～600倍液、50%克菌丹500倍液等。注意药剂的交替使用，以免病菌产生抗药性。

元宝枫病害还有褐斑病、白粉病。

防治方法：用50%多菌灵可湿性粉剂800～1 000倍液喷洒，每半月1次，连续2～3次。锈病，可喷洒25%粉锈宁乳油1500倍液，每半月1次，连续2～3次。

虫害主要有黄刺蛾、尺蠖、天牛等，防治措施同其他树种。

观赏特性及园林用途 元宝枫嫩叶红色，秋叶黄色、红色或紫红色，树姿优美，叶形秀丽，为优良的观叶树种。宜作庭荫树、行道树或风景林树种。可作为公园点景树。

3.48 五角枫

别称 地锦槭、色木、丫角枫、五角槭、秀丽槭。

科属 槭树科槭树属。

分布 中国东北、华北至长江流域。朝鲜、日本也有分布。

形态特征 落叶乔木，高达15~20m，树皮粗糙，常纵裂，灰色，稀深灰色或灰褐色。小枝细瘦，无毛，当年生枝绿色或紫绿色，多年生枝灰色或淡灰色，具圆形皮孔。冬芽近于球形，鳞片卵形，外侧无毛，边缘具纤毛。

翅果嫩时紫绿色，成熟时淡黄色；小坚果压扁状，长1~1.3cm，宽5~8mm；翅长圆形，宽5~10mm，连同小坚果长2~2.5cm，张开成锐角或近于钝角。花期5月，果期9月。

生长习性 稍耐阴，深根性，喜湿润肥沃土壤，在酸性、中性、石灰岩上均可生长。

繁殖方法及栽培技术要点 五角枫主要采用播种繁育，每年10月采收成熟的种子，净种后干藏或沙藏，在4月进行播种，播种可采取种子的湿沙层积催芽，会提高种子发芽率，出苗整齐迅速，常规播种经过2~3周种子发芽出土，湿砂层积催芽的种子只需1周即可提前出土。1年生苗可达70cm，2年生苗高达120cm以上。苗圃通常移栽2年生的五角枫小苗宜在2—3月移栽，随挖随栽。

主要病虫害 五角枫的白粉病可喷洒波尔多液或石硫合剂进行防治。五角枫的褐斑病可在秋季将病果病叶收集后加以处理（埋于土内或烧掉）。发病初期可喷波尔多液1~2次，还可以向树冠喷65%代森锌0.2%~0.25%的溶液。

五角枫虫害主要有刺蛾、蓑蛾及天牛等，可用80%敌敌畏乳剂1 500倍液喷杀之。

观赏特性及园林用途 在本地区秋季叶子呈黄色，为秋景树之一，可于游园、公园中绿化。

3.49 美国红枫

别称 红花槭、北方红枫、北美红枫、沼泽枫、加拿大红枫。

科属 槭树科槭树属。

分布 美国红枫分布于美国，从佛罗里达州沿海到得克萨斯州、明尼苏达州、威斯康星州及加拿大大部分地区。在2 000年前引入中国。主要分布在辽宁、山东、安徽一带。由于特殊的地理位置使美国红枫在北方变色效果很好。而南方很多城市则无法看见美国红枫的秋季色彩。

形态特征 落叶大乔木，树高12～18m，高可达27m，冠幅达10余米，树型直立向上，树冠呈椭圆形或圆形，开张优美。单叶对生，叶片3～5裂，手掌状，叶长10cm，叶表面亮绿色，叶背泛白，新生叶正面呈微红色，之后变成绿色，直至深绿色，叶背面是灰绿色，部分有白色茸毛。3月末至4月开花，花为红色。

生长习性 适应性较强，耐寒、耐旱、耐湿。能适应多种范围的土壤类型生长，酸性至中性的土壤使秋色更艳。对有害气体抗性强，尤其对氯气的吸收力强，可作为防污染绿化树种。

繁殖方法及栽培技术要点 美国红枫主要有两种繁殖方式，有性繁殖和无性繁殖。

有性繁殖一般是通过种子育苗，在有性繁殖的过程中基因会发生重组，产生变异，也就是说通过种子繁殖得到的美国红枫树苗得到的性状是不稳定的，这就造成了美国红枫变色时候不稳定，可能不变色，也可能和母本植株的叶片颜色不一样。

无性繁殖一般是通过扦插育苗，组织培养等方式进行培育。树苗直接继承了母本的性状，不会发生变异。也就是说母本植株的叶片是什么颜色，美国红枫小苗也会表现出什么颜色。通过无性繁殖得到的美国红枫小苗变色会非常稳定。

主要病虫害 美国红枫病虫害以天牛为害为主，主要有黑螨及光肩星天牛，发现后及时处理不会对树造成影响。

观赏特性及园林用途 春天开花，花红色。因其秋季色彩夺目，树冠整洁，被广泛应用于公园、小区、街道栽植，既可以园林造景又可以做行道树，深受人们的喜爱，是近几年引进的美化、绿化城市园林的理想珍稀树种之一。近年来，通过试种引种，在公园适宜的小气候下，亦可正常生长，但由于成活率较低，不适宜大量栽植。

3.50 复叶槭

别称 糖槭、梣叶槭。

科属 槭树科槭树属。

分布 原产于北美洲。中国东北、华北、华中、华东等地引种。

形态特征 落叶乔木,最高达20m。树冠卵圆形,树皮黄褐色或灰褐色。小枝圆柱形,无毛,当年生枝绿色,多年生枝黄褐色。奇数羽状复叶,长10～25cm,有3～7(稀9)枚小叶;小叶纸质,卵形或椭圆状披针形,长8～10cm,宽2～4cm,先端渐尖,基部钝一形或阔楔形,边缘常有3～5个粗锯齿,稀全缘。

生长习性 适应性强,可耐绝对低温-45℃,喜光,喜干冷气候,暖湿地区生长不良,耐寒、耐旱、耐干冷、耐轻度盐碱、耐烟尘。

繁殖方法及栽培技术要点 可采用播种与嫁接繁殖。播种繁殖:复叶槭种子发芽较快,不需沙藏。嫁接繁殖:砧木应选4～5年生稍大一点的实生苗。移植应带土坨,以保证成活。

主要病虫害 病害主要是枯梢病。防治方法:苗木进入休眠期以后,及时剪去病枝、枯死枝等,并集中烧毁。初春苗木萌芽至抽梢前,及时喷施55%多菌灵600倍液或65%甲基托布津900倍液进行预防,7天喷施1次,连续喷施3次,喷施药液时一定要均匀喷洒。

虫害主要是黄刺蛾。黄刺蛾幼虫在6月初至9月为害叶片,严重时甚至整株干枯死亡。防治方法:幼虫2龄前,及时喷施85%的晶体敌百虫1 200倍液,或50%的辛硫磷乳油900倍液,或25%的杀灭菊酯乳油1 800倍液进行防治。

观赏特性及园林用途 早春开花,花蜜很丰富,是很好的蜜源植物,本种树冠广阔,夏季遮阴条件良好,可作行道树或庭园树。

复叶槭以其生长势强、树冠优美、耐寒、耐旱等特点,广泛用于我国北方林木的防护、用材、绿化中。目前本地区应用于道路绿化中,生长较慢,在道路绿化及行道树选择时需慎重考虑。

3.51 青竹复叶槭

科属 槭树科槭树属。

分布 原产美洲。中国北方地区亦有分布。

形态特征 幼树似青竹,成年树干通直,侧枝对生,上下成排呈鱼翅状,树冠圆形,树形美观,树干年增长量可达3cm以上,花粉红色,先花后叶,满树皆花。

生长习性 适应性强,耐旱、耐瘠薄、耐涝、耐盐碱、抗污染,材质韧性强、抗风。是我国北方（长江以北）城乡绿化理想树种之一，可在北方地区大力推广应用。

繁殖方法及栽培技术要点　扦插繁殖。主要是嫩枝扦插，用当年生半木质化枝条，6—7月进行扦插，枝条直径0.8~1.2cm，含两个节以上，顶端留2个小叶。硬枝扦插，枝条采集于休眠期，选取充分木质化的枝条做插穗，长度15~20cm，粗度为1~3cm。

主要病虫害　易遭天牛幼虫蛀食树干，要注意及早防治。

观赏特性及园林用途　该品种为速生树种，生态适应性很强，在我国是作为替代法桐的优良行道树品种。

3.52　栾树

别称　木栾、栾华、乌拉、乌拉胶，黑色叶树、石栾树、黑叶树、木栏牙。

科属　无患子科栾树属。

分布　中国大部分省区。世界各地有栽培。

形态特征　落叶乔木，高达15m；树冠近圆球形，树皮灰褐色，细纵裂；小枝稍有棱，无顶芽，皮孔明显。叶丛生于当年生枝上，平展，一回、不完全二回或偶有为二回羽状复叶，长可达50cm。

生长习性　栾树是一种喜光，稍耐半阴的植物；耐寒；但是不耐水淹，栽植注意土地，耐干旱和瘠薄，对环境的适应性强，喜欢生长于石灰质土壤中，耐盐渍及短期水涝。深根性，萌蘖力强，生长速度中等，幼树生长较慢，以后渐快，有较强抗烟尘能力。病虫害少，栽培管理容易，栽培土质以深厚，湿润的土壤最为适宜。

繁殖方法及栽培技术要点　以播种繁殖为主，分蘖或扦插亦可。

主要病虫害　病害有流胶病，防治措施：刮疤涂药。用刀片刮除枝干上的胶状物，然后用梳理剂和药剂涂抹伤口。

虫害有蚜虫，防治方法：于若蚜初孵期开始喷洒蚜虱净2 000倍液、40%氧化乐果乳油、土蚜松乳油或吡虫啉类药剂；于初发期及时剪掉树干上虫害严重的萌生枝，消灭初发生尚未扩散的蚜虫。注意保护和利用瓢虫、草蛉等天敌。

观赏特性及园林用途　栾树春季嫩叶多为红叶，夏季黄花满树，入秋叶色变黄，果实紫红，形似灯笼，十分美丽；栾树适应性强、季相明显，是理想的绿化、观叶树种。宜做庭荫树、行道树及园景树，栾树也是工业污染区配植的好树种。春季观叶、夏季观花，秋冬观果，已大量将它作为庭荫树、行道树及园景树，同时也作为居民区、工厂区及村旁绿化树种。

本地区多用于道路绿化，公园、游园绿化中。一般工程苗胸径10cm以上，株距5m以上。

3.53　文冠果

别称　文冠木、文官果、土木瓜、木瓜、温旦革子。

科属　无患子科文冠果属。

分布　中国北部和东北部，西至宁夏、甘肃，东北至辽宁，北至内蒙古，南至河南。

形态特征　落叶灌木或小乔木，高可达8m；常见多为3~5m，树皮灰褐色，条裂，小枝紫红色，幼时有毛。奇数羽状复叶互生，小叶9~19，叶连柄长可达30cm；小叶对生或近对生，长椭圆形至披针形，先端尖，基部楔形，边缘有锐利锯齿，表面光滑，北部疏生星状柔毛，两性花的花序顶生，雄花序腋生，直立，总花梗短，花瓣白色，基部具黄色至橘红色斑点，花盘5裂，裂片上有1角状附属物，体橙黄色，花丝无毛；蒴果长达6cm；种子黑色而有光泽。春季开花，秋初结果。

生长习性　文冠果喜阳，耐半阴，对土壤适应性很强，耐瘠薄、耐轻盐碱，抗寒能力强，-41.4℃安全越冬；抗旱能力极强，在年降水量仅150mm的地区也有散生树木，但文冠果不耐涝、怕风，在排水不好的低洼地区、重盐碱地和未固定沙地不宜栽植。

繁殖方法及栽培技术要点　要用播种法繁殖，分株、压条和根插也可。一般在秋季果熟后采收，取出种子即播，也可用湿砂层积储藏越冬，翌年早春播种。栽培技术用种子、嫁接、根插或分株繁殖。

主要病虫害　黄化病：加强苗期管理，及时进行中耕松土；铲除病株；实行换茬轮作；林地实行翻耕晾土。

立枯病：75%百菌清可湿性粉剂600倍液，或5%井冈霉素水剂1 500倍液，或20%甲基立枯磷乳油1 200倍液，进行喷雾。

煤污病：苗期加强管理，及时中耕除草。选用多菌灵800倍液，连续喷布2~3次，间隔时间为7~10天，早春喷洒50%乐果乳油2 000倍液。

病害主要是木虱：早春或初发期喷布5波美度石硫合剂或25%功夫乳油2 000

倍液防治。用10%吡虫啉水分三颗粒剂WG 15 000倍液、3%叮虫脒乳油EC 2 000倍液、1.8%阿维菌素乳油EC 3 000倍液等药剂喷布叶面（正反面）及树体。

观赏特性及园林用途 花序大而花朵密，春天白花满树，且有秀丽光洁的绿叶相衬，更显美观，花期可持续约20天，并有紫花品种，是优良的观赏树种。在园林中配植于草坪、路边、山坡、假山旁或建筑物前都很合适。本地区有少量栽植。

3.54 臭椿

别称 臭椿皮、大果臭椿。

科属 苦木科臭椿属。

分布 中国东北南部、华北、西北至长江流域。

形态特征 落叶乔木，高可达20余米，树皮平滑略有浅裂纹。嫩枝有髓，幼时被黄色或黄褐色柔毛，后脱落。

叶为奇数羽状复叶，有小叶13～25；叶痕大而倒卵形，内具9维管束痕。奇数羽状复叶，小叶对生或近对生，纸质，卵状披针形，长7～13cm，宽2.5～4cm，先端长渐尖，基部偏斜，截形或稍圆，两侧各具1或2个粗锯齿，齿背有腺体1个，叶面深绿色，背面灰绿色，稍有白粉，揉碎后具臭味。

生长习性 喜光，不耐阴。适应性强，除黏土外，各种土壤和中性、酸性及钙质土都能生长，适生于深厚、肥沃、湿润的砂质土壤。耐寒，耐旱，不耐水湿，长期积水会烂根死亡。深根性。对土壤要求不严，但在重黏土和积水区生长不良。耐微碱，pH的适宜值为5.5～8.2。对氯气抗性中等，对氟化氢及二氧化硫抗性强。生长快，根系深，萌芽力强。

繁殖方法及栽培技术要点 用种子或根蘖苗分株繁殖。一般用播种繁殖。播种育苗容易，以春季播种为宜。

主要病虫害 臭椿对病虫害抵抗能力较强。病虫害防治：臭椿皮蛾防治方法：用90%敌百虫1 000倍液或80%敌敌畏乳剂1 500倍液喷杀。灯火诱杀成虫。人工捕杀虫茧。

斑衣蜡蝉：为害臭椿枝干，使树干变黑，树皮干枯或全树枯死。防治方法：冬季刮卵块。若虫为害期用90%敌百虫1 000倍液或乐果2 000倍液喷杀。

观赏特性及园林用途 臭椿树干通直高大，春季嫩叶紫红色，秋季红果满树，是良好的观赏树和行道树。可孤植、丛植或与其他树种混栽，适宜于工厂、矿区等绿化。枝叶繁茂，春季嫩叶紫红色，秋季满树红色翅果，颇为美观。

3.55 千头椿

别称 多头椿、千层椿。

科属 苦木科臭椿属。

分布 分布于中国黄河下游地区。

形态特征 落叶乔木，高可达20余米，树皮平滑而有直纹；嫩枝有髓，幼时被黄色或黄褐色柔毛，后脱落。叶为奇数羽状复叶，长40～60cm，叶柄长7～13cm，有小叶13～27。

生长习性 喜光，耐寒，耐旱，耐瘠薄，也耐轻度盐碱，pH值9以下的土壤均能生长，适应性很强。

主要病虫害 千头椿主要的病虫害有沟眶象、斑衣蜡蝉等。近年来，为害千头椿严重的虫害主要是沟眶象甲，人工防治在成虫羽化期，早晨趁露水未干时，杆击树，一般击树2～3次，利用该虫假死性，人工捕杀或毒杀落地成虫；化学防治土壤处理：成虫出土前在树干周围利用辛硫磷300倍液进行地面封闭，喷药后浅翻土壤，以防光解。树冠喷药：在成虫发生盛期（4月中下旬），采用50%辛硫磷1 000倍液、40%水胺硫磷1 000～1 500倍液树冠喷雾，均有较好防效。

观赏特性及园林用途 千头椿树冠圆整如半球状，颇为壮观。叶大荫浓，秋季红果满树，兼备树体高大，树姿优美、抗逆性强、适应性以及生长较快等诸多优点，因而具有极高的观赏价值和广泛的园林用途，可在园林绿化、风景园林及各类庭院绿地中设计配置，无论孤植、列植、丛植还是与其他彩色树种搭配，都能尽展风采而成为景观之中亮点。千头椿也可作很好的庭荫树、观赏树或行道树。千头椿还具有较强的抗烟能力，所以是工矿区绿化的良好树种。多用于行道树，胸径10cm以上，株距5m以上。

3.56 刺槐

别称 洋槐、刺儿槐。

科属 蝶形花科（豆科）刺槐属。

分布 原生于北美洲，现被广泛引种到亚洲、欧洲等地。

形态特征 落叶乔木，高10～25m；树冠卵圆状倒卵形，树皮灰褐色至黑褐色，浅裂至深纵裂，稀光滑。小枝灰褐色，幼时有棱脊，微被毛，后无毛；具托叶刺，长达2cm；冬芽小，被毛。

喜土层深厚、肥沃、疏松、湿润的壤土、沙质壤土、沙土或黏壤土，在中性土、酸性土、含盐量在0.3%以下的盐碱性土上都可以正常生长，在积水、通气不良的黏土上生长不良，甚至死亡。喜光，不耐阴。萌芽力和根蘖性都很强。

繁殖方法及栽培技术要点 在刺槐育苗中，掌握幼苗耐旱、喜光、忌涝的特点，是保证育苗成活的关键。

主要病虫害 刺槐受白蚁、叶蝉、蚧、槐蚜、金龟子、天牛、刺槐尺蛾、桑褐翅尺蛾、小皱蝽等多种害虫为害。刺槐种子小蜂是种子的主要害虫，被害率可高达80%以上。发现虫害可用40%氧化乐果乳剂1 500倍液喷雾防治。对于立枯病，在发病初期，用50%的代森铵300~400倍液喷洒，灭菌保苗。

观赏特性及园林用途 刺槐树冠高大，叶色鲜绿，每当开花季节绿白相映，素雅而芳香。可作为行道树、庭荫树。工矿区绿化及荒山荒地绿化的先锋树种。对二氧化硫、氯气、光化学烟雾等的抗性都较强，还有较强的吸收铅蒸气的能力。根部有根瘤，又提高地力之效。冬季落叶后，枝条疏朗向上，很像剪影，造型有国画韵味，可栽植成刺槐林。

3.57 毛刺槐

别称 毛刺槐、江南槐、粉花刺槐、粉花洋槐、红毛洋槐、无刺槐、紫雀花。

科属 蝶形花科（豆科）刺槐属。

分布 原产北美洲。广泛分布于中国东北南部、华北、华东、华中、西南等地区。

形态特征 高1~3m。幼枝绿色，密被紫红色硬腺毛及白色曲柔毛，二年生枝深灰褐色，密被褐色刚毛，羽状复叶长15~30cm；叶轴被刚毛及白色短曲柔毛，上面有沟槽；小叶5~7（~8）对，椭圆形、卵形、阔卵形至近圆形。

生长习性 毛刺槐喜光，在过荫处多生长不良，耐寒性较强，喜排水良好的沙质壤土，有一定的耐盐碱力，在pH值为8.7、含盐量0.2%的轻度盐碱土中能正常生长。嫁接苗抗风力不强，不宜栽植于风口或开阔处，否则易出现"掉头"情况。耐旱，不耐水湿。耐修剪。对氟化氢等有毒有害气体有较强抗性。

繁殖方法及栽培技术要点 毛刺槐对水的要求不高，大苗平时可靠自然降水生长。对于新栽植的小苗，则应适当加强浇水管理。

主要病虫害　毛刺槐常见的病害有紫纹羽病，此病常致根部腐烂而树容易被大风刮倒。如果有发生，可于7—8月在树根部撒上草木灰，用量为每株1kg，然后将土翻起并耙细。毛刺槐还容易罹患白粉病和煤污病，如有白粉病发生，可用15%粉锈宁可湿性粉剂1 000倍液进行喷雾，每7天1次，连续喷2～3次可有效控制住病情。如果有煤污病发生，可首先杀灭蚜虫和介壳虫，并用50%多菌灵1 000倍液进行喷洒，每7天1次，连续喷3～4次可有效控制住病情。

观赏特性及园林用途　树冠浓密，花大，色艳丽，散发芳香，适于孤植、列植、丛植在疏林、草坪、公园、高速公路及城市主干道两侧。它可与不同季节开花的植物分别组景，构成十分稳定的底色或背景，观赏价值较高。

3.58　红花刺槐

别称　红花洋槐，江南槐。

科属　蝶形花科（豆科）刺槐属。

分布　红花刺槐是刺槐的变种，原产于美国，现世界各地广泛栽培。

形态特征　落叶灌木或小乔木，高达2m。茎、小枝、花梗均密被红色刺毛。托叶部变成刺状。羽状复叶，小叶7～13枚，广椭圆形至近圆形，长2～3.5cm，叶端钝，有小尖头。花粉红或紫红色，2～7朵成稀疏的总状花序。荚果，具腺状刺毛。

生长习性　极喜光，怕阴蔽和水湿，耐寒，喜排水良好的土壤。浅根性，侧根发达。干燥地及海岸均能生长，适应性强、根蘖苗旺盛。

繁殖方法及栽培技术要点　一般多采用嫁接繁殖，栽培均用刺槐作砧木作高位嫁接。

主要病虫害　紫纹羽病、尺蠖虫害、种子小蜂等病虫害，多注意防治。防治可参考国槐、刺槐等。

观赏特性及园林用途　庭荫树、行道树、防护林及城乡绿化先锋树种，也是重要速生用材树种，可用于公园、游园及居住区绿化。

3.59　香花槐

别称　富贵树。

科属　蝶形花科（豆科）刺槐属。

分布　原产西班牙，1992年引入中国试种成功，现各地广泛栽培。

形态特征　落叶乔木，整株高10～12m，树干为褐色至灰褐色。叶互生，7～19片组成羽状复叶、叶椭圆形至卵状长圆形，长3～6cm，比刺槐叶大。叶片美观对称，深绿色有光泽，青翠碧绿。

密生成总状花序，作下垂状。花被红色，有浓郁的芳香气味，可以同时盛开小红花200～500朵。

无荚果不结种子。侧根发达，当年可达2m，第2年3～4m，花期5月、7月或连续开花，花期长。

生长习性　性耐寒，能抵抗-28～-25℃低温。耐干旱瘠薄，对土壤要求不严，酸性土、中性土及轻碱地均能生长。主、侧根发达，萌芽性强。生长快，当年可达2m，第2年3～4m，开始开花。对城市不良环境有抗性，抗病力强。

繁殖方法及栽培技术要点　香花槐不结种子，一般采用埋根和枝插法养殖，枝插法成活率低，以埋根养殖为主。

埋根养殖选用1～2年生香花槐主、侧根，直径0.3～1.5cm为宜。可选用温室育苗移栽和大田埋根两种方法。室内育苗所处地区不同，育苗时间不同；育苗在5月移栽大田。

主要病虫害　香花槐幼苗要预防蝗虫或蚂蚱吃主干和嫩叶，用常用的杀虫剂来预防。进入夏季，注意防治香花槐苗尖和嫩叶部位的黑密虫，通常采用杀虫剂喷雾防治。

入秋前后，香花槐根干部位易患腐烂病或线虫搀食，用杀虫剂加防腐烂药物喷雾防治。由于香花槐自然生长树冠开张，树形优美，无需修剪。香花槐生长迅速，开花早，一般载后第二年开花，有栽培价值的是一年两季盛花。

观赏特性及园林用途　香花槐最具观赏价值的是红色的花果。可谓是"初秋园林赏美景，香槐盛开别样红"。耐寒抗旱，适应性强，南北皆宜。本地区可作为景观林，但需注意其萌蘖过多的问题。

3.60　国槐

别称　槐树、槐蕊、豆槐、白槐、细叶槐、金药材、护房树、家槐。

科属　蝶形花科（豆科）槐属。

分布　中国北部较集中，我国辽宁、广东、台湾、甘肃、四川、云南也广泛种植。

形态特征 乔木，高达25m；树皮灰褐色，具纵裂纹树冠近圆形。当年生枝绿色，无毛，树冠圆形，羽状复叶长达25cm；叶轴初被疏柔毛，旋即脱净；叶柄基部膨大，包裹着芽；托叶形状多变，有时呈卵形，叶状，有时线形或钻状，早落；小叶4~7对，对生或近互生，纸质，卵状披针形或卵状长圆形，长2.5~6cm，宽1.5~3cm，先端渐尖，具小尖头，基部宽楔形或近圆形，稍偏斜，下面灰白色，初被疏短柔毛，旋变无毛；小托叶2枚，钻状。

生长习性 喜光，耐寒，耐旱，较耐盐碱，成活率高。

繁殖方法及栽培技术要点 一般采用春播，在4月上中旬播种为宜。

埋根繁殖，槐落叶后即可引进种根，定植前以沙土埋藏保存，掌握好沙土湿度，既不可让根段脱水干枯，又不可湿度太重而霉变腐烂。

枝条扦插，扦插时间与埋根育苗相同，也可稍早选取直径8~20mm木质化硬枝，剪成15cm长的插条。

主要病虫害 国槐主要病害有白粉病、溃疡病和腐烂病，可选用70%甲基托布津可湿性粉剂800~1 000倍液或50%退菌特可湿性粉剂600~800倍液喷雾防治；主要虫害有槐蚜、槐尺蠖、黏虫、美国白蛾等，可选用10%吡虫啉可湿性粉剂2 000倍液与4.5%高效氯氰菊酯乳油1 500倍液；国槐圃地除草主要在当年苗地内，可采取人工清除或化学除草剂防除，使用化学除草剂防除时一定不要将药剂喷施到树干上。

观赏特性及园林用途 国槐是庭院常用的特色树种，其枝叶茂密，绿荫如盖，适作庭荫树，在中国北方多用作行道树。配植于公园、建筑四周、街坊住宅区及草坪上，也极相宜。国槐也是可以选作为混交林的树种。是沧州市市树，应用于各种绿地形式，工程苗胸径10~30cm均有应用。

3.61　金枝国槐

别称 黄金槐。

科属 蝶形花科（豆科）槐属。

分布 中国北方地区。

形态特征 金枝国槐发芽早，幼芽及嫩叶淡黄色，5月上旬转绿黄，秋季9月后又转黄，每年11月至翌年5月，其枝干为金黄色，因此得名，是优良的绿化美化树种。

生长习性 喜光、抗旱、耐寒，可在-25℃的严寒越冬，耐涝，抗腐烂病，适应性强，栽培成活率高。宜在湿润、肥沃、排水良好的沙质壤土种植，在酸性及轻度盐碱地均能正常生长。耐烟毒能力强，对二氧化硫、氯气、氯化氢气均有较强的抗性。生长速度中等，根系发达，为深根性树种，萌芽力强，寿命长。

繁殖方法及栽培技术要点 多采用扦插和嫁接繁殖。

扦插：采集插穗：选1年生实生苗木，截成10～15cm的段。剪口要平滑，经湿沙贮藏催根。

扦插方法：第2年4月开沟进行直插。为提高扦插成活率，可在插前将插穗基部浸入500mg/L吲哚乙酸（IBA）水溶液中3～5s，然后扦插。扦插成活率可达85%。

嫁接繁殖：高接换头用的是枝接法中的插皮接。此种方法操作简便，成活率高。嫁接后一个月，成活的接穗即可发芽。同时砧木上的隐芽也会萌发，形成萌蘖，要及时将其去除，以免影响接穗生长。因接穗生长旺盛，要及时解绑，并将新梢绑缚在木棍上，以防其被风刮坏。

主要病虫害 参照国槐。

观赏特性及园林用途 可作为风景树观赏，也可作为防护林带。作为彩叶树应用于景观带及公园游园中。

3.62 金叶国槐

科属 蝶形花科（豆科）槐属。

分布 中国北自辽宁，南至广东、台湾，东自山东，西至甘肃、四川、云南，在国槐能生长的地方均可栽培。

形态特征 落叶阔叶乔木，树冠呈伞形。叶子为奇数羽状复叶，叶片为卵形，全缘，比国槐叶片较舒展，平均长2.5cm，宽2cm，从端部到顶部大小均匀，每个复叶有17～21个单叶。

生长习性 金叶国槐根系深，萌芽力强，喜光，略耐阴，耐干旱、寒冷，高抗二氧化硫、硫化氢等污染，喜深厚、排水良好的沙质壤土，但在碱性、酸性及轻盐碱土上均可正常生长。

繁殖方法及栽培技术要点 金叶国槐的繁殖仅限扦插和嫁接两种：扦插受时间限制（从10月开始温室繁育，至翌年外界温度回升至20℃，才可成苗），一年仅可繁育一次；而采用嫁接，一是耗费国槐作为砧木，二是对技术要求较高，嫁接繁育成本高，仅适合做单株或少量的盆景设计。

主要病虫害　参照国槐。

观赏特性及园林用途　具有色彩金黄、树冠丰满和高大的乔木特点，它可广泛用作园林孤植造景和成行成片造景树种，如与其他红、绿色乔、灌木树种配植，更会显示出其鲜艳夺目的效果。对二氧化硫、氯气、氯化氢及烟尘等抗性很强。抗风力也很强。是优良的城市绿化风景林绿化及公路绿化树种。

3.63　龙爪槐

别称　垂槐、盘槐。

科属　蝶形花科（豆科）槐属。

分布　产于中国华北、西北。抚顺、铁岭、沈阳及其以南地区有引种栽植。

形态特征　羽状复叶长达25cm；叶轴初被疏柔毛，旋即脱净；叶柄基部膨大，包裹着芽；托叶形状多变，有时呈卵形，叶状，有时线形或钻状，早落；小叶4~7对，对生或近互生，纸质，卵状披针形或卵状长圆形，长2.5~6cm，宽1.5~3cm，先端渐尖，具小尖头，基部宽楔形或近圆形，稍偏斜，下面灰白色，初被疏短柔毛，旋变无毛；小托叶2枚，钻状。

生长习性　喜光，稍耐阴。能适应干冷气候。喜生于土层深厚，湿润肥沃、排水良好的沙质壤土。深根性，根系发达，抗风力强，萌芽力亦强，寿命长。对二氧化硫、氟化氢、氯气等有毒气体及烟尘有一定抗性。

繁殖方法及栽培技术要点　龙爪槐是槐树的变种，为大量繁殖苗木，生产上常采用嫁接的方法培养苗木。

主要病虫害　国槐烂皮病防治措施：大苗移栽时，避免伤根剪枝过重，并应及时浇水保墒，增强其抗病力。春、秋两季对苗本和细树绿干及剪口，涂硫制白涂剂，防止病菌侵染。及时剪除病枯枝，集中烧掉，减少病菌侵染来源。堆浮尘子发生严重区，应及时治虫，减少为害。对发病严重的行道林木可喷涂40%乙磷铝，40%多菌灵悬浮剂200~300倍液。

观赏特性及园林用途　龙爪槐姿态优美，是优良的园林树种。宜孤植、对植、列植。龙爪槐寿命长，适应性强，对土壤要求不严，较耐瘠薄，观赏价值高，故园林绿化土应用较多，常作为门庭及道旁树；或作庭荫树；或置于草坪中作观赏树。开花季节，米黄花序布满枝头，似黄伞蔽目，则更加美丽可爱，多用于古典园林中。

3.64 蝴蝶槐

别称 五叶槐。

科属 蝶形花科（豆科）槐属。

分布 主要分布于中国河北、北京、山东等地。

形态特征 乔木，高达25m；树皮灰褐色，具纵裂纹。当年生枝绿色，无毛。羽状复叶长达25cm；叶轴初被疏柔毛，旋即脱净；复叶只有小叶1~2对，集生于叶轴先端成为掌状，或仅为规则的掌状分裂，下面常疏被长柔毛。圆锥花序顶生，常呈金字塔形，长达30cm。荚果串珠状，长2.5~5cm或稍长，径约10mm，具种子1~6粒；种子卵球形，淡黄绿色，干后黑褐色。花期7—8月，果期8—10月。

生长习性 耐寒、耐干旱、耐烟尘、耐瘠薄、喜阳光。喜深厚肥沃而排水良好的沙质壤土，但在石灰性、酸性及轻盐碱土上均可正常生长。

繁殖方法及栽培技术要点 一般用播种法繁殖。10月果熟后采种，用水浸泡后挫去果肉，出种率20%。

主要病虫害 虫害主要有槐尺蠖和蚜虫，可用25%灭幼脲3号1 000倍液或10%氯氰菊酯2 000倍液防治。

观赏特性及园林用途 是槐的变种之一，聚生的小叶似蝴蝶舞，观赏价值高，最宜孤植或丛植于草坪和安静的休息区内，也可用于厂区绿化，对二氧化硫、氯气等有较强的抗性。

3.65 火炬树

别称 鹿角漆、火炬漆、加拿大盐肤木。

科属 漆树科盐肤木属。

分布 中国的东北南部，华北、西北北部暖温带。

形态特征 火炬树为漆树科，盐肤木属落叶小乔木。高达12m。分枝少，小枝粗壮，柄下芽。小枝密生灰色茸毛。奇数羽状复叶，小叶19~23（11~31），长椭圆状至披针形，长5~13cm，缘有锯齿，先端长渐尖，基部圆形或宽楔形，上面深绿色，下面苍白色，两面有茸毛，老时脱落，叶轴无翅。

圆锥花序顶生、密生茸毛，花淡绿色，雌花花柱有红色刺毛。核果深红色，密生绒毛，花柱宿存、密集成火炬形。花期6—7月，果期8—9月。

生长习性 火炬树喜光、耐寒，对土壤适应性强，耐干旱瘠薄，耐水湿，耐盐碱。根系发达，萌蘖性强，四年内可萌发30～50萌蘖株。浅根性，生长快，寿命短。

繁殖方法及栽培技术要点 播种苗出苗后每隔10天浇水1次，1个月后每半月浇水1次。一般追肥2次，以尿素为主，5～7.5kg/亩，结合浇水进行。火炬树当年苗比较娇嫩，冬季易受冻害。

主要病虫害 火炬树能够适应严酷的立地条件。既能在肥沃的土壤中生长，也能在黄黏土加鹅卵石的土壤中生存，既能在瘠薄的土壤中生长，也能在建筑垃圾以及干旱缺水的煤渣垃圾上生长，耐旱性极强，抗寒性也极强，当气温达-38～-36℃，火炬树仍安然无恙。并且至今在火炬树上尚未发现有大面积的病害现象。虫害主要有刺蛾、蓑蛾及天牛等，可用80%敌敌畏乳剂1 500倍液喷杀之。

观赏特性及园林用途 是一种良好的护坡、防火、固堤及封滩、固沙保土的先锋造林树种。广泛应用于人工林营建、退化土地恢复和景观建设。荒山绿化兼作盐碱荒地风景林树种。在本地区因其秋色叶鲜红夺目，多用于景观带及公园中，但要注意萌蘖过快的问题。

3.66 黄栌

别称 红叶、红叶黄栌、黄道栌、黄溜子、黄龙头。

科属 漆树科黄栌属。

分布 原产中国西南、华北、浙江。叙利亚、伊朗、印度等地有分布。

形态特征 落叶小乔木或灌木，树冠圆形，高可达3～8m，木质部黄色，树汁有异味；单叶互生，纸质，叶片全缘或具齿，叶柄细，无托叶，叶倒卵形或卵圆形。全缘，长3～8cm，先端圆或者微凹，侧脉二叉状，两面被灰色柔毛。

生长习性 黄栌性喜光，也耐半阴；耐寒，耐干旱瘠薄和碱性土壤，不耐水湿，宜植于土层深厚、肥沃而排水良好的沙质壤土中。生长快，根系发达，萌蘖性强。对二氧化硫有较强抗性。秋季当昼夜温差大于10℃时，叶色变红。

繁殖方法及栽培技术要点 以播种繁殖为主，分株和根插也可。黄栌苗栽培技术用种子、分株和杆插繁殖。

主要病虫害 主要是褐斑病，需要控制合适的环境温度，不要出现过冷或过热，保证其可正常生长即可，如刚好发现病症，可以直接用相应的杀菌液喷在上面。

对于潜伏在地下的害虫，一般可在苗根际周围进行药液浇灌，例如50%辛硫磷乳油的1 000倍液；也可用投毒饵的方法进行诱杀，饵料选用麦麸、豆饼、棉籽饼、玉米碎粒等。先将饵料炒香，然后掺入90%的敌百虫晶体30倍液拌匀，每30颗药液拌入1kg饵料，另加适量清水拌湿，于傍晚时进行施撒。

观赏特性及园林用途　黄栌是中国重要的观赏红叶树种，叶片秋季变红，鲜艳夺目，著名的北京香山红叶就是该树种。其在园林中适宜丛植于草坪、土丘或山坡，亦可混植于其他树群尤其是常绿树群中。黄栌花后久留不落的不孕花的花梗呈粉红色羽毛状在枝头形成似云似雾的景观。本地区因其成活率及养护成本的限制多用公园及景观带的点景树。

3.67　红栌

别称　红叶树、烟树。

科属　漆树科黄栌属。

分布　中国的河北、山东、河南、湖北、四川等。

形态特征　落叶灌木或乔木。树冠圆形或伞形，小枝紫褐色有白粉。单叶互生，宽卵圆形至肾脏形，叶柄细长，紫红色。圆锥花序顶生，花单性与两性共存而同株，花瓣黄色，不孕花有紫红色羽毛状花柄宿存，核果小，肾形。

生长习性　喜光、耐半阴、耐寒、耐旱、耐贫瘠、耐盐碱土，不耐水湿，在深厚肥沃偏酸性的沙壤土上生长良好，根系发达。

繁殖方法及栽培技术要点　用播种、扦插繁殖。种子成熟后要及时采种，宜在播种床上作条播或撒播，播种前种子要经过70～90天沙藏处理，或用80℃温水浸种催芽。种植地应选高燥不积水、温差较大的地方。扦插主要用根插，也可分株繁殖。

主要病虫害　病虫害较少。

观赏特性及园林用途　是非常好的城市景观及园林美化、观赏植物。少量栽植与景观带及公园游园中。

3.68　银杏

别称　白果，公孙树，鸭脚子，鸭掌树。

科属　银杏科银杏属。

分布　银杏在中国、日本、朝鲜、韩国、加拿大、新西兰、澳大利亚、美国、法国、俄罗斯等国家和地区均有大量分布。

形态特征 银杏为落叶大乔木，胸径可达3m，幼树树皮近平滑，浅灰色，青壮年时期树冠圆锥形；树皮灰褐色，不规则纵裂，粗糙；主枝斜出，近轮生。有长枝与生长缓慢的距状短枝。一年生的长枝淡褐黄色，二年生以上变为灰色，并有细纵裂纹；短枝密被叶痕，黑灰色，短枝上亦可长出长枝；冬芽黄褐色，常为卵圆形，先端钝尖。

生长习性 银杏为喜光树种，深根性，对气候、土壤的适应性较宽，能在高温多雨及雨量稀少、冬季寒冷的地区生长，但生长缓慢或不良。

繁殖方法及栽培技术要点 一般用扦插繁殖，可分为老枝扦插和嫩枝扦插。

主要病虫害 银杏果的外种皮提取物对苹果炭疽病等11种植物病菌的抑制率达88%～100%。醇提取物对丝棉金尺蠖3天内防治率达100%，同时可防治叶螨、桃蚜、二化螟等害虫。银杏的常见病害有茎腐病、枯叶病、银杏疫病、早期黄化病等，注意防治。

园林用途 银杏树高大挺拔，叶似扇形。冠大阴状，具有降温作用。叶形古雅，寿命绵长。病虫害少，不污染环境，树干光洁，是著名的无公害树种。适应性强，银杏对气候、土壤要求都很宽。抗烟尘、抗火灾、抗有毒气体。银杏树体高大，树干通直，姿态优美，春夏翠绿，深秋金黄，是理想的园林绿化、行道树种，也是园林绿化、行道、公路、田间林网、防风林带的理想栽培树种。被列为中国四大长寿观赏树种（松、柏、槐、银杏）。但由于生长慢、成阴慢，不适宜大量栽植。

3.69 合欢

别称 马缨花、绒花树、合昏、夜合、鸟绒。

科属 含羞草科合欢属。

分布 自伊朗至中国、日本。

形态特征 合欢，落叶乔木，高可达16m。树干灰黑色；嫩枝、花序和叶轴被绒毛或短柔毛。树冠扁圆形，常呈伞状，主枝较低。

生长习性 性喜光，喜温暖，耐寒、耐旱、耐土壤瘠薄及轻度盐碱，对二氧化硫、氯化氢等有害气体有较强的抗性。

繁殖方法及栽培技术要点 育苗方法有营养钵育苗和圃地育苗。营养钵育苗，每杯播种2～3粒经过催芽处理的种子，播种后上面盖些泥灰或细土，有条件的再撒上一些松针。

圃地育苗，圃地要选背风向阳、土层深厚、沙壤或壤土、排灌溉方便的地方。翻松土壤，锄碎土块，做成东西向宽1m、表面平整的苗床。采用宽幅条播或撒播，播种后盖一层细泥灰，然后覆盖稻草，用水浇湿，保持土壤湿润。

主要病虫害　合欢常见病害主要有溃疡病和枯萎病。可于发病初期用50%退菌特800倍液，或50%多菌灵500～800倍液，或70%甲基托布津600～800倍液进行喷洒，每隔7～10天喷1次，连续用药2次。

虫害主要有天牛、粉蚧、翅蛾等。可用80%敌敌畏乳油750g/hm^{2}加煤油15kg/hm^2，注入虫孔杀灭天牛。用40%氧化乐果乳油1 000～1 500倍液，或50%辛硫磷乳油1 000倍液，分别于粉蚧、翅蛾的幼虫发生初期连续喷药2次，间隔5～7天，还可用菊酯类农药进行交替使用，如喷药后4h内遇雨需补喷。

观赏特性及园林用途　合欢可用作园景树、风景区造景树、滨水绿化树、工厂绿化树和生态保护树等。本地区常用于道路绿化及居住区绿地但需注意慎用于行道树。

3.70　青桐

别称　中国梧桐、桐麻梧树。

科属　梧桐科梧桐属。

分布　全国各地均有分布。

形态特征　落叶乔木，高达16m；树皮青绿色，平滑，树干端直。叶心形，掌状3～5裂，直径15～30cm，裂片三角形，顶端渐尖，基部心形，两面均无毛或略被短柔毛，基生脉7条，叶柄与叶片等长。

生长习性　是喜光植物。喜温暖气候，不耐寒。适生于肥沃、湿润土壤。

繁殖方法及栽培技术要点　播种法繁殖，扦插、埋根也可。秋季果熟时采收，晒干脱粒后当年秋播，也可沙藏至翌年春播。正常管理下，当年生苗高可达50cm以上，翌年分栽培养。

主要病虫害　青桐主要的病虫害有青桐木虱、疖蝙蛾、棉大卷叶螟等。

青桐木虱防治方法：化学防治，5月中下旬，可喷洒10%蚜虱净粉2 000～2 500倍液、2.5%吡虫啉1 000倍液或1.8%阿维菌素2 500～3 000倍液。可采用在为害期喷清水冲掉絮状物，可消灭许多若虫和成虫，在早春季节喷65%肥皂石油乳剂8倍液防其越冬卵。

疖蝙蛾，为害梧桐、木兰等树。可用兽用注射器将40%杀螟松乳油400倍液注入被害处的坑道内，毒杀幼虫。还可以用石油乳剂、敌敌畏、乐果等防治。注意保护和利用寄生蜂、瓢虫、草蛉等天敌昆虫。

棉大卷叶螟防治方法：用手将卷叶内的幼虫和蛹捏死。幼虫发生期，喷40%乐果乳油1 500倍液或5%吡虫啉乳油2 000～3 000倍液或25%灭幼脲3号3 000～4 000倍液，每隔7～10天喷1次。

观赏特性及园林用途　本种为栽培于庭园的观赏树木，也可用于道路绿化，是良好的观干树种。

3.71　梓树

别称　梓、楸、花楸、水桐、河楸、臭梧桐、黄花楸、桐楸、木角豆。

科属　紫葳科梓树属。

分布　分布于中国长江流域及以北地区、东北南部、华北、西北、华中、西南。日本也有。

形态特征　乔木，高10～20m，树冠开展，宽卵形；树皮灰褐色，浅纵裂。小枝和叶柄被黏质毛。叶宽卵形至卵圆形，长宽近相等，长10～25cm，先端急尖，基部心形，全缘或中部以上3～5浅裂，掌状5出脉，背面沿脉有柔毛，基部脉腋有紫斑。圆锥花序顶生。花冠淡黄色，内有紫斑点。蒴果细长。

花期4—6月，果实成熟期9—11月。

生长习性　喜光、稍耐阴；喜温暖，喜深厚湿润土壤，抗二氧化硫、氯气和烟尘等有害气体。深根性树种。在暖热气候下生长不良。

繁殖方法及栽培技术要点　梓树可采用播种、扦插和分蘖法进行繁殖。播种法简便易行，且一次可获得大量种苗，最为常用。播种繁殖与11月采种干藏，次春4月条播。

主要病虫害　梓树常见的病害是叶斑病。如此病发生，可选用75%甲基托布津可湿性粉剂1 500倍液，或50%多菌灵可湿性粉剂1 500倍液喷雾防治，每7天1次，连续喷3～4次可有效控制住病情。

为害梓树的常见害虫有棉蚜、康氏粉介、朱砂叶螨、泡桐龟甲、楸蠹野螟等。如有棉蚜发生，可在春季越冬卵孵化和秋季蚜虫产卵前各喷施10%吡虫啉可湿性粉剂2 000倍液或1.8%苦·烟乳油1 000倍液进行防治；如有康氏粉介发生，可在其若虫期喷洒3%高渗苯氧威3 000倍液或20%速克灭乳油1 000倍液进行防治。

观赏特性及园林用途 叶大浓阴，花形奇特，果实悬垂，为优良行道树、庭园树和"四旁"绿化树种。本地区应用尚不广泛，建议试验栽植。

3.72 楸树

别称 梓桐、金丝楸、水桐。

科属 紫葳科梓树属。

分布 分布于中国，东起海滨，西至甘肃，南始云南，北到长城的广大区域内。

形态特征 乔木，高10~20m。树干耸直。主枝开阔伸展，多弯曲。叶三角状卵形或卵状长圆形，长6~15cm，宽达8cm，顶端长渐尖，基部截形，阔楔形或心形，叶面深绿色，叶背无毛；叶柄长2~8cm。顶生伞房状总状花序，有花2~12朵。花萼蕾时圆球形，2唇开裂，顶端有；2尖齿。花冠淡红色，芳香，内面具有2黄色条纹及暗紫色斑点，长3~3.5cm。蒴果线形，长25~45cm，宽约6mm。种子狭长椭圆形，长约1cm，宽约2cm，两端生长毛。花期5—6月，果期6—10月。

生长习性 喜光树种，喜温暖湿润气候，不耐寒冷，适生于年平均气温10~15℃、年降水量700~1 200mm的地区。根蘖和萌芽能力都很强。在深厚、湿润、肥沃、疏松的中性土、微酸性土和钙质土中生长迅速，在轻盐碱土中也能正常生长，在干燥瘠薄的砾质土和结构不良的黏土上生长不良，甚至呈小老树的病态。对土壤水分很敏感，不耐干旱，也不耐水湿，在积水低洼和地下水位过高（0.5m以下）的地方不能生长。对二氧化硫、氯气等有毒气体有较强的抗性。幼苗生长比较缓慢。

繁殖方法及栽培技术要点 繁殖方式有嫁接、埋根以及平埋法繁殖。楸树的嫁接可在冬季或者春季进行，芽接可选择在春季或是晚秋，冬季可在室内嫁接之后湿沙贮藏，春初再进行定植，清明前后进行嫁接为好，边嫁接边封土成活率较高。另外可进行劈接法，即准备好需要的接穗和砧木，将其形成层对好后用麻绳和塑料绳捆绑，用湿土封好即可。10天左右即可萌芽。

主要病虫害 主要病害有根瘤线虫病，虫害有楸螟、大青叶蝉。可将病圃深耕、灌水，把线虫翻入深层土窒息而死。圃地每隔30cm开沟，沟深15~20cm，亩用药量1.5kg，加水后的300倍液稀释，浇在沟内，然后覆土耙平。

楸螟，结合秋剪，从枝条基部剪去带有虫瘿的枝条，集中烧毁。成虫出现时喷洒敌百虫或马拉松1 000倍液，毒杀成虫和初孵幼虫。

大青叶蝉：喷洒20%扑虱灵可湿性颗粒1 000倍液或48%乐斯本乳油3 500倍液。

观赏特性及园林用途　楸树树形优美、花大色艳作园林观赏；或叶被密毛、皮糙枝密，有利于隔音、减声、防噪、滞尘，此类型分别在叶、花、枝、果、树皮、冠形方面独具风姿，具有较高的观赏价值和绿化效果。楸树对二氧化硫、氯气等有毒气体有较强的抗性、能净化空气，可用于道路绿化，景观带做背景树等，规格胸径10cm以上，因树冠较窄，且生长较慢，株距4m以上。

3.73　黄金树

别称　白花梓树。

科属　紫葳科梓树属。

分布　原产美国中部至东部。中国台湾、福建、广东、广西、江苏、浙江、河北、河南、山东、山西、陕西、新疆、云南等地均有栽培。

形态特征　乔木，高25～30m，树冠开展，树皮灰色，厚鳞片状开裂。叶宽卵形至卵状椭圆形，长15～30cm，端长渐尖，基截形或心形，全缘或偶有1～2浅裂，背面被白色柔毛，基部脉腋具绿色腺斑。圆锥花序顶生，长约15cm；花冠白色，内有黄色条纹及紫褐色斑点。蒴果粗如手指，花期5月。

生长习性　黄金树喜光，稍耐阴，喜温暖湿润气候、耐干旱，酸性土、中性土、轻盐碱以及石灰性土均能生长。有一定耐寒性，在绝对气温不低于20℃的地区均能正常生长。适宜深厚湿润、肥沃疏松而排水良好的地方。不耐瘠薄与积水，深根性，根系发达，抗风能力强。

繁殖方法及栽培技术要点　播种繁殖：10月下旬，采收果实，脱种后除去果壳等杂质，将种子湿藏或干藏。

扦插繁殖：采用成年树的半木质化插条，截成20cm左右，上切口距顶芽1cm左右，下端靠近节的下部剪成斜口，剪口一定要平滑，不撕裂，不离皮，每节插穗带2～3个饱满芽。

主要病虫害　病虫害主要有楸螟、大袋蛾等。对于楸螟，结合整枝修剪，剪除有虫枝并烧毁。利用成虫的趋光性，结合诱杀其他害虫，安装频振式杀灯，诱杀成虫。低龄幼虫侵入期，注入10%吡虫啉可湿性剂30～50倍液，注入侵入孔毒杀幼虫。

对于大袋蛾，利用雄成虫有趋光性，可采用灯光诱杀。成虫羽化前可人工摘除蓑囊，消灭越冬幼虫。为害严重时可喷施1.2%的苦·烟乳油1 000～1 200倍液，或6%吡虫啉可溶性液剂1 500～2 000倍液防治。

观赏特性及园林用途　该种仅能在深肥平原土壤生长迅速，花洁白，园林多植作庭荫树或行道树。

3.74　苦楝

别称　楝、楝树、紫花树、森树。

科属　楝科楝属。

分布　分布于中国黄河以南各省区，较常见；已广泛引为栽培。广布于亚洲热带和亚热带地区，温带地区也有栽培。

形态特征　落叶乔木，高达15～20m。树冠宽阔而平顶，小枝粗壮。皮孔多而明显，叶互生，2～3回奇数羽状复叶。树皮暗褐色，幼枝有星状毛，旋即脱落，老枝紫色，有细点状皮孔。

生长习性　强阳性树，不耐阴，喜温暖气候，对土壤要求不严。耐潮、风、水湿，但在积水处则生长不良，不耐干旱。枝梢生长快，至生长期终了嫩梢尚未充分成熟，顶芽容易脱落，梢端易受冻害。

繁殖方法及栽培技术要点　春季气温上升至15℃，地下5cm处温度达到8℃以上，将混沙贮藏的种子筛出，用0.5%高锰酸钾溶液浸泡两三分钟，在清水中冲洗干净即可播种。一般采用条播，播前灌足底水，行距30cm，开沟深度要均匀，沟底要平。随开沟、随播种、随覆土，覆土厚度2～3cm，覆土后轻轻镇压。一般每亩播种量15～18kg。

主要病虫害　主要病害有溃疡病、褐斑病、丛枝病、花叶病、叶斑病；虫害有黄刺蛾、扁刺蛾、斑衣蜡蝉、星天牛为害，但不成大灾害。

观赏特性及园林用途　苦楝树形潇洒，枝叶秀丽，花淡雅芳香，又耐烟尘、抗污染并能杀菌.故适宜作庭荫树、行道树、疗养林的树种，也是工厂绿化、四旁绿化的好树种。

3.75　香椿

别称　香椿铃、香铃子、香椿子、香椿芽。

科属　楝科香椿属。

分布 原产中国中部和南部。东北自辽宁南部，西至甘肃，北起内蒙古南部，南到广东广西，西南至云南均有栽培。其中尤以山东、河南、河北栽植最多。

形态特征 乔木，高25m。树皮暗褐色，长条片状纵裂。小枝粗壮，叶痕大，扁圆形。偶数（稀奇数）羽状复叶，有香气，小叶10～20，长圆形至长圆状披针形，长8～15cm，顶端长渐尖，基部不对称，全缘或具不明显钝锯齿。花白色，有香气，子房或花盘均无毛。蒴果椭圆状倒卵形或椭圆形，长1.5～2.5cm；种子上端具长圆形翅，连翅长0.8～1.5cm，红褐色。花期6月，果实成熟期10月至翌年1月。

生长习性 喜光，喜温暖湿润气候，不耐严寒，气温在-27℃易受冻害。耐旱性较差，在较寒冷而又干旱的地区，早春幼树易枯梢，随年龄增大，抗寒抗旱力逐渐增强。对土壤要求不严，在中性、酸性及微碱性（pH值为5.5～8.0）的土壤上均能生长，在石灰质土壤上生长良好。在土层深厚、湿润、肥沃的沙壤土上生长较快。较耐水湿。深根性，根蘖力强。

繁殖方法及栽培技术要点 繁殖方法有种子播种、根芽分株、根插法、以及枝条扦插繁殖等方法。生产育苗主要用分株、根插、扦插等方式。

主要病虫害 香椿白粉病防治方法：及时清除病枝、病叶，并予烧毁；加强抚育管理，合理施肥，增强树体的生长势和抗病能力。

香椿干枯病防治方法：及时清除染病枝干，并予烧毁，减少侵染源；冬春树干涂白；药剂防治：在初发病斑上打些小孔，深达木质部，然后喷涂70%托布津200倍液等进行防治；合理整枝：伤口处涂以波尔多液或石硫合剂；加强肥水和抚育管理，增强树势，提高抗病能力，预防感染。

香椿虫害及其防治：斑衣蜡蝉防治方法：可用人工及时清除，烧毁；药剂防治：用50%乐果乳油1 000～2 000倍液喷雾防治。

观赏特性及园林用途 为观赏及行道树种，园林中配置于疏林，作上层骨干树种，其下栽以耐阴花木。目前应用较少，可多在公园及景观带中栽植。

3.76 玉兰

别称 白玉兰、木兰、玉兰花、望春、应春花、玉堂春、白兰、芭兰、白兰花。

科属 木兰科木兰属。

分布　中国江西（庐山）、浙江（天目山）、河南、湖南、贵州。

形态特征　落叶乔木，高达15m，枝扩展形成宽阔的树冠；树皮深灰色，粗糙开裂；小枝稍粗壮，灰褐色；冬芽及花梗密被淡灰黄色长绢毛。

生长习性　玉兰性喜光，较耐寒，可露地越冬。爱高燥，忌低湿，栽植地渍水易烂根。喜肥沃、排水良好而带微酸性的砂质土壤，在弱碱性的土壤上亦可生长。

繁殖方法及栽培技术要点　白玉兰的繁殖可采用嫁接、压条、扦插、播种等方法，但最常用的是嫁接和压条两种。

主要病虫害　有炭疽病、叶斑病、有炸蝉、红蜡蚧、吹绵蚧、红蜘蛛、大蓑蛾、天牛等，一旦发现可用药物喷杀。但有天牛蛀枝干及根茎部，有时可将树致死，如发现有锯末屑虫粪，就应寻找虫孔，用棉球蘸敌敌畏原液塞进虫孔，再用泥封口，即可熏杀。

观赏特性及园林用途　白玉兰是落叶乔木，高可达25m，树冠幼时狭卵形，成熟大树则呈宽卵形或松散广卵形。小型或封闭式的园林中，孤植或小片丛植，宜用嫁接种，以体现古雅之趣。是公园游园应用广泛的早春开花树种。白玉兰由于成活率的限制及养护成本较高，建议作为点景树应用与公园及居住区中。

3.77　紫玉兰

别称　木兰、辛夷、木笔、望春。

科属　木兰科木兰属。

分布　原产于中国中部，除严寒地区外都有栽培。

形态特征　紫玉兰属落叶灌木，高达3m，常丛生，树皮灰褐色，小枝绿紫色或淡褐紫色。叶椭圆状倒卵形或倒卵形，长8～18cm，宽3～10cm，先端急尖或渐尖，基部渐狭沿叶柄下延至托叶痕，上面深绿色，幼嫩时疏生短柔毛，下面灰绿色，沿脉有短柔毛。

生长习性　喜光，不耐严寒，本地区需在小气候条件较好处露地栽植，喜肥沃、湿润而排水良好的土壤，在过于干燥及碱土、黏土上生长不良。根肉质，怕积水。

繁殖方法及栽培技术要点　常用分株法、压条和播种繁殖。

紫玉兰喜湿润，怕涝，因此适时适量浇水很重要。特别是雨季要注意排水防涝。

主要病虫害 为害紫玉兰的主要病害有炭疽病、黄化病和叶片灼伤病等。

炭疽病主要为害紫玉兰的叶片。防治方法主要是加强紫玉兰的水肥管理，提高紫玉兰的抗病能力。在炭疽病发病时，可以使用70%的炭疽福美500倍液进行喷雾。或使用75%的百菌清可湿性颗粒800倍液对紫玉兰进行喷雾。或每10天1次，连续喷3~4次可有效控制住病情。

黄化病是一种生理性病害，产生黄化病的主要原因是土壤过黏、pH值超标，铁元素供应不足而引起。防治黄化病可以用0.2%硫酸亚铁溶液来灌溉紫玉兰的根，也可用0.1%硫酸亚铁溶液进行叶片喷雾，并且应该多施农家肥。

紫玉兰的虫害主要有大蓑蛾、霜天蛾、红蜘蛛、天牛等，也会有地下害虫为害，如蛴螬等。

观赏特性及园林用途 紫玉兰是著名的早春观赏花木，早春开花时，满树紫红色花朵，幽姿淑态，别具风情，适用于古典园林中厅前院后配植，也可孤植或散植于小庭院内。应用范围同白玉兰。

3.78 一球悬铃木（美桐）

别称 美国梧桐。

科属 悬铃木科悬铃木属。

分布 原产北美。分布于北美洲以及中国大陆的中部、北部等地，目前已由人工引种栽培。

形态特征 落叶大乔木，高可达40m；树皮有浅沟，嫩枝有黄褐色绒毛被。叶片阔卵形，基部截形，阔心形，或稍呈楔形；裂片短三角形，边缘有数个粗大锯齿；掌状脉，叶柄密被绒毛；托叶较大，花单性，聚成圆球形头状花序。雄花花丝极短，花药伸长，雌花萼片短小；头状果序圆球形，单生；小坚果先端钝，基部的绒毛长为坚果之半。

生长习性 喜湿润温暖气候，较耐寒，适生于酸性或中性、排水好、土层深厚、肥沃的土壤，微酸性土壤也能生长。

繁殖方法及栽培技术要点 插穗繁殖，选择在冬季12月至翌年1月，选取当年萌生、粗度在1cm以上的通直嫩枝做插穗。

插后管理：扦插完后漫灌透水1次。7天后松土1次，以后进入苗圃的正常管理。及时抹掉多余的芽，6月追施尿素1次（40kg/亩），同时在夏季注意防治食叶害虫。

主要病虫害 为害一球悬铃木的主要有星天牛、光肩星天牛、六星黑点蠹蛾和褐边绿刺蛾等害虫。法桐霉斑病是主要病害，防治可采用换茬育苗，严禁重茬；秋季收集留床苗落叶烧去，减少越冬菌源；5月下旬至7月，对播种培育的实生苗喷1∶2∶200倍波尔多液2～3次，有防病效果，药液要喷到实生苗叶背面。

虫害防治上多采用人工捕捉或黑光灯诱杀成虫、杀卵、剪除虫枝，集中处理等虫害。大量发生时在成虫及初孵幼虫发生期，可用化学药剂喷涂枝干或树冠，40%氧化乐果乳油、50%辛硫磷乳油、90%敌百虫晶体、25%溴氰菊酯乳油等100～500倍液。用注射、堵孔法防治已蛀入木质部的幼虫。

观赏特性及园林用途 是优良庭荫树和行道树。适应性强，又耐修剪整形，是优良的行道树种，广泛应用于城市绿化，在园林中孤植于草坪或旷地，列植于甬道两旁，尤为雄伟壮观，又因其对多种有毒气体抗性较强，并能吸收有害气体，作为街坊、厂矿绿化颇为合适。

3.79 二球悬铃木（英桐）

别称 英国梧桐。

科属 悬铃木科悬铃木属。

分布 中国华北南部至长江流域南部暖带落叶阔叶林区。

形态特征 高达35m，树皮大片状剥落，白色。幼枝被淡褐色星状毛。叶掌状3～5裂，长10～24cm，宽12～25cm，顶端渐尖，基部截形至心形，中央裂片长略大于宽，全缘或有粗齿；叶柄长3～10cm。果序球形，常2个串生，花柱宿存，长2～3mm，刺状。花期4—5月，果实成熟期10—11月。果序在树上留存到翌年春季。

生长习性 喜光、喜温暖湿润气候，不耐严寒，北京需植于背风向阳处才能生长良好；较耐旱，耐烟尘，适深厚排水良好土壤，耐轻度盐碱；生长快，萌芽力强，耐修剪，寿命长。

繁殖方法及栽培技术要点 扦插或播种繁殖，同一球悬铃木。

主要病虫害 参照一球悬铃木。

观赏特性及园林用途 庭荫树、行道树。本种树干高大，枝叶茂盛，生长迅速，易成活，耐修剪，所以广泛栽植作行道绿化树种，也为速生材用树种；对二氧化硫、氯气等有毒气体有较强的抗性。

3.80　三球悬铃木（法桐）

别称　裂叶悬铃木、鸠摩罗什树、法国梧桐。

科属　悬铃木科悬铃木属。

分布　欧洲东南部及亚洲西部。中国。

形态特征　高可达30m，树冠阔钟形；干皮灰褐色至灰白色，呈薄片状剥落。幼枝、幼叶密生褐色星状毛。叶掌状5～7裂，深裂达中部，裂片长大于宽，叶基阔楔形或截形，叶缘有齿牙，掌状脉；托叶圆领状。花序头状，黄绿色。多数坚果聚全叶球形，3～6球成一串，宿存花柱长，呈刺毛状，果柄长而下垂。

生长习性　喜光，喜湿润温暖气候，较耐寒。对土壤要求不严，但适生于微酸性或中性、排水良好的土壤，微碱性土壤虽能生长，但易发生黄化。抗空气污染能力较强，叶片具吸收有毒气体和滞积灰尘的作用。该种树干高大，枝叶茂盛，生长迅速，适应性强，易成活，耐修剪，抗烟尘，所以广泛栽植作行道绿化树种，也为速生材用树种；对二氧化硫、氯气等有毒气体有较强的抗性。

繁殖方法及栽培技术要点　扦插繁殖、播种繁殖。悬铃木的栽植最佳时间是春季3月，掘苗根系要保证不低于胸径的10～12倍。

主要病虫害　参照一球悬铃木。

观赏特性及园林用途　树形雄伟端庄，干皮光滑，适应性强，各地广为栽培，为优良是世界著名的优良庭荫树和行道树。适应性强，又耐修剪整形，是优良的行道树种，广泛应用于城市绿化，在园林中孤植于草坪或旷地，列植于甬道两旁，尤为雄伟壮观。是本地区应用最广泛的道路绿化树种，生长快。

3.81　柽柳

别称　垂丝柳、西河柳、西湖柳、红柳、阴柳。

科属　柽柳科柽柳属。

分布　野生于中国辽宁、河北、河南、山东、江苏（北部）、安徽（北部）等省；栽培于中国东部至西南部各省区。日本、美国也有栽培。

形态特征　乔木或灌木，高3～7m；老枝直立，暗褐红色，光亮，幼枝稠密细弱，常开展而下垂，红紫色或暗紫红色，有光泽；嫩枝繁密纤细，悬垂。叶鲜绿色，从生木质化生长枝上生出的绿色营养枝上的叶长圆披针形或长卵形，长1.5～1.8mm，稍开展，先端尖，基部背面有龙骨状隆起，常呈薄膜质。

生长习性　性喜光，耐寒、耐热、耐烈日暴晒，耐干又耐水湿，抗风又抗盐碱土，能在含盐量达1%的重盐碱地上生长。深根性，根系发达，萌芽力强，耐修剪和刈割；生长较速。

繁殖方法及栽培技术要点　柽柳的繁殖主要有扦插、播种、压条和分株以及试管繁殖。

主要病虫害　主要有梨剑纹夜蛾为害叶片，可在幼虫期以敌百虫800~1 000倍液喷洒防治；蚜虫可用40%乐果2 000倍液喷杀。

苗木立枯病是柽柳的主要病害，它的为害期不同，其症状有4个类型，所以要积极地做好防治工作。

观赏特性及园林用途　盐碱地指示植物，可用于水边、林缘种植，多用于公园绿化。

3.82　紫荆

别称　裸枝树、紫珠。

科属　云实科（苏木科）紫荆属。

分布　中国东南部，北至河北，南至广东、广西，西至云南、四川，西北至陕西，东至浙江、江苏和山东等省区。

形态特征　小乔木或者丛生灌木状，高15m；树皮和小枝灰白色。叶纸质，近圆形或三角状圆形，长6~14cm，宽与长相若或略短于长，先端急尖，基部浅至深心形，两面通常无毛，嫩叶绿色，仅叶柄略带紫色，叶缘膜质透明，新鲜时明显可见。

生长习性　性喜光，较耐寒，稍耐阴。喜肥沃、排水良好的土壤，不耐湿。萌芽力强，耐修剪。

繁殖方法及栽培技术要点　紫荆根部易产生根蘖。秋季10月或春季发芽前用利刀断蘖苗和母株连接的侧根另植，容易成活。秋季分株的应假植保护越冬，春季3月定植，一般第二年可开花。

主要病虫害　病害主要有紫荆角斑病、紫荆枯萎病、紫荆叶枯病等，防治措施：加强养护管理，增强树势，提高植株抗病能力；可用50%福美双可湿性粉剂200倍液或50%多菌灵可湿粉400倍液，或用抗霉菌素120水剂100ml/L药液灌根。

虫害主要有大蓑蛾，防治措施：秋、冬摘除树枝上越冬虫囊；6月下旬至7月，在幼虫孵化为害初期喷敌百虫800~1 200倍液；保护寄生蜂，寄生蝇等天敌。

褐边绿刺蛾防治措施：秋、冬结合浇封冻水、施在植株周围浅土层挖灭越冬茧；少量发生时及时剪除虫叶；幼虫发生早期，以敌敌畏、敌百虫、杀螟松等杀虫剂1 000倍液喷杀。

蚜虫防治措施：可喷40%乐果乳油1 000倍液喷杀。

观赏特性及园林用途　早春叶前开花，无论枝、干布满紫花，艳丽可爱。叶片心形，圆整而又光泽，光影相互掩映，颇为动人。宜丛植庭院、建筑物前及草坪边缘。因开花时，叶尚未发出，故宜与常绿之松柏配置为前景或植于浅色的物体前面，如白粉墙之前或者岩石旁。用于公园、游园绿化和景观带绿化，是点缀春景的树种，可作为春景树广泛应用。

3.83　柿

别称　朱果，猴枣。

科属　柿科柿属。

分布　原产中国长江流域，各省区多有栽培。东南亚、大洋洲等有栽培。

形态特征　落叶大乔木，通常高可达10～14m以上，高龄老树有高达27m的；树皮深灰色至灰黑色，或者黄灰褐色至褐色，沟纹较密，裂成长方块状；树冠球形或长圆球形，老树冠直径达10～13m，还有达18m的。

枝开展，带绿色至褐色，无毛，散生纵裂的长圆形或狭长圆形皮孔；嫩枝初时有棱，有棕色柔毛或绒毛或无毛。冬芽小，卵形，长2～3mm，先端钝。

叶纸质，卵状椭圆形至倒卵形或近圆形，通常较大。

生长习性　柿树是深根性树种，又是阳性树种，喜温暖气候、充足阳光和深厚、肥沃、湿润、排水良好的土壤，适生于中性土壤，较能耐寒，但较能耐瘠薄，抗旱性强，不耐盐碱土。柿树多数品种在嫁接后3～4年开始结果，10～12年达盛果期，实生树则5～7龄开始结果，结果年限在100年以上。

繁殖方法及栽培技术要点　柿树的繁殖主要用嫁接法，通常用栽培的柿子或野柿作砧木。

主要病虫害　病害有柿角斑病，防治方法：清除干枝落叶；药剂防治，可用0.2%～0.4%石灰波尔多液，在6月中旬及7月中旬各喷1次，成长树每株喷7.5～10kg。柿圆斑病防治方法：清扫落叶，集中烧毁，消灭越冬的病源菌；加强栽培管理，增强树势，提高抗病能力；在6月中旬喷布一次1∶2～5∶600倍式波尔多液，以防侵染。

虫害有柿蒂虫，防治方法：冬季刮去枝干上的翘皮、老粗皮，摘去遗留的柿蒂，集中烧毁，可以消灭越冬幼虫；在成虫发生盛期，用可用20%菊马乳油1 500～2 500倍液；20%甲氰菊酯乳油2 500～3 000倍液；或2.5%溴氰菊酯乳油3 000～5 000倍液；或20%氰戊菊酯乳油2 500～3 000倍液；或50%杀螟硫磷乳油1 000倍液等药剂喷雾，可消灭成虫。防治1～2次，均可取得良好效果。

观赏特性及园林用途 近年来逐渐应用于园林中，可作为道路景观带树种，可栽植于公园游园中。

柿树适应性及抗病性均强，柿树寿命长，可达300年以上。叶片大而厚。到了秋季柿果红彤彤，外观艳丽诱人；到了晚秋，柿叶也变成红色，此景观极为美丽，是园林绿化和庭院经济栽培的最佳树种之一。

3.84 君迁子

别称 黑枣、软枣、红兰枣、牛奶枣、野柿子、丁香枣、樗枣、小柿。

科属 柿树科柿树属。

分布 中国山东、辽宁、河南、河北、陕西等地。亚洲西部、欧洲南部。

形态特征 落叶大乔木，高达20m，树皮呈方块状深裂；幼枝背灰色毛；冬芽先端尖。小枝灰色至暗褐色，具灰黄色皮孔；芽具柄，密被锈褐色盾状着生的腺体。叶多为偶数或稀奇数羽状复叶，长8～16cm（稀达25cm），叶柄长2～5cm，叶轴具翅至翅不甚发达，与叶柄一样被有疏或密的短毛；小叶10～16枚（稀6～25枚），无小叶柄，对生或稀近对生，长椭圆形至长椭圆状披针形。

生长习性 君迁子生性强健，喜光，也耐半阴，较耐寒，既耐旱，也耐水湿。喜肥沃深厚的土壤，较耐瘠薄，对土壤要求不严，有一定的耐盐碱力，在pH值为8.7、含盐量0.17%的轻度盐碱土中能正常生长。寿命较长，浅根系，但根系发达，移栽头3年内生长较慢，三年后则长势迅速。抗二氧化硫的能力较强。

繁殖方法及栽培技术要点 君迁子的繁殖一般采取播种法。果实成熟后，在干形好、树形端正的植株上采摘果实，将果实置于阴凉干燥处摊开进行晾干，然后将种子取出，洗净晾干后装入干净布袋中保存。

主要病虫害 炭疽病防治方法：加强水肥管理，及时祛除病果、病枝，如有发生，可用25%炭特灵可湿性粉剂500倍液或50%苯菌灵可湿性粉剂1 000倍液进行喷雾，每10天1次，连续喷3～4次可有效控制病状。

圆斑病主要为害叶片和果蒂，防治方法：清除落叶，秋末冬初彻底清除落叶，集中烧毁。如有发生可于6月上中旬落花后，子囊孢子大量飞散以前，用65%代森锌可湿性粉剂500倍液喷洒1～2次，可有效控制住病情。

假尾孢角斑病防治方法：加强水肥管理，提高防病能力，如有发生，可用20%代森锰锌可湿性颗粒500倍液，65%代森锌可湿性颗粒500倍液喷雾，每9天1次，连续喷2～3次可有效控制住病态。

君迁子常见害虫有介壳虫、刺蛾和柿毛虫。如有介壳虫发生，可在若虫孵化繁盛期，用10%吡虫啉可湿性粉剂2 000倍液杀灭。如有刺蛾发生，可在其幼虫期喷洒25%高渗苯氧威可湿性粉剂300倍液进行防治。如有柿毛虫发生，可在其幼虫期喷洒20%除虫脲7 000倍液进行杀灭，也可在树干上直接喷洒高浓度触杀剂。

观赏特性及园林用途　君迁子广泛栽植作园庭树，但目前应用范围窄，建议在公园绿化中丰富品种栽植。

3.85　丝棉木

别称　白杜、桃叶卫矛、明开夜合、华北卫矛、白皂树、野杜仲、白樟树、明开夜合。

科属　卫矛科卫矛属。

分布　产地北起中国黑龙江包括华北、内蒙古各省区，南到长江南岸各省区，西至甘肃，除陕西、西南和两广未见野生外，其他各省区均有，但长江以南常以栽培为主。达乌苏里地区、西伯利亚南部和朝鲜半岛也有分布。

形态特征　小乔木，高达6m，树冠圆形或者卵圆形。小枝细长，绿色，无毛，叶卵状椭圆形、卵圆形或窄椭圆形，长4～8cm，宽2～5cm，先端长渐尖，基部阔楔形或近圆形，边缘具细锯齿，有时极深而锐利；叶柄通常细长，常为叶片的1/4～1/3，但有时较短。

生长习性　喜光、耐寒、耐旱、稍耐阴，也耐水湿；为深根性植物，根萌蘖力强，生长较慢。有较强的适应能力，对土壤要求不严，中性土和微酸性土均能适应，最适宜栽植在肥沃、湿润的土壤中。

繁殖方法及栽培技术要点　丝绵木的繁殖一般是以分株繁殖为主，丝绵木可以在每年的2—3月时进行分株繁殖，一般丝绵木在分株以后3年就可以再次进行分株繁殖，丝绵木的萌蘖能力十分的强，所以丝绵木分株繁殖时生长得很快。

丝绵木扦插时可以选择在秋季落叶以后到春季这段时间进行，在给丝绵木进行冬季修剪时，可以选择丝绵木的一年生枝条，要求生长健壮，没有病虫害，充分木质化以后的枝条进行扦插。

主要病虫害 主要的害虫为丝棉木金星尺蛾，又名卫矛尺蛾。该虫害严重时可将叶片吃光，影响植物的正常生长对于该虫的防治可以采用黑光灯诱杀成虫，也可以进行人工防治，结合树木的养护管理消灭虫蛹。幼虫为害期也可喷施600倍液的BT乳剂。虫、螨并发时，可喷20%菊杀乳油2 000倍液进行防治。

观赏特性及园林用途 树冠卵形或卵圆形，枝叶秀丽，入秋蒴果粉红色，果实有突出的四棱角，开裂后露出橘红色假种皮，在树上悬挂长达2个月之久，引来鸟雀成群，很具观赏价值，是园林绿地的优美观赏树种。园林中无论孤植，还是栽于行道，皆有风韵。它对二氧化硫和氯气等有害气体，抗性较强，宜植于林缘、草坪路旁、湖边及溪畔，也可用做防护林或工厂绿化树种。但是作为行道树生长较慢。

3.86 毛泡桐（紫花泡桐）

别称 紫花桐、冈桐、日本泡桐。

科属 玄参科泡桐属。

分布 分布于中国辽宁南部、河北、河南、山东、江苏、安徽、湖北和江西等地，广泛栽培，西部地区有野生。日本、朝鲜、欧洲和北美洲也有引种栽培。

形态特征 落叶乔木，高达15m，树皮褐灰色，叶柄常有黏性腺毛，叶全缘；聚伞圆锥花序的侧枝不发达，小具伞花序具有3～5朵花，花萼浅钟状，密被星状绒毛，5裂至中部，花冠漏斗状钟形，外面淡紫色，有毛，内面白色，有紫色条纹；蒴果卵圆形，先端锐尖，外果皮革质；花期4—5月；果期8—9月。

生长习性 强喜光树种，不耐阴。对温度的适应范围较宽，但气温在38℃以上生长受阻，极端最低温度-25～-20℃时受冻害，日平均温度24～29℃为生长的最适宜温度。根系近肉质，怕积水较耐干旱。在土壤深厚，肥湿疏松的条件下，才能充分发挥其速生的特性；土壤pH值以6～7.5为好，不耐盐碱，喜肥。对二氧化硫、氯气、氟化氢、硝酸雾的抗性均强。

繁殖方法及栽培技术要点 通常用埋根、播种、埋干、留根等方法，生产上普遍采用埋根育苗。为更多更快地繁育优良单株或无性系，有目的地培育一些新的良种，采用组织培养的方法也是可行的。

主要病虫害　病虫害较少。

观赏特性及园林用途　树干端直，树冠宽大，叶大荫浓，花大而美，宜作行道树、庭荫树；也是重要的速生用材树种，"四旁"绿化，结合生产的优良树种。

3.87　沙枣

别称　七里香、香柳、刺柳、桂香柳、银柳、银柳胡颓子、牙格达、红豆。

科属　胡颓子科胡颓子属。

分布　中国西北各省区和内蒙古西部。地中海沿岸、亚洲西部、印度等。

形态特征　落叶小乔木或灌木，高5～10m，无刺或具刺，刺长30～40mm，棕红色，发亮；幼枝密被银白色鳞片，老枝鳞片脱落，红棕色，光亮。叶薄纸质，矩圆状披针形至线状披针形，长3～7cm，宽1～1.3cm，顶端钝尖或钝形，基部楔形，全缘，上面幼时具银白色圆形鳞片，成熟后部分脱落，带绿色，下面灰白色，密被白色鳞片，有光泽，侧脉不甚明显；叶柄纤细，银白色，长5～10mm。

花银白色，直立或近直立，密被银白色鳞片，芳香。

生长习性　沙枣的生命力很强，具有抗旱、抗风沙、耐盐碱、耐贫瘠等特点。

繁殖方法及栽培技术要点　主要是扦插繁殖，插穗生根的最适温度为20～30℃，低于20℃，插穗生根困难、缓慢；高于30℃，插穗的上、下两个剪口容易受到病菌侵染而腐烂，并且温度越高，腐烂的比例越大。扦插后遇到低温时，保温的措施主要是用薄膜把用来扦插的容器包起来；扦插后温度太高温时，降温的措施主要是给插穗遮阴，要遮去阳光的50%～80%，同时，给插穗进行喷雾，每天3～5次，晴天温度较高喷的次数也较多，阴雨天温度较低、湿度较大，喷的次数则少或不喷。

主要病虫害　主要病害有沙枣木虱，防治方法：用农药常规喷雾，施放烟剂，对郁闭度0.5以上、面积在3.33hm²以上的沙枣片林，可选用741烟剂或敌马烟剂施放，防治沙枣木虱；用杀虫净或杀虫快、乐果乳油与农用柴油1∶1混合进行超低量喷雾。

观赏特性及园林用途　盐碱地生长良好，可作为景观林，可以用于公园绿化。养护成本低，建议多栽植应用。

3.88　石榴

别称　安石榴、海榴。

科属　石榴科石榴属。

分布　原产巴尔干半岛至伊朗及其邻近地区，全世界的温带和热带都有种植。

形态特征　石榴是落叶小乔木或灌木，树冠丛状自然圆头形，常不齐整，树根黄褐色。生长强健，根际易生根蘖。树高可达5～7m，一般3～4m，但矮生石榴仅高约1m或更矮。树干呈灰褐色，上有瘤状凸起，干多向左方扭转。

树冠内分枝多，嫩枝有棱，多呈方形。小枝柔韧，不易折断。一次枝在生长旺盛的小枝上交错对生，具小刺。刺的长短与品种和生长情况有关。旺树多刺，老树少刺。芽色随季节而变化，有紫、绿、橙三色。

成熟后变成大型而多室、多子的浆果，每室内有多数籽粒；外种皮肉质。

果石榴花期5—6月，榴花似火，果期9—10月。花石榴花期5—10月。

生长习性　喜温暖向阳的环境，耐旱、耐寒，也耐瘠薄。对土壤要求不严，但以排水良好的夹沙土栽培为宜。

繁殖方法及栽培技术要点　插枝和压条繁殖，应选向阳、背风、略高的地方，土壤要疏松、肥沃、排水良好。

主要病虫害　石榴树夏季要及时修剪，以改善通风透光条件，减少病虫害发生。坐果后，病害主要有白腐病、黑痘病、炭疽病。每半月左右喷一次等量式波尔多液稀释200倍液，可预防多种病害发生。病害严重时可喷退菌特、代森锰锌、多菌灵等杀菌剂。

观赏特性及园林用途　石榴花大色艳，花期长，树姿优美，叶碧绿而有光泽，花色艳丽如火而花期极长，又正值少花的夏季，古人曾有"春花落尽海榴开，阶前栏外遍植栽。红艳满枝染夜月，晚风清送暗香来"的诗句。石榴果实色泽艳丽。由于其既能赏花，又可食果，因而深受人们喜爱，可用于游园、公园绿化，可以做花篱，是常用夏花品种及秋果植物。适宜在盐碱地生长，建议多加应用。

4 常绿灌木

4.1 铺地柏

别称 爬地柏、矮桧、匍地柏、偃柏、铺地松、铺地龙、地柏。

科属 柏科圆柏属。

分布 原产日本。中国华北、华东、西南地区有分布。

形态特征 常绿匍匐小灌木，高达75cm，冠幅逾2m。枝干贴近地面伸展，褐色，小枝密生。枝梢及小枝向上斜展。叶均为刺形叶，先端尖锐，3叶交叉互轮生，条状披针形。

生长习性 喜光，稍耐阴，适生于滨海湿润气候，对土质要求不严，耐寒力、萌生力均较强。

繁殖方法及栽培技术要点 铺地柏由于种子稀少，故多用扦插、嫁接、压条繁殖。铺地柏喜湿润，要常浇水。在生长季节，每月可施1次稀薄、腐熟的饼肥水，冬季施1次有机肥作基肥。

主要病虫害 铺地柏病虫害极少，主要是锈病和红蜘蛛。锈病可用1%的波尔多液在雨季来临前喷洒2～3次，以5月进行为好。红蜘蛛可用40%乐果乳油2 000倍液喷杀。

观赏特性及园林用途 在园林中可配植于岩石园或草坪角角隅，也是缓土坡的良好地被植物。在本地区，常做冬季地被植物，但是不宜在城市周边大量使用，易引起火灾。

4.2 叉子圆柏

别称 砂地柏、新疆圆柏、天山圆柏、双子柏、臭柏。

科属 柏科圆柏属。

分布 产于中国新疆天山至阿尔泰山、宁夏贺兰山、内蒙古、青海东北部、甘肃祁连山北坡及古浪、景泰、靖远等地以及陕西北部榆林。

形态特征 匍匐灌木，高不及1m，稀灌木或小乔木；枝密，斜上伸展，枝皮灰褐色，裂成薄片脱落；一年生枝的分枝皆为圆柱形，径约1mm。叶二型：刺叶常生于幼一树上，稀在壮龄树上与鳞叶并存。

生长习性 耐旱性强。一般分布在固定和半固定沙地上，经驯化后，在沙盖黄土丘陵地及水肥条件较好的土壤上生长良好。

喜光，喜凉爽干燥的气候，耐寒、耐旱、耐瘠薄，对土壤要求不严，不耐涝。

繁殖方法及栽培技术要点 主要用扦插，亦可压条繁殖。栽培一般可采取露地压条法。为便利于管理，也可先行扦插育苗，然后移苗栽植。

对于地栽的植株，春夏两季根据干旱情况，施用2~4次肥水：先在根颈部以外30~100cm开一圈小沟（植株越大，则离根颈部越远），沟宽、深都为20cm。沟内撒进12.5~250kg有机肥，或者50~250g两颗粒复合肥（化肥），然后浇上透水。入冬以后开春以前，照上述方法再施肥一次，但不用浇水。

主要病虫害 害虫主要有地老虎、蝼蛄、蛴螬，故苗床扦插完后2~3天进行病虫害预防，喷施杀菌剂多菌灵1 000倍液或甲基托布津1 200倍液和触杀性杀虫剂辛硫磷800倍液，以后每隔7~10天喷1次药。

观赏特性及园林用途 叉子圆柏为常绿匍匐灌木，抗旱、抗寒、耐贫瘠，亦耐阴、耐修剪，为园林绿化不可多得的优良树种，四季常青，抗逆性强。但是不宜在城市周边大量使用，易引起火灾。

4.3 大叶黄杨（冬青卫矛）

科属 卫矛科卫矛属。

分布 产于中国长江流域各地。辽宁旅大及南部各地多栽培作绿篱、植物图案设计等。朝鲜和日本有分布。

形态特征 叶革质或薄革质，卵形、椭圆状或长圆状披针形以至披针形，长4~8cm，宽1.5~3cm（稀披针形，长达9cm，或菱状卵形，宽达4cm），先端渐尖，顶钝或锐，基部楔形或急尖，边缘下曲，叶面光亮，中脉在两面均凸出，侧脉多条，与中脉成40°~50°，通常两面均明显，仅叶面中脉基部及叶柄被微细毛，其余均无毛；叶柄长2~3mm。

生长习性 大叶黄杨喜光，稍耐阴，有一定耐寒力，在沧州冬季做好防护，可安全过冬，对土壤要求不严，在微酸、微碱土壤中均能生长，在肥沃和排水良好的土壤中生长迅速，分枝也多。

繁殖方法及栽培技术要点 以扦插繁殖为主，极易成活。

主要病虫害 虫害主要有蚜虫、日本龟蜡介等。蚜虫防治：结合修剪将受害部分剪掉，也可喷施2 000～3 000倍吡虫啉粉剂。日本龟蜡介以受精雌成虫在枝干上越冬，夏季为孵化盛期，合理修剪，通风透光可改变其生存环境，减少为害。若虫盛发期每隔10天左右喷施溴氰菊酯2 500倍液1次，连喷3次。

病害主要是白粉病、褐斑病等。白粉病防治方法：可适当修剪，增强通透性；可交替喷施25%粉锈宁1 300倍液、70%甲基托布津700倍液、50%退菌特可湿性粉剂800倍液进行药物防治；若病情严重时必须将病叶剪除集中烧毁，然后再喷施药剂防治。

褐斑病防治方法：及时清除落叶并销毁，减少侵染源；早春喷施3～5波美度石硫合剂，消灭越冬病菌来源。加强水肥管理，增强树势，提高植株的抗病能力；加强通风透光，及时修剪过密枝条；发病期喷50%多菌灵可湿性粉剂500倍液或75%百菌清可湿性粉剂700倍液，每7天喷1次，连喷3～4次。

观赏特性及园林用途 大叶黄杨是优良的园林绿化树种，可栽植绿篱及背景种植材料，也可单株栽植在花境内，将它们整成低矮的球体，相当美观，更适合用于规则式的对称配植，是本地区最常见的绿篱用树种。

4.4　金边大叶黄杨

科属 卫矛科卫矛属。

分布 中国南北各地均有栽培，长江流域各城市尤多。

形态特征 常绿灌木，大叶黄杨的变种之一，特点是叶子边缘为黄色或白色，中间黄绿色带有黄色条纹，新叶黄色，老叶绿色带白边。金边黄杨高可达4m以上，冠幅3m。生长速度极快，容易繁殖，适应性也非常强，它是优秀的园林绿化观叶彩色灌木。

生长习性 金边大叶黄杨喜欢温暖湿润的环境，对土壤的要求不严，能耐干旱，耐寒性强，栽培简单。抗污染性也非常好，对二氧化硫有非常强的抗性，是污染严重的工矿区首选的常绿植物。

繁殖方法及栽培技术要点 常用扦插进行繁殖，剪枝时留主干剪侧枝，剪后要留出至少一个芽的"根"，以利下次剪用。扦插过程需要保持适当的温湿度，浇水要以温度、湿度为依据，始终保持叶片湿润。不要过量浇水，延长生根时间，苗木生根后可适量减少浇水。

主要病虫害 病害有白粉病，防治方法：适当修剪，增强通透性。于发病初期，交替喷施25%的粉锈宁1 300倍液、70%甲基托布津700倍液、50%退菌特可湿性粉剂800倍液。若病发严重时，必须进行修剪，将病叶剪除集中烧毁，然后再喷施药剂防治。

虫害有黄杨绢野螟，防治方法：在成虫期利用黑光灯进行灯光诱杀。为害严重时，可喷施50%杀螟松乳剂1 000倍液、4.5%高效氯氰菊酯2 000倍液或BT乳剂500倍液喷雾（注：BT乳剂严禁与杀菌剂同时使用，喷施时于阴天的16:00后施用效果较好）。

大叶黄杨尺蠖，防治方法：利用成虫趋光性，在成虫期进行灯光诱杀。幼虫为害期喷施50%杀螟松乳油500倍液或4.5%高效氯氰菊酯2 000倍液。

日本龟蜡介，防治方法：虫口密度不高时，可用软刷蘸少量敌敌畏加水1：（50～100）倍液抹杀。若虫盛发期，喷施洗衣粉柴油乳剂；苦楝油乳剂150～200倍液；1%苦参素1 000～2 000倍液；大力杀2 000～2 500倍液，每隔10天左右喷药1次，连喷3次。保护寄生蜂等天敌；

观赏特性及园林用途 观叶植物，叶色光泽，嫩叶鲜绿，其斑叶尤为美观。而且极耐修剪，为庭院中常见的绿篱树种，可经整形环植门道边或作花坛中心栽植。

4.5 胶东卫矛

别称 胶州卫矛，攀缘卫矛。

科属 卫矛科卫矛属。

分布 产于中国山东、安徽、江苏、湖北、江西、青海、新疆、西藏、海南、广东等地。在日本和朝鲜均有分布。

形态特征 直立或蔓性半常绿灌木，高3～8m小枝圆形。叶片近革质，长圆形、宽倒卵形或椭圆形，长5～8cm，宽2～4cm，顶端渐尖，基部楔形，边缘有粗锯齿；叶柄长达1cm。聚伞花序2歧分枝，成疏松的小聚伞；花淡绿色，4数，雄蕊有细长分枝，成疏松的小聚伞；花淡绿色，4数，雄蕊有细长花丝。蒴果扁球形，粉红色，直径约1cm，4纵裂，有浅沟；种子包有黄红色的假种皮。花期8—9月，果期9—10月。

生长习性 喜光、耐阴、适应性强；耐干旱、瘠薄，对土壤要求不严；萌芽性强，耐修剪。

繁殖方法及栽培技术要点 常于春末秋初用当年生的枝条进行嫩枝扦插，或于早春用去年生的枝条进行老枝扦插。

主要病虫害 胶东卫矛灰斑病主要为害叶片，防治方法：及时清除病残组织及病落叶，集中深埋或烧，以减少菌源；发病初期喷洒1∶1∶100倍式波尔多液或30%碱式硫酸铜（绿得保）悬浮剂350～400倍液、53.8%可杀得干悬浮剂900～1 000倍液、10%世高水分散粒剂3 000倍液、40%百菌清悬浮剂500倍液。

胶东卫矛的主要有蚜虫等害虫和真菌病害，在生产实践中应经常注意病害和虫情的调查，要做到及时发现、及时防治。

观赏特性及园林用途 园林中多用为绿篱，它不仅适用于庭院、甬道、建筑物周围，而且也用于主干道绿带。又因对多种有毒气体抗性很强，并能吸收而净化空气，抗烟吸尘，又是污染区理想的绿化树种。既是代替草坪的常绿地被植物，又是大型广场、绿地、公路护坡、铁路护坡、高架桥护坡的理想地被植物。

4.6 卫矛

别称 鬼箭羽、鬼箭、六月凌、四面锋、蓖箕柴、四棱树、山鸡条子。

科属 卫矛科卫矛属。

分布 中国长江中下游、华北各地及吉林均有分布。朝鲜、日本亦产。

形态特征 常绿灌木，小枝常具2～4列宽阔木栓翅；冬芽圆形，芽鳞边缘具不整齐细坚齿。叶卵状椭圆形、边缘具细锯齿，两面光滑无毛；叶柄长1～3mm。聚伞花序1～3花；花序梗长约1cm，小花梗长5mm；花白绿色，4数；萼片半圆形；花瓣近圆形；雄蕊着生花盘边缘处，花丝极短，花药宽阔长方形。蒴果1～4深裂，裂瓣椭圆状；种子椭圆状或阔椭圆状，种皮褐色或浅棕色，假种皮橙红色，全包种子。花期5—6月，果期7—10月。

生长习性 喜光，也稍耐阴；对气候和土壤适应性强，能耐干旱、瘠薄和寒冷，在中性、酸性及石灰性土上均能生长。萌芽力强，耐修剪，对二氧化硫有较强抗性。

繁殖方法及栽培技术要点 繁殖以播种为主，扦插、分株也可。秋后采种后，日晒脱粒，用草本灰搓去假种皮，洗净阴干，再混沙层积贮藏。翌年春天条播，行距20cm，覆土约1cm，再盖草保湿。幼苗出土后要适当遮阳。当年苗高约30cm，翌年分栽后再培育3～4年即可出圃定植。扦插一般在6—7月选半成熟枝带踵扦插。

主要病虫害 主要虫害有球蚧、金龟子、卫矛尺蠖等。球蚧可以用速介杀乳油、吡虫啉、菊酯类药剂交替喷洒，每隔7~10天喷施1次，可以取得比较好的防治效果。

金龟子防治：不使用没有腐熟的有机肥。利用金龟子有趋光性，可以安装频振式杀虫灯以诱杀成虫；在病害比较严重时，可以喷施克球孢白僵菌药剂。

卫矛尺蠖在影响植株的正常生长的同时，也会降低植株的观赏效果。可以利用天敌进行消灭，比如胡蜂、麻雀等。可以喷施氯氰菊酯、乐斯本乳油、灭幼脲进行杀虫。

观赏特性及园林用途 卫矛被广泛应用于城市园林、道路、公路绿化的绿篱带、色带拼图和造型。卫矛具有抗性强、能净化空气，美化环境。适应范围广，较其他树种，栽植成本低，见效快，具有广阔的苗木市场空间。

4.7 黄杨

别称 黄杨木、瓜子黄杨。

科属 黄杨科黄杨属。

分布 产自中国江苏、甘肃、湖南、湖北、四川、贵州、广西、广东、江西、浙江、安徽、山东各省区，有部分属于栽培。

形态特征 常绿灌木，枝叶较疏散，小枝及冬芽外鳞均有短柔毛。叶倒卵形、倒卵状椭圆形至广卵形，长2~3.5cm，先端圆或微凹，基部楔形，叶柄及叶背中脉基部有毛。花簇生叶腋或枝端，黄绿色。花期4月，果期7月成熟。

生长习性 喜半阴，在无庇荫处生长叶常发黄；喜温暖湿润气候及肥沃的中性及微酸性土。生长缓慢，耐修剪。对多种有毒气体抗性强。

繁殖方法及栽培技术要点 播种或扦插繁殖。黄杨树对土壤要求不严格，沙土、壤土、褐土地都能种植，但最好是含有机质丰富的壤土地。整地时要求地平整。

主要病虫害 黄杨绢野螟是黄杨的主要虫害，用药防治仍是控制该虫的重要应急措施。搞好虫情测报适时用药，用药防治的关键期为越冬幼虫出蛰期和第1代幼虫低龄阶段可用20%灭扫利乳油2 000倍液、2.5%功夫乳油2 000倍液、2.5敌杀死乳油2 000倍液等有机磷农药，还可推广使用一些低毒、无污染农药及生物农药如阿维菌素、BT乳剂等。喷药应彻底，对下部叶片也不应漏喷。

保护利用天敌：对寄生性凹眼姬蜂、跳小蜂、百僵菌以及寄生蝇等自然天敌进行保护利用；或进行人工饲养，在集中发生区域进行释放，可有效地控制其发生为害。

观赏特性及园林用途 园林中常作绿篱、大型花坛镶边，修剪成球形或其他整形栽培，点缀山石或制作盆景，也是厂矿绿化的重要树种。

4.8 雀舌黄杨

别称 匙叶黄杨、小叶黄杨、细叶黄杨。

科属 黄杨科黄杨属。

分布 分布于中国安徽、浙江、福建、江西、湖南、湖北、四川、广东、广西等省区。

形态特征 灌木，生长低矮，枝条密集，节间通常长3～6mm，枝圆柱形，有纵棱，灰白色；小枝四棱形，全面被短柔毛或外方相对两侧面无毛。

叶薄革质，倒披针形、倒卵状长椭圆形至狭长倒卵状匙形。长1.5～4cm，先端钝圆或微凹，上面绿色，光亮，两面中脉明显凸起，叶柄长1～2mm，近无柄。上面被毛。

生长习性 喜肥沃松散的壤土，微酸性土或微碱性土均能适应，在石灰质泥土中亦能生长。在一定的耐寒性，本地区可露地越冬。

繁殖方法及栽培技术要点 扦插繁殖随时可以进行，但以夏天选用当年生长的嫩枝条作插穗为佳。

主要病虫害 主要病害有煤污病，会引起落叶现象，防治关键是清除介壳虫，并经常喷叶面水，冲洗灰尘，使之生长良好。

主要虫害有介壳虫和黄杨尺蠖。介壳虫可用人工刷洗杀之，或用蚧死净乳油400～800倍液进行喷杀；黄杨尺蠖用80%敌百虫可狙性粉剂喷杀，或用40%氧化乐果1 000～2 000倍液喷杀。

观赏特性及园林用途 叶子外观十分漂亮，并且可以修剪成不同的形状，经常被种植在园林、花坛中，作为绿篱栽植。但不宜应用太多，在小气候下可以正常生长。

4.9 凤尾兰

别称 菠萝花、厚叶丝兰、凤尾丝兰。

科属 百合科丝兰属。

分布 原产北美东部和东南部。中国长江流域及以南和山东，河南有引种。

形态特征 植株丛生。直生，不下垂，叶密集，近莲座状簇生，质坚硬，有白粉，剑形，二列。

生长习性 喜温暖湿润和阳光充足的环境，性强健，耐瘠薄、耐寒、耐阴，耐旱也较耐湿，对土壤要求不严，对肥料要求不高。喜排水好的沙质壤土，瘠薄多石砾的堆土废地亦能适应。

繁殖方法及栽培技术要点 在春季2—3月根蘖芽露出地面时可进行分栽。分栽时，每个芽上最好能带一些肉根。先挖坑施肥，再将分开的蘖芽埋入其中，埋土不要太深，稍盖顶部即可。

扦插，在春季或初夏，挖取茎干，剥去叶片，剪成10cm长，茎干粗可纵切成2～4块，开沟平放，纵切面朝下，盖下5cm，保持湿度，插后20～30天发芽。分株，每年春、秋挖取带叶茎干直接栽植。

主要病虫害 炭疽病是凤尾兰的一种多发病，防治方法：加强水肥管理，增强树势，提高植株的抗病能力；初期种植时要注意选择种植环境，栽培地要有良好的通风环境；及时将病叶清除，集中烧毁，减少侵染源；发病时用50%炭疽福美300倍液或75%百菌清可湿性粉剂1 000倍液喷施，每周喷施1次，连续喷3～4次，可有效控制住病情。

观赏特性及园林用途 凤尾兰常年浓绿，花、叶皆美，树态奇特，数株成丛，高低不一，叶形如剑，开花时花茎高耸挺立，花色洁白，繁多的白花下垂如铃，姿态优美，花期持久，幽香宜人，是良好的庭园观赏树木，也是良好的鲜切花材料。常植于花坛中央、建筑前、草坪中、池畔、台坡、建筑物、路旁及绿篱等。

5 落叶灌木

5.1 金叶女贞

别称 英国女贞、金边女贞。

科属 木犀科女贞属。

分布 原产于美国加州。中国于20世纪80年代引种栽培。分布于中国华北南部、华东、华南等地区。

形态特征 落叶灌木，是金边卵叶女贞和欧洲女贞的杂交种。叶片较大叶女贞稍小，单叶对生，椭圆形或卵状椭圆形，长2~5cm。总状花序，小花白色。核果阔椭圆形，紫黑色。金叶女贞叶色金黄，尤其在春秋两季色泽更加璀璨亮丽，其抗病力强，很少有病虫为害。花期为5—7月，果期为10—11月。

生长习性 适应性强，对土壤要求不严格，在我国长江以南及黄河流域等地的气候条件均能适应，生长良好。性喜光，稍耐阴，耐寒能力较强，不耐高温高湿。

繁殖方法及栽培技术要点 一般用扦插繁殖，金叶女贞根系发达，吸收力强，一般园土栽培不必施肥。它萌蘖力强，耐修剪，故在栽培中很容易培养成球。它枝叶茂密，宜栽培成矮绿篱。

主要病虫害 金叶女贞常见的虫害有山西品粉蚧、康氏粉蚧、苹果痣小卷蛾、六星黑点豹蠹蛾、咖啡木蠹蛾、褐带卷叶蛾、霜天蛾、桑褶翅天蛾、美国白蛾、蛴螬、女贞潜叶跳甲、黄环绢须野螟。在栽培养护过程一是栽植密度要适宜，过密则易遭受害虫侵害；二是要加强水肥管理，提高植株抗虫害能力；三是要合理修剪，保持通风透光。如有虫害发生，可在山西品粉蚧和康氏粉蚧卵孵化盛期或一龄若虫期喷洒100倍液花保乳剂或10%吡虫啉2 000倍液进行防治，需连续喷打2~3次。

观赏特性及园林用途 金叶女贞在生长季节叶色呈鲜丽的金黄色，可与红叶的紫叶小檗、绿叶的龙柏、黄杨等组成色块，形成强烈的色彩对比，具极佳的观赏效果，也可修剪成球形。由于其叶色为金黄色，所以大量应用在园林绿化中，主要用来组成图案和种植绿篱，是本地区最常见组色块绿篱植物。

5.2 小叶女贞

别称 小叶冬青、小白蜡、棟青、小叶水蜡树。

科属 木犀科女贞属。

分布 产于中国中部、东部和西南部。

形态特征 小叶女贞在本地表现为落叶灌木（小气候可达半常绿），高1～3m。小枝淡棕色，圆柱形，密被微柔毛，后脱落。叶片薄革质，形状和大小变异较大，披针形、长圆状椭圆形、椭圆形、倒卵状长圆形至倒披针形或倒卵形，长1～4（～5.5）cm，宽0.5～2（～3）cm，先端锐尖、钝或微凹，基部狭楔形至楔形，叶缘反卷，上面深绿色，下面淡绿色，常具腺点，两面无毛，稀沿中脉被微柔毛，中脉在上面凹入，下面凸起，侧脉2～6对，不明显，在上面微凹入，下面略凸起，近叶缘处网结不明显；叶柄长0～5mm，无毛或被微柔毛。

生长习性 喜光照，稍耐阴，较耐寒，华北地区可露地栽培；对二氧化硫、氯等毒气有较好的抗性。性强健，耐修剪，萌发力强。

繁殖方法及栽培技术要点 播种或扦插，生产上多用扦插繁殖，采用两年生小叶女贞新梢，最好用木质化部分剪成8cm左右的插条，将下部叶片全部去掉，上部留2～3片叶即可，上剪口距上芽1cm平剪。

主要病虫害 小叶女贞病虫害较少，主要虫害是天牛。防治方法：春季若看到鲜虫粪处，用注射器将80%敌敌畏乳油注入虫孔内，并用黄泥将虫孔封死。7月人工捕杀天牛成虫，有条件的可用肿腿蜂等生物防治。

观赏特性及园林用途 主要作绿篱栽植；其枝叶紧密、圆整，庭院中常栽植观赏；抗多种有毒气体，是优良的抗污染树种，为园林绿化中重要的绿篱材料。

5.3 紫丁香

别称 丁香、百结、情客、龙梢子、华北紫丁香，紫丁白。

科属 木犀科丁香属。

分布 中国以秦岭为中心，北到黑龙江，吉林、辽宁、内蒙古、河北、山东、陕西、甘肃、四川，南到云南和西藏均有。朝鲜也有。广泛栽培于世界各温带地区。

形态特征　紫丁香属灌木或小乔木，树皮灰褐色或灰色。小枝、花序轴、花梗、苞片、花萼、幼叶两面以及叶柄均无毛而密被腺毛。小枝较粗，疏生皮孔。

叶片革质或厚纸质，卵圆形至肾形，长2～14cm，宽2～15cm，先端短凸尖至长渐尖或锐尖，基部心形，或宽楔形，上面深绿色，下面淡绿色；萌枝上叶片常呈长卵形，先端渐尖，柄长1～3cm。

生长习性　喜光，稍耐阴，阴处或半阴处生长衰弱，开花稀少。喜温暖、湿润，有一定的耐寒性和较强的耐旱力。对土壤的要求不严，耐瘠薄，喜肥沃、排水良好的土壤，忌在低洼地种植，积水会引起病害，直至全株死亡。

繁殖方法及栽培技术要点　繁殖方式有播种、扦插、嫁接、压条、分株繁殖，多用扦插繁殖。

主要病虫害　为害紫丁香的病害有细菌或真菌性病害，如凋萎病、叶枯病、萎蔫病等，另外还有病毒引起的病害，一般病害多发生在夏季高温高湿时期。虫害有毛虫、刺蛾、潜叶蛾及大胡蜂、介壳虫等，应注意防治。在过湿情况下，易产生根腐病，轻则停止生长，重则枯萎以死。

观赏特性及园林用途　紫丁香花芬芳袭人，为著名的观赏花木之一，在中国园林中亦占有重要位置。可植于建筑物的南向窗前，开花时，清香入室，沁人肺腑。

紫丁香是中国特有的名贵花木，已有1 000多年的栽培历史。植株丰满秀丽，枝叶茂密，且具独特的芳香，广泛栽植于庭园、机关、厂矿、居民区等地。常丛植于建筑前、茶室凉亭周围；散植于园路两旁、草坪之中；与其他种类丁香配植成专类园，形成美丽、清雅、芳香、青枝绿叶、花开不绝的景区，效果极佳；本地区可广泛应用于各种绿化中，亦可作为芳香园的主要品种。

5.4　白丁香

科属　木犀科丁香属。

分布　原产中国华北地区，长江以北地区均有栽培，尤以华北、东北为多。

形态特征　白丁香为紫丁香的变种，与紫丁香主要区别是叶较小，叶面有疏生茸毛，花为白色。多年生落叶灌木或小乔木，高4～5m。叶片纸质，单叶互生。叶卵圆形或肾脏形，有微柔毛，先端锐尖。花白色，有单瓣、重瓣之别，筒状，呈圆锥花序。花期4—5月。

生长习性 喜光，稍耐阴，耐寒、耐旱，喜排水良好的深厚肥沃土壤。

繁殖方法及栽培技术要点 白丁香可采用分株、压条、嫁接、扦插和播种等多种方法进行繁殖，一般通过扦插繁殖或嫁接繁殖，种子繁殖容易产生变异。

主要病虫害 参照紫丁香章节。

观赏特性及园林用途 与紫丁香可搭配使用，也可单独作为春景树与香花树种。

5.5 小叶丁香（四季丁香）

别称 二度梅、野丁香。

科属 木犀科丁香属。

分布 主要分布在中国华北、东北、西北及长江流域。

形态特征 树高2~3m；幼枝灰褐色，被柔毛。叶卵形或椭圆形卵状，长1~2cm，少3~4cm，宽0.8~1.5cm，少2~2.5cm，茎部宽楔形，全缘，有缘毛，表面密被短柔毛或无毛，背面灰绿色，主脉稍密被褐色或白色髯毛；叶柄长5~10mm，被短毛或近无毛。

生长习性 在生长过程中比较喜欢阳光，相对来讲适应性比较强，对寒冷、干旱、土壤瘠薄都有比较强的耐受性，而且不易受病虫害侵害，一般在向阳的山坡及山谷的一些地带都能够很好地生长。

繁殖方法及栽培技术要点 一般用播种方式，小叶丁香的种子一般在每年的9月中旬以后便可以开始采收。

主要病虫害 小叶丁香花病虫害很少，主要害虫有蚜虫、袋蛾及刺蛾。可用乐果乳剂或25%的亚胺硫磷乳剂1 000倍液喷洒防治。

观赏特性及园林用途 园林中用作花篱、林缘植物、片植、丛植等。主要用于道路绿化、公园游园绿化等。

5.6 连翘

别称 黄花杆、黄寿丹。

科属 木犀科连翘属。

分布 产于中国河北、山西、陕西、山东、安徽西部、河南、湖北、四川。

形态特征 落叶灌木。枝开展或下垂，棕色、棕褐色或淡黄褐色，小枝土黄色或灰褐色，略呈四棱形，疏生皮孔，节间中空，节部具实心髓。叶通常为单叶，或3裂至三出复叶，叶片卵形、宽卵形或椭圆状卵形至椭圆形，长2～10cm，宽1.5～5cm，先端锐尖，基部圆形、宽楔形至楔形，叶缘除基部外具锐锯齿或粗锯齿，上面深绿色，下面淡黄绿色，两面无毛；叶柄长0.8～1.5cm，无毛。

花通常单生或2至数朵着生于叶腋，先于叶开放；花梗长5～6mm；花萼绿色，裂片长圆形或长圆状椭圆形。

生长习性 连翘喜光，有一定程度的耐阴性；喜温暖、湿润气候，也很耐寒；耐干旱瘠薄，怕涝；不择土壤，在中性、微酸或碱性土壤均能正常生长。

繁殖方法及栽培技术要点 连翘可用种子、扦插、压条、分株等方法进行繁殖，以扦插为主。硬枝与嫩枝扦插，于节前剪下，插后易于生根。花后修剪，去枯弱枝，其他无须特殊管理。

观赏特性及园林用途 连翘枝条拱形开展，早春花先叶开放，满枝金黄，艳丽可爱，是北方常见的优良早春观花灌木。宜丛植与草坪、角隅、岩石假山下、路缘、转角处及做基础种植，或做花篱。

根系发达，其主根、侧根、须根可在土层中密集成网状，吸收和保水能力强；侧根粗而长，须根多而密，可牵拉和固着土壤，防止土块滑移。

常用于公园、小区的花坛种植或花境种植，也可以当作园景树使用。本地区作为春景重要绿化树种广泛应用。

5.7 迎春花

别称 小黄花、金腰带、黄梅、清明花。

科属 木犀科素馨属。

分布 产于中国甘肃、陕西、四川、云南西北部，西藏东南部。生山坡灌丛中，海拔800～2 000m。中国及世界各地普遍栽培。

形态特征 落叶灌木，高0.4～5m枝条细长，呈拱形下垂生长，植株较高，可达5m，是一种常见的观赏花卉。侧枝健壮，四棱形，绿色。三出复叶对生，长2～3cm，小叶卵状椭圆形，表面光滑，全缘。花单生于叶腋间，花冠高脚杯状，鲜黄色，直径2～2.5cm，顶端6裂，或成复瓣，约为花冠筒长度的1/2。花期2月底至4月。

生长习性 喜光，稍耐阴，略耐寒，怕涝。

繁殖方法及栽培技术要点 以扦插为主，也可用压条、分株繁殖。春、夏、秋三季扦插均可进行，剪取半木质化的枝条12～15cm长，插入沙土中，保持湿润，约15天生根。压条，将较长的枝条浅埋于沙土中，不必刻伤，40～50天后生根，翌年春季与母株分离移栽。

分株可在春季芽萌动时进行。春季移植时地上枝干截除一部分，需带宿土。在生长过程中，注意土壤不能积水和过分干旱，开花前后适当施肥2～3次。秋、冬季应修剪整形，保持植株新花多。

主要病虫害 蚜虫：高发时喷洒蚜螨清乳油或蚜虱净进行喷杀，注意每年选用不同的药剂防治，蚜虫的抗药性较强，长期使用一种药剂，蚜虫产生抗体。

大蓑蛾幼虫：会寄生在植株上咬食叶片，剥食枝干，造成局部枝干光秃。大蓑蛾喜欢群居生活，为害较大。用50%辛硫磷乳油1 000倍液喷杀，喷洒杀螟杆菌或青虫菌进行生物防治。

观赏特性及园林用途 迎春枝条披垂，冬末至早春先花后叶，花色金黄，叶丛翠绿。在园林绿化中宜配置在湖边、溪畔、桥头、墙隅，或在草坪、林缘、坡地，房屋周围也可栽植，可供早春观花。迎春的绿化效果凸出，成景速度快，在各地都有广泛使用。在本地区作为早春花卉大量的应用。

5.8 榆叶梅

别称 榆梅、小桃红、榆叶鸾枝。

科属 蔷薇科桃属。

分布 原产中国北部，各地几乎都有分布。

形态特征 落叶灌木、短枝上的叶常簇生，一年生枝上的叶互生；叶片宽椭圆形至倒卵形，长2～6cm，宽1.5～3cm，先端短渐尖，常3裂，基部宽楔形，上面具疏柔毛或无毛，下面被短柔毛，叶边具粗锯齿或重锯齿；叶柄长5～10mm，被短柔毛。

花1～2朵，先于叶开放，直径2～3cm；花梗长4～8mm；萼筒宽钟形，长3～5mm，无毛或幼时微具毛。

生长习性 喜光，稍耐阴，耐寒，能在-35℃下越冬。对土壤要求不严，以中性至微碱性而肥沃土壤为佳。根系发达，耐旱力强，不耐，抗病力强。

繁殖方法及栽培技术要点 榆叶梅的繁殖可以采取嫁接、播种、压条等方法，但以嫁接效果最好，只需培育二三年就可成株，开花结果。嫁接方法主要有切接和芽接两种，可选用山桃、榆叶梅实生苗和杏做砧木，砧木一般要培养两年以上，基径应在1.5cm左右，嫁接前要事先截断，需保留地表面上5~7cm的树桩。

主要病虫害 榆叶梅黑斑病防治方法：加强水肥管理，提高植株的抗病能力，于秋末将落叶清理干净，并集中烧毁。春季萌芽前喷洒一次5波美度石硫合剂进行预防，如有发生可用80%代森锌可湿性颗粒700倍液，或70%代森锰锌500倍液进行喷雾，每7天喷施一次，连续喷3~4次可有效控制病情。

根癌病防治方法：在种子、种苗运输、栽培等过程中要加强对其检疫，一定要严防带病种子和苗木进入栽培地；栽培种植之前要及时防治各类地下害虫；在发病的植株上，要用消毒的刀具将其瘤状物切除，并随后在病灶上涂白或涂波尔多液等；使用的嫁接工具也要完全消毒后再使用。

榆叶梅常见的虫害有蚜虫、红蜘蛛、刺蛾、介壳虫、叶跳蝉、芳香木蠹蛾、天牛等。为害期在嫩叶上为害，使植株生长受到影响。严重的会造成植株枯萎，叶片大面积死亡，最后整个植株死亡。要注意药剂治疗。

观赏特性及园林用途 榆叶梅其叶像榆树，其花像梅花，所以得名"榆叶梅"。榆叶梅枝叶茂密，花繁色艳，是中国北方园林、街道、路边等重要的绿化观花灌木树种。其植物有较强的抗盐碱能力。适宜种植在公园的草地、路边或庭园中的角落、水池等地。如果将榆叶梅种植在常绿树周围或种植于假山等地，其视觉效果更理想，能够让其具有良好的视觉观赏效果。与其他花色的植物搭配种植，在春季花盛开时候，花形、花色均极美观，各色花争相斗艳，景色宜人，是不可多得的园林绿化植物，早春群植效果最佳。

5.9 紫叶矮樱

科属 蔷薇科李属。

分布 中国华北、华中、华东、华南等地均适宜栽培，东北的辽宁、吉林南部等冬季可以安全越冬。

形态特征 紫叶矮樱为落叶灌木或小乔木，高达2.5m左右，冠幅1.5~2.8m。枝条幼时紫褐色，通常无毛，老枝有皮孔，分布整个枝条。

叶长卵形或卵状长椭圆形，长4~8cm，先端渐尖，叶基部广楔形，叶缘有不整齐的细钝齿，叶面红色或紫色，背面色彩更红，新叶顶端鲜紫红色，当年生枝条木质部红色。花单生，中等偏小，淡粉红色，花瓣5片，微香，雄蕊多数，单雌蕊，花期4—5月。

生长习性 喜光树种，但也耐寒、耐阴。在光照不足处种植，其叶色会泛绿，因此应将其种植于光照充足处。对土壤要求不严格，但在肥沃深厚、排水良好的中性、微酸性沙壤土中生长最好，轻黏土亦可。喜湿润环境，忌涝。

繁殖方法及栽培技术要点 多用嫁接、扦插、压条的方式。

主要病虫害 紫叶矮樱在栽培过程中，会受到刺蛾、蚜虫、红蜘蛛、叶跳蝉、蚧壳虫的为害。每年冬季涂白时尽量将主干和大枝都进行涂白，还应将虫卵、虫茧刮干净，早春应及时喷百菌清、多菌灵等广谱杀菌剂。病害如有发生要及时治理，刺蛾、蚜虫、叶跳蝉可用溴氰菊酯等喷杀。

观赏特性及园林用途 在园林绿化中，紫叶矮樱因其枝条萌发力强、叶色亮丽，加之从出芽到落叶均为紫红色，因此既可作为城市彩篱或色块整体栽植，也可单独栽植，是绿化美化城市的最佳树种之一。植物配置方式可孤植：紫叶矮樱叶色鲜艳，株形圆整，可发挥景观的中心视点或引导视线的作用，可孤植于庭院或草坪中；可丛植：紫叶矮樱三五成丛地点缀于园林绿地中，也可将紫叶矮樱丛植于浅色系的建筑物前，或以绿色的针叶树种为背景；可群植：以紫叶矮樱为主要树种成群成片地种植，构成风景林，独特的叶色和姿态一年四季都很美丽，辅以地被，给人以较强的层次感。其美化的效果要远远好于单纯的绿色风景林。

在沧州表现良好，应用广泛。

5.10 郁李

别称 爵梅、秧李。

科属 蔷薇科樱属。

分布 产自中国黑龙江、吉林、辽宁、河北、山东、浙江。生于山坡林下、灌丛中或栽培，海拔100～200m。日本和朝鲜也有分布。

形态特征 落叶灌木，高达1.5m。枝细密，冬芽3枚，并生。叶卵形至卵状椭圆形，长4～7cm，先端长尾状，基部圆形，缘有锐重锯齿，无毛或仅背脉有短柔毛；叶柄长2～3mm。花粉红或近白色，径1.5～2cm，花梗长5～10mm，春天与叶同放。果似球形，径约1cm，深红色。

生长习性 性喜光，耐寒又耐干旱。

繁殖方法及栽培技术要点 通常用分株或播种法繁殖。对重瓣品种可用毛桃或山桃作砧木，用嫁接法繁殖。

主要病虫害 白粉病：可用15%粉锈宁可湿性粉剂1 000倍液或70%甲基托布津可湿性粉剂1 000~1 500倍液喷洒治疗。

枯枝病：可用75%百菌清500倍液或80%代森锌500倍液喷洒治疗。

对于蚜虫的防治，多采用化学药物防治的方法，可采用喷6%吡虫啉乳油3 000~4 000倍液，或5%啶虫脒乳油5 000~10 000倍液，或1.2%苦·烟乳油800~1 000倍液，或50%辛硫磷乳油800~1 000倍液。

对于食心虫的防治，可结合诱杀其他害虫，具体方法有物理方式和化学方式两种。物理防治方法包括安装频振式杀虫灯诱杀成虫；剪除有虫枝消灭越冬虫；悬挂虫捕器诱杀雄成虫，化学防治方法包括喷洒含量为16 000IU/mg的BT可湿性粉剂1 000~1 500倍液，或50%辛硫磷乳油1 000~1 500倍液防治。

观赏特性及园林用途 桃红色宝石般的花蕾，繁密如云的花朵，深红色的果实，都非常美丽可爱，是园林中重要的观花、观果树种。宜丛植于草坪、山石旁、林缘、建筑物前；或点缀于庭院路边，或与棣棠、迎春等其他花木配植，也可作花篱栽植。目前应用较少，建议实验性栽植。

5.11 麦李

科属 蔷薇科樱属。

分布 产自中国中部、南部及北部。日本也有分布。

形态特征 小枝灰棕色或棕褐色，无毛或嫩枝被短柔毛。冬芽卵形，无毛或被短柔毛。叶片长圆披针形或椭圆披针形，长2.5~6cm，宽1~2cm，先端渐尖，基部楔形，最宽处在中部，边有细钝重锯齿，上面绿色，下面淡绿色，两面均无毛或在中脉上有疏柔毛，侧脉4~5对；叶柄长1.5~3mm，无毛或上面被疏柔毛；托叶线形，长约5mm。花单生或2朵簇生，花叶同开或近同开；花梗长6~8mm，几无毛；萼筒钟状，长宽近相等，无毛，萼片三角状椭圆形，先端急尖，边有锯齿；花瓣白色或粉红色，倒卵形；雄蕊30枚；花柱梢比雄蕊长，无毛或基部有疏柔毛。

核果红色或紫红色，近球形，直径1~1.3cm。花期3—4月，果期5—8月。

生长习性 麦李有一定耐寒性适应性强，喜光，较耐寒，适应性强，耐旱，也较耐水湿；根系发达。忌低洼积水、土壤黏重，喜生于湿润疏松排水良好的沙壤中。

繁殖方法及栽培技术要点 麦李自引种以来每年要进行采条扦插繁殖，没有影响树势的生长。麦李的树冠整齐丰满，树形椭圆球状，十分完美，不必修剪。如果作为花篱种植，种植密度以每米3株为宜，亦不必重剪，只需将个别突出部分修剪即可。分株或嫁接繁殖也可，用山桃做砧木。

主要病虫害 麦李的各类苗木均见虫害，1年生扦插苗的苗床于9月上旬，打开塑料布后以及第2年留床养护期间易发生病虫害，每隔两周喷施10.25%浓度的多菌灵或0.1%浓度的氧化乐果预防。最常见的虫害是天幕毛虫，大苗生长期内，2喷施1次0.1%浓度的氧化乐果预防。

观赏特性及园林用途 麦李甚为美观，各地庭园常见栽培观赏宜于草坪、路边、假山旁及林缘丛栽，也可作基础栽植、盆栽或催花、切花材料。春天叶前开花，满树灿烂，甚为美丽，是很好的庭园观赏树。目前在沧州应用较少，建议今后可多加实验性栽植。

5.12 月季

别称 月月红、月月花、长春花、四季花、胜春。

科属 蔷薇科蔷薇属。

分布 在中国主要分布于湖北、四川和甘肃等省的山区，尤以上海、南京、常州、天津、郑州和北京等市种植最多。

形态特征 月季花是直立灌木，高1～2m；小枝粗壮，圆柱形，近无毛，有短粗的钩状皮刺。小叶3～5片，稀7片，连叶柄长5～11cm，小叶片宽卵形至卵状长圆形，长2.5～6cm，宽2～3cm，先端长渐尖或渐尖，基部近圆形或宽楔形，边缘有锐锯齿，两面近无毛，上面暗绿色，常带光泽，下面颜色较浅，顶生小叶片有柄，侧生小叶片近无柄，总叶柄较长，有散生皮刺和腺毛；托叶大部贴生于叶柄，仅顶端分离部分成耳状，边缘常有腺毛。

花几朵集生，稀单生，直径4～5cm；花梗长2.5～6cm，近无毛或有腺毛。

生长习性 月季花对气候、土壤要求虽不严格，但以疏松、肥沃、富含有机质、微酸性、排水良好的壤土较为适宜。性喜温暖、日照充足、空气流通的环境。大多数品种最适温度白天为15～26℃，晚上为10～15℃。冬季气温低于5℃即进入休眠。有的品种能耐-15℃的低温和耐35℃的高温；夏季温度持续30℃以上时，即进入半休眠，植株生长不良，虽也能孕蕾，但花小瓣少，色暗淡而无光泽，失去观赏价值。

繁殖方法及栽培技术要点 多用扦插或嫁接法繁殖，硬枝、嫩枝扦插均易成活，一般在春秋两季进行。嫁接采用枝接、芽接、根接均可。砧木用野蔷薇、白玉棠、刺玫等。此外还可采用分株或播种法繁殖。

扦插时在选择枝条方面要注意，应当要选择当年新发的枝，要足够的健康，枝掰上去要有弹性。

春季修剪：实际是越冬前修剪的复剪，每枝留2～3和芽，留的过长的要重新剪去，以免影响剪口芽生长的方向。春季复剪后约60天开花，通常情况下，第一批花期在5月20日至6月20日。

花后修剪：为了集中营养芽萌发新枝，应及时剪去残花避免结实。

主要病虫害 主要为黄刺蛾、褐边绿刺蛾、丽褐刺蛾、桑褐刺蛾、扁刺蛾的幼虫，于高温季节大量啃食叶片。防治方法：一旦发现，应立即用90%的敌百虫晶体800倍液喷杀，或用2.5%的杀灭菊酯乳油1 500倍液喷杀。月季主要易受白粉病为害，宜选用通风、日照良好、地势高燥处栽种，并注意经常养护管理等，如已发生白粉病，应及早剪除病枝，集中烧毁。

观赏特性及园林用途 月季花在园林绿化中，有着不可或缺的价值，在南北园林中月季是使用最多的一种花卉。月季花是春末夏初主要的观赏花卉，且花期可延长至11月左右，其花期长，观赏价值高，价格低廉。可用于园林布置花坛、花境、庭院花材。也可以作为垂直绿化植物，做成各种拱形、网格形、框架式架子供月季攀附，再经过适当的修剪整形，可装饰建筑物，成为联系建筑物与园林的巧妙"纽带"。

5.13 丰花月季

别称 北京红帽子。

科属 蔷薇科蔷薇属。

分布 中国东北南部至华南、西南。

形态特征 灌木高0.9～1.3m，小枝具钩刺或无刺、无毛，羽状复叶，小叶5～7片，宽卵形或卵状长圆形，长2.3～6.0cm，先端渐尖，基部近圆形或宽楔形。

生长习性 喜光，喜温暖湿润气候，喜肥土，稍偏酸性土壤中生长最佳。生长季节陆续开花，炎热夏季开花较少，秋凉后大量开花。

繁殖方法及栽培技术要点 以扦插为主，在春、夏、秋三个季节均可扦插，但以春季和秋季为佳。选择生长健壮、节间短、木质化程度好、叶片发育完整的枝条作插穗，插穗具有4个节间（即3个复叶），穗条10～13cm为宜。

主要病虫害　黑斑病防治方法：随时清除病叶，结合修剪，剪除病枝，用75%百菌清1 000倍液或甲基托布津1 000倍液或50%多菌灵500倍液，7～10天喷1次。

白粉病防治措施：改善通风透光条件，初病期及时摘除病叶。用50%甲基托布津1 500倍液或50%多菌灵1 000倍液或20%粉锈宁乳油3 000～5 000倍液隔1周喷1次，连续2～3次。

主要虫害有蚜虫，主要为害月季管蚜、桃蚜等，吸食植株幼嫩器官的汁液，为害嫩茎、幼叶、花苗等。发现蚜虫用10%吡虫啉可湿性粉剂2 000倍液防治。

朱砂叶螨，1年可发生10～15代，以成螨、幼螨、若螨群集于叶背刺吸为害，卵多产于叶背，每只雌螨可产卵50～150粒，最多时达500粒，气温23～25℃时繁殖1代只需10～13天，28℃时，需7～8天。高温干旱季节发生猖獗，常导致叶片正面出现大量密集小白点，叶背泛黄，偶带枯斑。发病初期，用25%乐霸可湿性粉剂2 000倍液喷施。

观赏特性及园林用途　丛植、片植、行植、作为地被品种。花期长、成活率高故在本地区广泛应用于园林绿化。

5.14　玫瑰

别称　徘徊花、刺玫花。

科属　蔷薇科蔷薇属。

分布　玫瑰原产中国华北以及日本和朝鲜。中国各地均有栽培。

形态特征　落叶直立丛生灌木，高达2m；茎枝灰褐色，密生刚毛与倒刺。小叶5～9片，椭圆形至椭圆状倒卵形，长2～5cm，缘有钝齿，质厚；表面亮绿色，多皱，无毛，背面有柔毛及刺毛；托叶大部附着于叶柄上。花单生或数朵聚生，常为紫色，芳香，径6～8cm。果扁球形，径2～2.5cm，砖红色，具宿存萼片。花期5—6月，7—8月零星开放；果9—10月成熟。

生长习性　玫瑰喜阳光充足，耐寒、耐旱，喜排水良好、疏松肥沃的壤土或轻壤土，在黏壤土中生长不良、开花不佳。宜栽植在通风良好、离墙壁较远的地方，以防日光反射和灼伤花苞而影响开花。

繁殖方法及栽培技术要点　玫瑰可采用播种、扦插、分株、嫁接等方法进行繁殖，但一般多采用分株法和扦插法为主。分株多于春、秋进行，一般以分株、扦插为主。

主要病虫害　玫瑰病虫害不多,主要有锈病、天鹅绒金龟子等,须及早防治。

观赏特性及园林用途　玫瑰是世界四大切花之一,是城市绿化和园林的理想花木,适用于作花篱,也是街道庭院园林绿化、花径、花坛及百花园材料,可修剪造型,点缀广场草地、堤岸、花池,成片栽植花丛。花期玫瑰可分泌植物杀菌素,杀死空气中大量的病原菌,有益于人们身体健康。

5.15　黄刺玫

别称　刺玖花、黄刺莓、破皮刺玫、刺玫花。

科属　蔷薇科蔷薇属。

分布　原产我国东北、华北至西北地区。

形态特征　直立灌木,高2~3m;枝粗壮,密集,披散;小枝无毛,有散生皮刺,无针刺。小叶7~13片,连叶柄长3~5cm。

花单生于叶腋,重瓣或半重瓣,黄色,无苞片;花梗长1~1.5cm,无毛,无腺;花直径3~5cm。

生长习性　性强健,喜光,稍耐阴,耐寒力强。对土壤要求不严,耐干旱和瘠薄,在盐碱土中也能生长,以疏松、肥沃土地为佳。不耐水涝。

繁殖方法及栽培技术要点　黄刺玫的繁殖主要用分株法。因黄刺玫分蘖力强,重瓣种又一般不结果,分株繁殖方法简单、迅速,成活率又高。对单瓣种也可用播种、扦插、压条法繁殖。也可采用嫩枝扦插,北方于6月上中旬选择当年生半木质化枝条进行扦插,方法同月季春插法。

主要病虫害　黄刺玫白粉病防治方法:增施磷、钾肥,控制氮肥;发病初期喷洒50%多菌灵可湿性粉剂800倍液,发芽前喷洒3~4波美度石硫合剂。

观赏特性及园林用途　可供观赏,可做保持水土及园林绿化树种。果实可食,可制果酱。花可提取芳香油,花、果药用,能理气活血、调经健脾。

5.16　缫丝花(刺梨)

别称　木梨子、刺槟榔根、刺梨子、单瓣缫丝花。

科属　蔷薇科蔷薇属。

分布　分布于中国陕西、甘肃、江苏、安徽、浙江、福建、湖南、湖北、四川、云南、贵州、西藏等省区,各地均有野生或栽培。也见于日本。

形态特征　高1~2.5m;树皮灰褐色,成片状剥落;小枝圆柱形,斜向上升，有基部稍扁而成对皮刺。小叶9～15片，连叶柄长5～11cm，小叶片椭圆形或长圆形，稀倒卵形，长1～2cm，宽6～12mm，先端急尖或圆钝，基部宽楔形，边缘有细锐锯齿，两面无毛，下面叶脉凸起，网脉明显，叶轴和叶柄有散生小皮刺；托叶大部贴生于叶柄，离生部分呈钻形，边缘有腺毛。

花单生或2～3朵，生于短枝顶端；花直径5～6cm；花梗短；小苞片2～3枚，卵形，边缘有腺毛。

生长习性 缫丝花又名刺梨，原产中国西南部。喜温暖湿润和阳光充足环境，适应性强，较耐寒，稍耐阴，对土壤要求不严，但以肥沃的沙壤土为好。

繁殖方法及栽培技术要点 常用播种和扦插繁殖。栽培上保证充足肥水，于早春至初夏，每月施肥1次。注意适当疏剪和除去弯贴地面的枝条，以利通风透光。生长过程，基部及主干是易发徒长枝，第二年能萌发短花枝，并开花结实。

主要病虫害 常有锯蜂、蚜虫以及焦叶病、溃疡病、黑斑病等病虫害，除应注意用药液喷杀外，布景时应与其他花木配置使用，不宜一处种植过多。每年冬季，对老枝及密生枝条，常进行强度修剪，保持透光及通风良好，可减少病虫害。

观赏特性及园林用途 缫丝花花朵秀美，粉红的花瓣中密生一圈金黄色花药，十分别致，黄色刺颇具野趣，适用于坡地和路边丛植绿化。目前本地区用量较少，可多用于景观带或者公园绿化，丰富品种。

5.17 绣线菊

别称 柳叶绣线菊、蚂蝗草、珍珠梅。

科属 蔷薇科绣线菊属。

分布 中国、蒙古、日本、朝鲜、西伯利亚以及欧洲东南部。

形态特征 直立灌木，高1～2m；枝条密集，小枝稍有棱角，黄褐色，嫩枝具短柔毛，老时脱落。叶片长圆披针形至披针形，长4～8cm，宽1～2.5cm，先端急尖或渐尖，基部楔形，边缘密生锐锯齿，有时为重锯齿，两面无毛；叶柄长1～4mm，无毛。花序为长圆形或金字塔形的圆锥花序。

生长习性 喜光也稍耐阴，抗寒、抗旱，喜温暖湿润的气候和深厚肥沃的土壤。萌蘖力和萌芽力均强，耐修剪。

繁殖方法及栽培技术要点 繁殖方法播种、分株、扦插均可。待种子成熟后采下即可播种，出芽率较高，一般情况下第二年可成苗。如需大量苗木，最好采用扦插繁殖，除冬季外均可繁殖，但在5—9月带两片叶片扦插效果最佳。

主要病虫害　主要有绣线菊叶蜂：食叶害虫，主要为害绣线菊，常常十数头幼虫群集蚕食绣线菊叶片，短期内可把叶片吃光，只剩下主脉，严重影响植株的生长和观赏。防治方法：在成虫羽化产卵盛期摘除产有卵堆的叶片。幼虫初孵化群集为害时剪除虫叶。当幼虫大量发生时，用敌百虫、敌敌畏等触杀剂1 000倍液喷杀。

绣线菊蚜防治方法：可在早春刮除老树皮及剪除受害枝条，消灭越冬卵。保护和利用天敌，蚜虫的天敌常见的有瓢虫、草蛉、食蚜蝇、蚜小蜂等。施用农药时尽量在天敌极少，且不足以控制蚜虫密度时为宜。当蚜虫大量发生时，如果在越冬卵孵化后，及时喷50%抗蚜威超微可湿粉剂2 000倍液，50%灭蚜松（灭蚜灵）乳油1 000～2 000倍液，50%马拉硫磷乳油1 000～1 500倍液，或"烟草水"防治，或用物理机械防治，在花卉栽植地或温室内，可放置黄色黏胶板，诱黏有翅蚜虫。或雨水冲刷、夏季修剪。

观赏特性及园林用途　绣线菊在园林中应用较为广泛，因其花期为夏季，是缺花季节，花朵十分美丽，给炎热的夏季带来些许柔情与凉爽，是庭院观赏的良好植物材料。

5.18　珍珠梅

别称　吉氏珍珠梅、山高粱条子，高楷子，八本条（东北土名）。

科属　蔷薇科珍珠梅属。

分布　分布于中国辽宁、吉林、黑龙江、内蒙古。俄罗斯、朝鲜、日本、蒙古亦有分布。

形态特征　灌木，高达2m，枝条开展；小枝圆柱形，稍屈曲，无毛或微被短柔毛，初时绿色，老时暗红褐色或暗黄褐色；冬芽卵形，先端圆钝，无毛或顶端微被柔毛，紫褐色，具有数枚互生外露的鳞片。

羽状复叶。顶生大型密集圆锥花序，分枝近于直立，长15～20cm，直径5～12cm，总花梗和花梗被星状毛或短柔毛，果期逐渐脱落，近于无毛。

生长习性　珍珠梅喜光，亦耐阴，耐寒，冬季可耐-25℃的低温，对土壤要求不严，在肥沃的沙质壤土中生长最好，也较耐盐碱土。

繁殖方法及栽培技术要点　珍珠梅的繁殖以分株法为主，也可播种。分株繁殖一般在春季萌动前或秋季落叶后进行。将植株根部丛生的萌蘖苗带根掘出，以3~5株为一丛，另行栽植。栽后浇透水。以后可1周左右浇1次水，直至成活。

扦插法适合大量繁殖，一年四季均可进行，但以3月和10月扦插生根最快，成活率高。扦插土壤一般用园土5份、腐殖土4份、沙土1份，混合起沟做畦，进行露地扦插。

主要病虫害 珍珠梅的病害较少，主要虫害有刺蛾、红蜘蛛和介壳虫。可用40%氧化乐果乳油1 000倍液喷杀介壳虫，用三氯杀螨醇1 000倍液防治红蜘蛛，用50%马拉松乳油1 000倍液防止刺蛾。病害有叶斑病、白粉病等，可喷洒50%托布津500~800倍稀释液。

观赏特性及园林用途 珍珠梅的花、叶清丽，花期很长又值夏季少花季节，在园林应用上十分常见，是受欢迎的观赏树种，可孤植、列植、丛植效果甚佳。特别是具有耐阴的特性，因而是北方城市高楼大厦及各类建筑物北侧阴面绿化的花灌木树种。

5.19 贴梗海棠

别称 贴梗海棠（群芳谱），贴梗木瓜，铁脚梨。

科属 蔷薇科木瓜属。

分布 产于中国陕西、甘肃、四川、贵州、云南、广东。缅甸亦有分布。

形态特征 落叶灌木，高可达2m，枝开展，无毛，有刺。叶片卵形至椭圆形。花3~5朵簇生于二年生老枝上；花梗短粗，长约3mm或近于无柄；花直径3~5cm；萼筒钟状，外面无毛。

生长习性 喜光，也耐半阴、耐寒、耐旱。对土壤要求不严，在肥沃、排水良好的黏土、壤土中均可正常生长，忌低洼。

繁殖方法及栽培技术要点 主要用分株、扦插和压条法繁殖；播种也可，但很少采用。分株在秋季或早春将母株分割，每株2~3个枝干，栽后3年又可分株。一般在秋季分株后假植，以促使伤口愈合，翌年春天定植。硬枝扦插与分株时期相同；在生长季中进行嫩枝扦插，较易生根。

主要病虫害 贴梗海棠在生长季节，易受蚜虫、刺蛾幼虫、介壳虫为害，对于这些害虫可用相应的农药防治。天气炎热时，植株叶片上有时会出现许多小黑色的圆斑，或者叶片前半部枯萎，甚至整个叶片脱落，对于这种症状，可以经常用百菌清等杀菌剂交替喷施来防治。对于贴梗海棠出现的病虫害要及早防治，一般情况是叶片脱落越早，来年花蕾就越少。

观赏特性及园林用途 本种早春叶前开花，簇生枝间，鲜艳美丽，且有重瓣及半重瓣品种，秋天又有黄色、芳香的硕果，是一种很好的观花、观果灌木。宜于草坪、庭院或花坛内丛植或者孤植，又可作绿篱及基础种植材料，是本地常用的春季花灌木。

5.20 平枝枸子

别称 铺地蜈蚣、小叶枸子、矮红子。

科属 蔷薇科枸子属。

分布 分布于中国陕西、甘肃、湖北、湖南、四川、贵州、云南。

形态特征 平枝枸子属落叶匍匐灌木，枝水平开张成整齐两列状；小枝圆柱形，幼时外被糙伏毛，老时脱落，黑褐色。

叶片近圆形或宽椭圆形，稀倒卵形。近无梗，直径5～7mm；萼筒钟状，外面有稀疏短柔毛，内面无毛。

生长习性 喜温暖湿润的半阴环境，耐干燥和瘠薄的土地，不耐湿热，有一定的耐寒性，怕积水。

繁殖方法及栽培技术要点 平枝枸子的繁殖常用扦插和种子繁殖。春夏都能扦插，夏季嫩枝扦插成活率高。种子秋播或湿砂存积春播。新鲜种子可采后即播，干藏种子宜在早春1—2月播种。移栽宜在早春进行，大苗需带土球。

修剪：在冬季植株进入休眠或半休眠期，要把瘦弱、病虫、枯死、过密等枝条剪掉。也可结合扦插对枝条进行整理。

主要病虫害 平枝枸子的病虫害很少，主要有蚜虫、红蜘蛛、介壳虫等。可用乐果乳剂喷雾防治。主要病害是根腐病，可用1%的多菌灵液喷雾防治，每半个月1次，效果很好。

观赏特性及园林用途 平枝枸子枝叶横展，叶小而稠密，花密集枝头，晚秋时叶色红色，红果累累，是布置岩石园、庭院、绿地和墙沿、角隅的优良材料。平枝枸子的主要观赏价值是深秋的红叶。在深秋时节，平枝枸子的叶子变红，分外绚丽。因平枝枸子较低矮，远远看去，好似一团火球，很是鲜艳。平枝枸子的花和果实也有观赏价值。其花因开放在初夏，它的粉红花朵在群绿中却默默开放。粉花和绿叶相衬，分外绚丽。平枝枸子的果实为小红球状，终冬不落，雪天观赏，别有情趣。平枝枸子是一种很好的园林植物，特别是在园林中和假山叠石相伴，在草坪旁、溪水畔点缀，相互映衬，景观绮丽。平枝枸子的小枝平行是一层一层的，故树形也很美。

5.21 棣棠

别称 地棠（鄢陵）、黄榆叶梅、黄度梅、山吹、麻叶棣棠、黄花榆叶梅。

科属 蔷薇科棣棠属。

分布 原产中国华北至华南，分布于安徽、浙江、江西、福建、河南、湖南、湖北、广东、甘肃、陕西、四川、云南、贵州、北京、天津等。

形态特征 落叶丛生无刺灌木，高1.5～2m；叶卵形至卵状椭圆形，长2～8cm，宽1.2～3cm，先端渐尖，基部截形或近圆形，边缘有锐尖重锯齿，叶背疏生短柔毛；叶柄长0.5～1.5cm，无毛；托叶钻形，膜质，边缘具白毛。花单生于当年生侧枝顶端，花梗长1～1.2cm，无毛；花金黄色，直径3～4.5cm；萼筒无毛，萼裂片卵状三角形或椭圆形，长约0.5cm，全缘，两面无毛；花瓣长圆形或近圆形，长1.8～2.5cm，先端微凹；雄蕊长不及花瓣之半；花柱顶生，与雄蕊近等长。瘦果褐黑色、扁球形。花期5—6月，果期7—8月，单颗果子。

生长习性 棣棠喜欢温暖的气候，耐寒性不是很强，故在本地园林中宜选背风向阳处栽植，喜温暖和湿润的气候，较耐阴，不甚耐寒，对土壤要求不严，耐旱力较差。

繁殖方法及栽培技术要点 生产中常采用播种、分株、扦插3种方法繁殖，但多用扦插和分株进行繁殖。分株于晚秋或早春进行，也可用硬枝或嫩枝分别于早春、晚夏扦插。若要大量繁殖原种，则可采用播种法。栽培管理比较简单。

因花芽在新梢上形成，需谢花后短截，每隔2～3年应行重剪1次，更新老枝，促多发新枝，使之年年枝花繁茂。

主要病虫害 常有褐斑和枯枝病为害，可用50%多可灵湿性粉剂1 000倍液喷洒。

观赏特性及园林用途 棣棠花、枝、叶俱美，丛植于篱边、墙际、水畔、坡地、林缘及草坪边缘。如与深色的背景相衬托，使鲜黄色花枝显得更加鲜艳，作为夏季花卉品种进行应用，但成活率较低，不宜大量栽植，可种植在公园游园、景观带等。

5.22 紫穗槐

别称 棉槐、椒条、棉条、穗花槐、紫翠槐、板条。

科属 蝶形花科（豆科）紫穗槐属。

分布 紫穗槐原产美国东北部和东南部。中国东北、华北、西北及山东、安徽、江苏、河南、湖北、广西、四川等省区均有栽培。

形态特征 落叶灌木，丛生，高1～4m。小枝灰褐色，嫩枝密被短柔毛。叶互生，奇数羽状复叶，长10～15cm，有小叶11～25片，基部有线形托叶；叶柄长1～2cm；小叶卵形或椭圆形，长1～4cm，宽0.6～2.0cm，先端圆形，锐尖或微凹，有一短而弯曲的尖刺，基部宽楔形或圆形，下面有白色短柔毛，具黑色腺点。

穗状花序常1至数个顶生和枝端腋生，长7～15cm，密被短柔毛；花有短梗；苞片长3～4mm；花萼长2～3mm，萼齿三角形，较萼筒短；旗瓣心形，紫色，无翼瓣和龙骨瓣；雄蕊10，下部合生成鞘，上部分裂，包于旗瓣之中，伸出花冠外。荚果下垂，长6～10mm，宽2～3mm，微弯曲，顶端具小尖，棕褐色，表面有凸起的疣状腺点。花、果期5—10月。

生长习性 紫穗槐喜欢干冷气候，在年均气温10～16℃，年降水量500～700ml的华北地区生长最好。耐寒性强，耐干旱能力也很强，能在降水量200ml左右地区生长。也具有一定的耐淹能力，虽浸水1个月也不至死亡。对光线要求充足，对土壤要求不严。能耐盐碱，在土壤含盐量达0.3%～0.5%下也能生长。

繁殖方法及栽培技术要点 繁殖方式为播种、扦插和分株法。紫穗槐是荚果，荚壳极难脱离，故一般带荚播种，但因种荚坚硬有蜡质，种子未经处理直播的不易吸水，出苗迟，所以播前应进行种子处理。种子处理可采用浸种法和碾磨法。

还可采用插条繁殖，春、秋两季均可，但以秋季成活率高。秋末紫穗槐落叶后选用一年生以上的枝条，剪成20cm左右的小段，下端斜切，上端削平，然后插入泥土中并压实。注意使插条芽眼朝上。若遇土壤干燥，须先浇水后扦插，插后要保持土壤湿润。分株法在大苗时可利用。

主要病虫害 紫穗槐具有很强的生命力，抗逆性很强，无病害，但偶有蓑蛾为害叶片，可用药剂喷杀或捕杀。

观赏特性及园林用途 紫穗槐虽为灌木，但枝条直立匀称，可以经整形培植为直立单株，树形美观。

紫穗槐抗风力强，生长快，生长期长，枝叶繁密，是防风林带紧密种植结构的首选树种。紫穗槐郁闭度强，截留雨量能力强，萌蘖性强，根系广，侧根很多，生长快，不易生病虫害，具有根瘤，改土作用强，是保持水土的优良植物材料。

可用于本地区重度盐碱地分布地区的绿化。

5.23 锦鸡儿

别称 黄雀花、土黄豆、粘粘袜、酱瓣子、阳雀花、黄棘。

科属 蝶形花科（豆科）锦鸡儿属。

分布 主要产于中国北部及中部，西南也有分布。

形态特征 灌木，高达1.5m。枝细长，开展，有角棱。托叶针刺状。小叶四枚，成远离的两对，倒卵形，长1～3.5cm，叶端圆而微凹。花单性，红黄色，长2.5～3cm，花梗长约1cm，中部有关节。荚果长3～3.5cm。花期4—5月。

生长习性 性喜光，亦较耐阴，耐寒性强，在-50℃的低温环境下可安全越冬，耐干旱瘠薄，对土壤要求不严，在轻度盐碱土中能正常生长，忌积水，长期积水易造成苗木死亡。

繁殖方法及栽培技术要点 繁殖常用播种、分株、扦插、压条等方法。播种采后即播，如经干藏，次春播种前应行浸种催芽；亦可用分株、压条、根插法繁殖。

主要病虫害 因生长在无污染的山区、半山区，病虫害极少，无需施药防治。

观赏特性及园林用途 本种叶色鲜绿，花亦美丽，在园林中可植于岩石旁、小路边，或作绿篱用，亦可做盆景材料，又是良好的蜜源及水土保持植物。

在本地区主要在公园游园少量应用。

5.24 金叶莸

科属 马鞭草科莸属。

分布 主要栽种于中国华北、华中、华东及东北地区温带针阔叶混交林区。

形态特征 株高50～60cm，枝条圆柱形。单叶对生，叶长卵形，长3～6cm，叶端尖，基部圆形，边缘有粗齿。叶面光滑，鹅黄色，叶背具银色毛。聚伞花序紧密，腋生于枝条上部，自下而上开放；花萼钟状，二唇形裂，下萼片大而有细条状裂,雄蕊;花冠、雄蕊、雌蕊均为淡蓝色,花紫色,聚伞花序,腋生,蓝紫色,花期在夏末秋初的少花季节(7—9月),可持续2~3个月。

生长习性 喜光,也耐半阴、耐旱、耐热、耐寒,在-20℃以上的地区能够安全露地越冬。根据观察,越是天气干旱,光照强烈,其叶片越是金黄;如长期处于半庇荫条件下,叶片则呈淡黄绿色。在年降水量300~400mm、土壤pH值为9、含盐量0.3%的条件下能正常生长,较耐瘠薄,在陡坡、多砾石及土壤肥力差的地区仍生长良好。

繁殖方法及栽培技术要点 金叶莸播种或扦插繁殖。以播种繁殖为主,一般于秋季冷凉环境中进行盆播,也可在春末进行软枝扦插或至初夏进行嫩枝扦插。

金叶莸耐旱、耐寒、耐粗放管理,生长季节愈修剪,叶片的黄色愈加鲜艳。

值得注意的是,其根、根颈及附近部位的枝条皮层易腐烂变褐,引起植株死亡。应在雨季少浇水,防止洪涝。

主要病虫害 虫害主要预防介壳虫,介壳虫会造成叶片扭曲。可用介霸、介安、介脱2 000倍液进行喷药预防。

观赏特性及园林用途 观叶类,园林用途广,单一造型组团,或与红叶小檗、侧柏、龙柏、小叶黄杨等搭配组团,黄、红、绿,色差鲜明,组团效果极佳。特别在草坪中,流线型大色块组团,亮丽而抢眼,常常成为绿化效果中的点睛之笔。可作大面积色块及基础栽培,可植于草坪边缘、假山旁、水边、路旁,是一个良好的彩叶树种,是点缀夏秋景色的好材料。

5.25 紫珠

别称 珍珠枫、白棠子树。

科属 马鞭草科紫珠属。

分布 分布于中国河南、江苏、安徽、浙江、江西、湖南、湖北、广东、广西、四川、贵州、云南。越南也有分布。

形态特征 灌木,高约2m;小枝、叶柄和花序均被粗糠状或星状毛。叶对生,偶有3叶轮生。聚伞花序宽3~4.5cm,4~5次分枝,花序梗长不超过1cm。

生长习性 喜温、喜湿、怕风、怕旱,适宜气候条件为年平均温度15~25℃,年降水量1 000~1 800mm,土壤以红黄壤为好,在阴凉的环境生长较好。

繁殖方法及栽培技术要点 播种育苗和扦插育苗。播种量1kg/亩,播后用筛细的黄心土覆盖,厚约0.5cm,上面再盖芒萁或稻草。

扦插育苗一般在春季扦插，在3月采取2～3年生健壮、性状优良的母树上已木质化的枝条。

主要病虫害 常见病害有锈病和白粉病。这两种病害都与植株枝条过密，不通风有关，故此应加强修剪。可用70%甲基托布津700倍液进行喷雾，每隔7天1次，连续喷3～4次可有效控制住病情。

常见虫害有红蜘蛛、夜蛾。如果有夜蛾为害，可用1.8%阿维菌素乳油5 000倍液杀灭。

观赏特性及园林用途 植株矮小，入秋紫果累累，色美而有光泽，状如玛瑙，主要观赏其果实，可作为秋景树，多应用于专类园、公园、游园等。应用范围目前较窄。

5.26 枸杞

别称 枸杞菜、枸杞头。

科属 茄科枸杞属。

分布 主要分布在中国西北地区。

形态特征 多分枝灌木，高达1余米。枝条细长，常弯曲下垂，幼枝有棱角，外皮灰色，无毛，通常具短棘，生于叶腋，长约5cm。叶互生或数片丛生。花腋生，通常单生或数花簇生；花萼钟状，长3～4mm，先端3～5裂；花冠漏斗状。

生长习性 枸杞喜冷凉气候，耐寒力很强。当气温稳定通过7℃左右时，种子即可萌发，幼苗可抵抗-3℃低温。春季气温在6℃以上时，春芽开始萌动。枸杞在-25℃越冬无冻害。

繁殖方法及栽培技术要点 一般播种繁殖或者扦插繁殖。春播3月下旬至4月上旬，按行距40cm开沟条播，深1.5～3cm，覆土1～3cm。

扦插繁殖：在优良母株上，采粗0.3cm以上的已木质化的一年生枝条，剪成18～20cm长的插穗，按株距6～10cm斜插在沟内。

主要病虫害 病害有枸杞黑果病，为害花蕾、花和青果。可在结果期用1：1：100波尔多液喷洒；雨后立即喷50%退菌特可湿性粉剂600倍液，效果较好。

根腐病：可用50%甲基托布津1 000～1 500倍液或50%多菌灵1 000～1 500倍液浇注根部。

虫害有枸杞实蝇，可在越冬成虫羽化时，地面撒50%西维因粉45kg/hm^2，摘除蛆果深埋，秋冬季灌水或翻土杀死土内越冬蛹。枸杞负泥虫，可在春季灌溉松土，破坏越冬场所杀死虫源，4月中旬于杞园地面撒5%西维因粉（1kg加细土5~7kg），杀死越冬成虫，敌百虫800~1 000倍液防治。

观赏特性及园林用途　由于耐干旱，可生长在沙地，因此可作为水土保持的灌木，而且由于其耐盐碱，成为盐碱地开树先锋。花朵紫色，花期长，入秋红果累累，缀满枝头，状若珊瑚，颇为美丽，是庭园秋季观果灌木。可供池畔、河岸、山坡、径旁、悬崖石缝等处栽植。

5.27　红瑞木

别称　凉子木、红瑞山茱萸。

科属　山茱萸科梾木属。

分布　分布于中国黑龙江、吉林、辽宁、内蒙古、河北、陕西、甘肃、青海、山东、江苏、江西等省区。

形态特征　灌木，小枝血红色；幼枝有淡白色短柔毛，后即秃净而被蜡状白粉，老枝红白色，散生灰白色圆形皮孔及略为突起的环形叶痕。冬芽卵状披针形，长3~6mm。叶对生，纸质，椭圆形，稀卵圆形。

伞房状聚伞花序顶生，较密，宽3cm，被白色短柔毛；总花梗圆柱形，长1.1~2.2cm，被淡白色短柔毛；花小，白色或淡黄白色。

生长习性　喜欢潮湿温暖的生长环境，适宜的生长温度是22~30℃，光照充足。红瑞木喜肥，在排水通畅、养分充足的环境，生长速度非常快。夏季注意排水，冬季在北方有些地区容易冻害。

繁殖方法及栽培技术要点　用播种、扦插和压条法繁殖。播种时，种子应沙藏后春播。扦插可选一年生枝，秋冬沙藏后于翌年3—4月扦插。压条可在5月将枝条环割后埋入土中，生根后在翌春与母株割离分栽。

主要病虫害　病害：叶斑病，栽植不宜过密，适当进行修剪，以利于通风、透光。浇水时尽量不沾湿叶片，最好在晴天上午进行为宜。喷70%甲基托布津可湿性粉剂1 000倍液，或25%多菌灵可湿性粉剂250~300倍液，或75%百菌清可湿性粉剂700~800倍液防治。每隔10天喷1次。病害严重时，可喷施杀65%代森锌600~800倍液，或50%多菌灵1 000倍液，以控制病害蔓延和扩展。

防治白粉病，可喷洒200倍等量式波尔多液或百菌清800倍液，一旦发生这种病害，除了摘除病叶外，还需喷洒0.3~0.5波美度石硫合剂。

防治茎腐病，可于3月萌芽喷洒4~5波美度的石硫合剂，雨季前喷洒1：

1：200的波尔多液。

虫害：防治蚜虫，可喷洒50%辟蚜雾超微可湿性粉剂2 000倍液或20%灭多威乳油1 500倍液、50%蚜松乳油1 000～1 500倍液、50%辛硫磷乳油2 000倍液、80%敌敌畏乳油1 000倍液防治。

观赏特性及园林用途　园林中多丛植草坪上或与常绿乔木相间种植，有红绿相映之效果。枝干全年红色，是园林造景的异色树种。红端木秋叶鲜红，小果洁白，落叶后枝干红艳如珊瑚，是少有的观茎植物，也是良好的切枝材料。本地区常做花篱栽植。

5.28　紫叶小檗

别称　红叶小檗。

科属　小檗科小檗属。

分布　原产中国华东、华北及秦岭以北。

形态特征　紫叶小檗是日本小檗的自然变种，落叶灌木。幼枝淡红带绿色，无毛，老枝暗红色具条棱；节间长1～1.5cm，叶菱状卵形，花2～5朵，成近簇生的伞形花序。

生长习性　喜欢潮湿温暖的生长环境，适宜的生长温度是22～30℃，光照充足。喜肥，在排水通畅、养分充足的环境，生长速度非常快。夏季注意排水，冬季在北方有些地区容易冻害。

繁殖方法及栽培技术要点　紫叶小檗在北方易结实，故常用播种法繁殖。秋季种子采收后，洗尽果肉，阴干，然后选地势较高处挖坑，将种子与沙按1：3的比例放于坑内贮藏，第二年春季进行播种，这样经过沙藏的种子出苗率高，播种易成功，也可采收后进行秋播。扦插可用硬枝插和嫩枝插两种方法。

主要病虫害　紫叶小檗最常见的病害是白粉病。此病是靠风雨传播，其传播速度极快，且为害大，故一旦发现，应立即进行处置。其方法是用三唑酮稀释1 000倍液进行叶面喷雾，每周一次，连续2～3次可基本控制病害。

观赏特性及园林用途　紫叶小檗焰灼耀人，枝细密而有刺。春季开小黄花，常年红叶，果熟后亦红艳美丽，是良好的观果、观叶和刺篱材料。园林常用于常绿树种作块面色彩布置，效果较佳。

紫叶小檗是园林绿化的重要色叶灌木，常与金叶女贞、大叶黄杨组成色块、色带及模纹花坛。

5.29　金叶接骨木

别称　公道老。

科属　忍冬科接骨木属。

分布　原产中国。

形态特征　多年生落叶灌木。植株高1.5～2.5m，树姿优美、花色艳丽，小枝髓心白色。奇数羽状复叶，小叶5～7片，有尖锯齿。新叶金黄色，老叶绿色。花成顶生的聚伞花序，径12～20cm，为白色和乳白色，有臭味。5—6月开花。浆果状核果，红色，果期6—8月。

生长习性　抗寒性强，宜植于阳光充足，中等肥力、富含腐殖质、湿润、排水良好的土壤。

繁殖方法及栽培技术要点　秋天播种繁殖，冬季枝插，早夏嫩枝扦插。扦插繁殖在3月选择长势良好、无病虫害的一年生枝条，剪成20cm插穗，扦插行距为15cm，株距为10cm。扦插后及时浇水，搭设塑料棚保湿，每隔7天浇一次水，大约20天就可生根，在秋末可移栽。

主要病虫害　斑点病和灰斑病，用75%百菌清可湿性颗粒600倍液或50%多菌灵可湿性颗粒600倍液喷雾防治。

透明疏广蜡蝉为害用10%吡虫啉可湿性粉剂2 000倍液喷杀；亚接骨木蚜用95%蚧螨灵乳剂400倍液喷杀；豹灯蛾、红天蛾用20%除虫脲悬浮剂600倍液喷杀。

观赏特性及园林用途　初夏开白花，初秋结红果，广泛应用于街头的基础种植和园林的孤植、丛植、群植等。也适用于在水边、林缘和草坪边缘栽植，可盆栽或配置花境观赏。

5.30　金银木

别称　金银忍冬、胯杷果。

科属　忍冬科忍冬属。

分布　中国南北各省。

形态特征　灌木或者小乔木，本地区形态为灌木。凡幼枝、叶两面脉上、叶柄、苞片、小苞片及萼檐外面都被短柔毛和微腺毛。

花芳香，生于幼枝叶腋，总花梗长1～2mm，短于叶柄；苞片条形，有时条状倒披针形而呈叶状，长3～6mm。

生长习性 喜光，半耐阴，耐旱、耐寒。生于林中或林缘溪流附近的灌木丛中。

繁殖方法及栽培技术要点 一般多用秋末硬枝扦插，用小拱棚或阳畦保湿保温。10—11月树木已落叶1/3以上时取当年生壮枝，剪成长10cm左右的插条，扦插密度为5cm×10cm，200株/m²，插深为插条的四分之三，插后浇1次透水。一般封冻前能生根，翌年3—4月萌芽抽枝。10—11月种子充分成熟后采集，将果实捣碎后用水淘洗并搓去果肉，选得纯净种子阴干，干藏至翌年1月中下旬，取出种子催芽。

主要病虫害 虫害主要有蚜虫，可用6%吡虫啉乳油3 000～4 000倍液，或1.2%苦·烟乳油800～1 000倍液防治。

桑刺尺蛾，可喷施含量为16 000IU/mg的BT可湿性粉剂500～700倍液，或25%灭幼脲悬浮剂1 500～2 000倍液，或20%m满悬浮剂1 500～2 000倍液等无公害农药，既不污染环境，也能取得良好防治效果。

观赏特性及园林用途 枝条繁茂、叶色深绿、果实鲜红，观赏效果颇佳。花果并美，具有较高的观赏价值。春天可赏花闻香，秋天可观红果累累。春末夏初层层开花，金银相映，远望整个植株如同一个美丽的大花球。花朵清雅芳香。在园林中，常将金银木丛植于草坪、山坡、林缘、路边或点缀于建筑周围，观花赏果两相宜。成活率高，养护成本低，是本地区常用的花灌木品种。

5.31 蓝叶忍冬

科属 忍冬科忍冬属。

分布 产于中国黑龙江大兴安岭海拔400～900m山地及海拉尔以西、以南沙丘地区。蒙古亦有分布。

形态特征 落叶灌木，株高2～3m，株型直立，紧密。单叶对生，叶卵形或卵圆形，全缘，新叶嫩绿，老叶墨绿色泛蓝色。花朵成对地生于腋生的花序柄顶端，花脂红色，花期4—5月。浆果亮红色。果期9—10月。

生长习性 喜光、耐寒，稍耐阴，耐修剪。

繁殖方法及栽培技术要点 蓝叶忍冬可采用扦插、播种、分株或压条等多种方法繁殖，园林中一般采用扦插繁殖，成活率较高。硬枝扦插可在春季结合修剪从2～4年生树上剪取粗0.3cm以上的1年生枝条，将插条剪成10～12cm，顶芽距剪口0.8～1.0cm，顶芽需饱满。

嫩枝扦插在6月上旬枝条半木质化时至落叶前均可进行，插床可采用河沙做基质，厚度15～20cm，扦插前用0.5%高锰酸钾消毒。扦插时将插条朝同一方向斜插，插后用手压实，随插随洒水，保持基质和空气湿度，同时促进插条与基质紧密结合。

主要病虫害 蓝叶忍冬病虫害较少。

观赏特性及园林用途 花美叶秀，常植于庭院、小区做观赏。其叶、花、果均具观赏价值，常植于庭园、公园等地，亦可做绿篱栽植。适合片植或带植，也可做花篱。

5.32 锦带花

别称 锦带、五色海棠、山脂麻、海仙花。

科属 忍冬科锦带花属。

分布 分布于中国黑龙江、吉林、辽宁、内蒙古、山西、陕西、河南、山东北部、江苏北部等地。

形态特征 落叶灌木，高达1～3m；幼枝稍四方形，有2列短柔毛；树皮灰色。芽顶端尖，具3～4对鳞片，常光滑。叶矩圆形、椭圆形至倒卵状椭圆形，长5～10cm，顶端渐尖，基部阔楔形至圆形，边缘有锯齿，上面疏生短柔毛，脉上毛较密，下面密生短柔毛或绒毛，具短柄至无柄。花单生或成聚伞花序生于侧生短枝的叶腋或枝顶。

生长习性 喜光，耐阴，耐寒；对土壤要求不严，能耐瘠薄土壤，但以深厚、湿润而腐殖质丰富的土壤生长最好，怕水涝，萌芽力强，生长迅速。

繁殖方法及栽培技术要点 主要是播种和扦插繁殖，播种于无风及近期无暴雨天气进行，床面应整平、整细。播种方式可采用床面撒播或条播，播种量2g/m²，播后覆土厚度不能超过0.3cm，播后30天内保持床面湿润，20天左右出苗。

扦插：锦带花的变异类型应采用扦插法育苗，种子繁殖难以保持变异后的性状。

主要病虫害 病虫害不多，偶尔有蚜虫和红蜘蛛为害，可用乐果喷杀。

观赏特性及园林用途 锦带花的花期正值春花凋零、夏花不多之际，花色艳丽而繁多，为本地区重要的观花灌木之一，其枝叶茂密，花色艳丽，花期可长达两个多月。适宜庭院墙隅、湖畔群植；也可在树丛林缘作篱笆、丛植配植；点缀于假山、坡地。锦带花对氯化氢抗性强，是良好的抗污染树种。可做花灌木栽植观赏，也可以做花篱。

5.33 天目琼花

别称 鸡树条荚蒾、鸡树条、佛头花。

科属 忍冬科荚蒾属。

分布 产自中国内蒙古、河北、甘肃及东北地区。朝鲜、日本、俄罗斯等也有分布。

形态特征 落叶灌木，高达1.5～4m；当年小枝有棱，无毛，有明显凸起的皮孔，老枝和茎干暗灰色，树皮质薄而非木栓质，常纵裂。广卵形或倒卵形，长6～12cm，通常3裂，具掌状3出脉。复伞形聚伞花序直径5～10cm，大多周围有大型的不孕花，总花梗粗壮，长2～5cm，无毛，第一级辐射枝6～8条，通常7条。

生长习性 喜光又耐阴，耐寒，多生于夏凉湿润多雾的灌丛中。对土壤要求不严，微酸性及中性土壤均能生长。根系发达，移植容易成活。

繁殖方法及栽培技术要点 播种及扦插繁殖。夏季嫩枝扦插，春秋两季硬枝扦插成活率均较高。常于春末秋初用当年生的枝条进行嫩枝扦插，或于早春用头一年生的枝条进行老枝扦插。

主要病虫害 病害主要有煤污病：多发生于夏季高温高湿期，如果有发生，首先应加强修剪，使植株保持通风透光，同时加强水肥管理，提高植株的抗病能力。然后应及时将刺吸类害虫杀除，防止病害蔓延。还可同时用75%百菌清可湿性颗粒800倍液进行喷雾。

叶片发黄：在生长旺季应注意薄肥勤施。如发现叶片发黄，可用1∶1 000的硫酸亚铁溶液喷洒叶片。

猝倒病：易在幼苗期发生，繁殖前应对土壤进行彻底消毒，如有发生，可用福美双50%可湿性粉剂500倍液进行喷雾，每周1次，直至病情痊愈可停止喷洒。也可用粉剂直接施用于根际部，用量为每平方米2g，然后用小锄进行浅翻，每周撒施一次，直至病情痊愈。

虫害防治：为害天目琼花的害虫有水木坚蚧、柳雪盾蚧和蛴螬，注意进行防治。此外，因琼花角质层的折光性为中等，故暑天不宜直接接受暴晒。

观赏特性及园林用途 宜于林下种植的耐阴树种。叶色绿、花白色、果熟时鲜红，既可观花又可观果的观赏树木。秋季还可观红叶。可用于风景林、公园、庭院、路旁、草坪上、水边及建筑物北侧。可孤植、丛植、群植。

5.34 皱叶荚蒾

别称 枇杷叶、荚蒾山枇杷、大糯米条。

科属 忍冬科荚蒾属。

分布 分布于陕西南部、湖北西部、四川东部和东南部及贵州。

形态特征 落叶灌木（小气候适合呈现半常绿状态），幼枝、芽、叶下面、叶柄及花序均被由黄白色、黄褐色或红褐色簇状毛组成的厚绒毛，毛的分枝长0.3～0.7mm；当年小枝粗壮，稍有棱角，2年生小枝红褐色或灰黑色，无毛，散生圆形小皮孔，老枝黑褐色。

生长习性 皱叶荚蒾喜温暖、湿润环境，喜光，亦较耐阴，喜湿润但不耐涝。对土壤要求不严，在沙壤土、素沙土中均能正常生长，但以在深厚肥沃、排水良好的砂质土壤中生长最好。

繁殖方法及栽培技术要点 皱叶荚蒾的繁殖可采取播种、扦插、压条、分株等方法。播种、扦插易于操作，且一次可获得大量的小苗，故较为常用。播种可采取条播，播种后覆土踩实并灌水，注意保持苗床湿润，20天左右苗子可出齐。

主要病虫害 皱叶荚蒾常见的病害是叶斑病，此病在高温高湿期易发生，故此在夏季高温期要加强通风透光，并做好预防工作。此病病原为半知菌类真菌，病菌从叶片伤口或气孔中侵入，发病初期呈黄褐色小斑点，随着病情的发展，可连接成片，最终导致叶片枯黄脱落。如有叶斑病发生，可用75%甲基托布津可湿性颗粒1 000倍液或70%代森锌可湿性颗粒400倍液进行喷雾，每周1次，连续喷3～4次可有效控制住病情。

皱叶荚蒾常见的害虫是红蜘蛛、叶蝉，如有发生，可用0.36%苦参碱水剂1 500倍液进行杀灭。

观赏特性及园林用途 皱叶荚蒾栽培容易，耐修剪。树姿优美，叶色浓绿，秋果累累。适于设计栽植在园区小气候条件或大树下，可做少量点景树栽植。

5.35 糯米条

别称 茶树条。

科属 忍冬科六道木属。

分布 中国长江以南各省区广泛分布。

形态特征 落叶多分枝灌木，高达2m；嫩枝纤细，红褐色，被短柔毛，老枝树皮纵裂。

聚伞花序生于小枝上部叶腋，由多数花序集合成一圆锥状花簇，总花梗被短柔毛，果期光滑；花芳香。

生长习性 糯米条喜温暖湿润气候，耐寒能力差。北方地区栽植，枝条易受冻害。喜光且耐阴。对土壤条件要求不严，有一定适应性，耐旱、耐瘠薄的能力较强，生长旺盛、根系发达，萌囊、萌芽力强。

繁殖方法及栽培技术要点 糯米条多采用播种、扦插方法繁殖苗木。种子于秋季成熟后采摘，进行沙藏，来年春季播种，播后30~40天出苗，培育1年即可出圃。扦插可于春季用硬枝，将枝条剪成10~15cm长的插条，插于沙床上，保持湿度，待生出根系即移入苗床。

主要病虫害 常见的有叶斑病和白粉病为害，可用70%甲基托布津可湿性粉剂1 000倍液喷洒防治。虫害有尺蛾和蛱蝶为害，用2.5%敌杀死乳油3 000倍液喷杀。

观赏特性及园林用途 糯米条树形丛状，枝条细弱柔软，大团花序生于枝前，小花洁白秀雅，阵阵飘香，该花期正值夏秋少花季节，花期时间长，花香浓郁，可谓不可多得的秋花树木，可群植或列植，修成花篱，也可栽植于池畔、路边、草坪等处加以点缀。

5.36　猬实

别称 猬实。

科属 忍冬科猬实属。

分布 中国中部至西北部。

形态特征 落叶丛生灌木，高可达3m；树皮薄片状剥裂。小枝疏生柔毛。叶椭圆形至卵状椭圆形。花冠淡红色，花药宽椭圆形，花冠钟状。

生长习性 喜充分日照；有一定耐寒力，本地能露地越冬；喜排水良好、肥沃的土壤，也有一定耐干旱瘠薄能力。

繁殖方法及栽培技术要点 播种、扦插、分株繁殖均可。管理粗放，初春及天旱时及时灌水，花后酌量修剪，不令结实，秋冬酌施肥料，则翌年开花更为繁茂，每3年可视情况重剪1次，以便控制株丛，使之较为紧密。

主要病虫害 猬实病虫害较少。5—6月和秋季偶有蚜虫为害，可用40%氧化乐果乳油稀释800~1 000倍液喷雾防治。另外，锈病也是常见病害，也要加强防治。

观赏特性及园林用途 夏秋全树挂满形如刺猬的小果，作为观果花卉，亦属别致，是初夏北方重要的花灌木之一。猬实于园林中群植、孤植、丛植均美。既可作为孤植树栽植于房前屋后、庭院角隅，也可三三两两呈组状栽植于草坪、山石旁、水池边或坡地，使造景观更加贴近自然，还可以与乔木、绿篱等一起配置于道路两侧、花带等形成一个多变的、多层次的立体造型，既增加了绿化层次，又丰富了园林景色。在本地区为丰富品种，可做少量栽植，但需加强养护管理。

5.37 木槿

别称 无穷花。

科属 锦葵科木槿属。

分布 中国各地均有栽培。

形态特征 木槿是落叶灌木，高3~4m，小枝密被黄色星状绒毛。叶菱形至三角状卵形。

蒴果卵圆形，直径约12mm，密被黄色星状茸毛；种子肾形，成熟种子黑褐色，背部被黄白色长柔毛。

生长习性 木槿对环境的适应性很强，较耐干燥和贫瘠，对土壤要求不严格，尤喜光和温暖潮润的气候。稍耐阴、喜温暖、湿润气候，耐修剪、耐热又耐寒，好水湿而又耐旱，对土壤要求不严，在重黏土中也能生长。萌蘖性强。

繁殖方法及栽培技术要点 木槿的繁殖方法有播种、压条、扦插、分株，但生产上主要运用扦插繁殖和分株繁殖。

分株是在早春发芽前，将生长旺盛的成年株丛挖起，以3根主枝为1丛，按株、行距50cm×60cm进行栽植。

扦插一般采用春季扦插繁殖。

主要病虫害 木槿生长期间病虫害较少，病害主要有炭疽病、叶枯病、白粉病等；虫害主要有红蜘蛛、蚜虫、蓑蛾、夜蛾、天牛等。病虫害发生时，可剪除病虫枝，选用安全、高效低毒农药喷雾防治或诱杀。

观赏特性及园林用途 木槿是夏、秋季的重要观花灌木，亦可作花篱、绿篱；木槿对二氧化硫与氯化物等有害气体具有很强的抗性，同时还具有很强的滞尘功能，是有污染工厂的主要绿化树种。在沧州地区广泛应用。

5.38 紫薇

别称 入惊儿树、百日红、满堂红、痒痒树。

科属 千屈菜科紫薇属。

分布 中国各地均有栽培。

形态特征 落叶灌木或小乔木，高可达7m；树皮平滑，灰色或灰褐色；枝干多扭曲，小枝纤细。花色玫红、大红、深粉红、淡红色或紫色、白色，直径3～4cm，常组成7～20cm的顶生圆锥花序。

生长习性 紫薇其喜暖湿气候，喜光，略耐阴，喜肥，尤喜深厚肥沃的沙质壤土，好生于略有湿气之地，亦耐干旱，忌涝，忌种在地下水位高的低湿地方，性喜温暖，而能抗寒，萌蘖性强。紫薇还具有较强的抗污染能力，对二氧化硫、氟化氢及氯气的抗性较强。半阴生，喜生于肥沃湿润的土壤上，也能耐旱，无论钙质土还是酸性土都生长良好。

繁殖方法及栽培技术要点 紫薇常用繁殖方法为播种和扦插两种方法，其中扦插方法更好，扦插与播种相比，成活率更高，植株的开花更早，成株快，而且苗木的生产量也较高。扦插繁殖可分为嫩枝扦插和硬枝扦插。

主要病虫害 主要病害有白粉病，防治方法：加强施肥，注意排水以免湿度过大并减少侵染源，结合秋、冬季修剪，消除病枯枝并集中烧毁，生长季节注意及时摘除病芽、病叶和病梢；植株发病时可喷洒25%粉锈宁可湿性粉剂3 000倍液，或70%甲基托布津可湿性粉剂1 000倍液，或80%代森锌可湿性粉剂500倍液，几种药剂交替使用效果更好。

煤污病防治方法：加强栽培管理，合理安排种植密度，及时修剪病枝和多余枝条，以利于通风、透光从而增强树势，减少发病。生长期遭受煤污病侵害的植株，可喷洒70%甲基托布津可湿性粉剂1 000倍液，或50%多菌灵可湿性粉剂1 000倍液等进行防治。

紫薇褐斑病防治方法：发病初期及时喷洒50%苯菌灵可湿性粉剂1 000倍液，或75%百菌清可湿性粉剂800倍液。

喷药防治蚜虫、介壳虫等是减少发病的主要措施。适期喷用40%氧化乐果1 000倍液或80%敌敌畏1 500倍液。防治介壳虫可用松脂合剂10～20倍液、石油乳剂等。

观赏特性及园林用途 紫薇作为优秀的观花树种，在园林绿化中，被广泛用于公园绿化、庭院绿化、道路绿化、街区城市等，在实际应用中可栽植于建筑物前、院落内、池畔、河边、草坪旁及公园中小径两旁均很相宜。作为庭院、公共绿地观赏树种，紫薇可培育成灌木或小乔木，色彩丰富，花期时间长，丰富夏、秋少花季节。既可单植，也可列植、丛植，与其他乔灌木搭配，形成丰富多彩的四季景象。开花时期花朵挥发出的油还具有消毒功能，不仅具有美化环境的作用，更起到生态环保的作用。紫薇叶色在春天和深秋变红变黄，因而在园林绿化中常将紫薇配置于常绿树群之中，以解决园中色彩单调弊端；而在草坪中点缀数株紫薇则给人以气氛柔和、色彩明快的感觉。

5.39　花椒

别称　檓、大椒、秦椒、蜀椒。

科属　芸香科花椒属。

分布　中国北起东北南部，南至五岭北坡，东南至江苏、浙江沿海地带，西南至西藏东南部；我国台湾、海南及广东不产。

形态特征　高3～7m的落叶灌木或者小乔木；茎上常有增大的皮刺和瘤状突起，茎上的刺常早落，枝有短刺，小枝上的刺基部宽而扁且劲直的长三角形，当年生枝被短柔毛。叶有小叶5～13片，叶轴常有甚狭窄的叶翼。花序顶生或生于侧枝之顶，花序轴及花梗密被短柔毛或无毛斜向背弯。

生长习性　适宜温暖湿润及土层深厚肥沃壤土、沙壤土，萌蘖性强，耐寒、耐旱，喜阳光，荫蔽条件下结实不良，抗病能力强，隐芽寿命长，故耐强修剪。不耐涝，短期积水可致死亡。忌风，不抗暴风。

繁殖方法及栽培技术要点　花椒的繁殖可采用播种、嫁接、扦插和分株四种方法。生产中以播种繁殖为主。播种分春播和秋播。春旱地区，在秋季土壤封冻前播种为好，出苗整齐，比春播早出苗10～15天；春播时间一般在"春分"前后。

扦插繁殖在5年生以下已结果的花椒树上，选取1年生枝条作插穗。插穗可用500mg/L的吲哚乙酸浸泡30min，或500mg/L的萘乙酸浸泡2h，也可采用温床催根的方法。经处理的插穗，生根成苗率高。

主要病虫害　中国花椒害虫种类很多，已知的约有132种。如花椒虎天牛、花椒介壳虫、金龟子类、花椒跳甲、花椒凤蝶、花椒刺蛾、大袋蛾、黑蚱、花椒蚜虫、花椒红蜘蛛、花椒瘿蚊等。以下简单介绍几种虫害防治措施。

花椒虎天牛防治：清除虫源，及时收集当年枯萎死亡植株，集中烧毁。人工捕杀：在7月的晴天早晨和下午进行人工捕捉成虫。

花椒介壳虫防治方法：由于蚧类成虫体表覆盖蜡质或介壳，药剂难以渗入，防治效果不佳。因此，蚧类防治重点在若虫期。物理防治：冬、春用草把或刷子抹杀主干或枝条上越冬的雌虫和茧内雄蛹；化学防治：可选择内吸性杀虫剂，如氧化乐果1 000倍液；尤以40%速扑杀800～1 000倍液效果好。

生物防治：介壳虫自然界有很多天敌，如一些寄生蜂、瓢虫、草蛉等。

花椒红蜘蛛防治方法：化学防治，必须抓住关键时期，在4—5月，害螨盛孵期、高发期用25%杀螨净500倍液、73%克螨特3 000倍液防治；或用内吸性杀虫剂氧化乐果1 000倍液；40%速扑杀800～1 000倍液；生物防治，害螨有很多天敌，如一些捕食螨类、瓢虫等，田间尽量少用广谱性杀虫剂，以保护天敌。

观赏特性及园林用途　可作为公园内点景树，用于花篱。

5.40　枸骨

别称　猫儿刺、老虎刺。

科属　冬青科冬青属。

分布　欧美、朝鲜及中国大部。

形态特征　在本地表现为落叶至半常绿灌木，高1～4m。树皮灰白色，平滑不裂；枝开展而密生。叶硬革质，矩圆形，长4～8cm，宽2～4cm，顶端扩大并有3枚大尖硬刺齿，中央1枚向背面弯，基部两侧各有1～2枚大刺齿，表面深绿而有光泽，背面淡绿色；叶有时全缘，基部圆形。花小，黄绿色，簇生于2年生枝叶腋。核果球形，鲜红色，径8～10mm，具4核。花期4—5月；果9—10（11）月成熟。

生长习性　喜光，稍耐阴；喜温暖气候及肥沃、湿润而排水良好之微酸性土壤，耐寒性不强；颇能适应城市环境，对有害气体有较强抗性。生长缓慢；萌蘖力强，耐修剪。

繁殖方法及栽培技术要点　枸骨的繁殖多采用播种法和扦插法，其中由于其种皮坚硬，种胚休眠，秋季采下的成熟种子需在潮湿低温条件下贮藏至翌年春天播种。

枸骨喜欢阳光充足、气候温暖及排水良好的酸性肥沃土壤，耐寒性较差，生长得缓慢，要多施磷肥，才能果密色鲜。

主要病虫害 枸骨病虫害很少，有时枝由于生木虱而引起煤污病，可在4—5月，每10天喷洒1次波尔多液或石硫合剂。或于早春喷洒50%乐果乳油剂2 000倍液，毒杀越冬木虱，每周一次，连续3次即可防治木虱的为害。

观赏特性及园林用途 宜作基础种植及岩石园材料，也可孤植于花坛中心、对植于前庭、路口，或丛植于草坪边缘。同时又是很好的绿篱（兼有果篱、刺篱的效果）及盆栽材料，选其老桩制作盆景亦饶有风趣。果枝可供瓶插，经久不凋。

5.41 牡丹

别称 鼠姑、鹿韭、白茸、木芍药、百雨金、洛阳花、富贵花等、花王。

科属 芍药科芍药属。

分布 中国各地均有栽培。

形态特征 牡丹是落叶灌木，分枝短而粗。叶通常为二回三出复叶。花单生枝顶，直径10～17cm；花梗长4～6cm；苞片5，长椭圆形，大小不等；花瓣5，或为重瓣，玫瑰色、红紫色、粉红色至白色。

生长习性 性喜温暖、凉爽、干燥、阳光充足的环境。喜阳光，也耐半阴，耐寒、耐干旱、耐弱碱，忌积水，怕热，怕烈日直射。适宜在疏松、深厚、肥沃、地势高燥、排水良好的中性沙壤土中生长。

繁殖方法及栽培技术要点 牡丹繁殖方法有分株、嫁接、播种等，但以分株及嫁接居多，播种方法多用于培育新品种。

牡丹的分株繁殖在明代已被广泛采用。具体方法：将生长繁茂的大株牡丹，整株崛起，从根系纹理交接处分开。每株所分子株多少以原株大小而定，大者多分，小者可少分。一般每3～4枝为一子株，且有较完整的根系。再以硫黄粉少许和泥。将根上的伤口涂抹、擦匀，即可另行栽植。牡丹分株的母株，一般是利用健壮的株丛。进行分株繁殖的母株上应尽量保留根蘖，新苗上的根应全部保留，以备生长5年可以多分生新苗。这样的株苗栽后易成活，生长亦较旺盛。根保留的越多，生长愈旺。

牡丹的嫁接繁殖，依所用砧木的不同分为两种：一种是野生牡丹；一种是用芍药根。常用的牡丹嫁接方法主要有嵌接法、腹接法和芽接法3种。

主要病虫害 牡丹上常见病害为牡丹疫病，各地广泛发生，为害严重。主要为害茎、叶、芽。茎部染病初生长条形水渍状溃疡斑，后变为长达数厘米的黑色斑，病斑中央黑色，向边缘颜色渐浅。近地面幼茎染病，整个枝条变黑枯死。病菌侵染根颈部时，出现颈腐。叶片染病多发生在下部叶片，初呈暗绿色水渍状，后变黑褐色，叶片垂萎。该病症状与灰霉病相近，但疫病以黑褐色为主，略呈皮革状，一般看不到霉层，而灰霉病呈灰褐色，长有灰色霉层。

药剂防治：发现病株及时拔除，病穴用生石灰或43%甲醛或70%敌克松可湿性粉剂500倍液消毒。

观赏特性及园林用途　可在公园内建专类牡丹园，作为春景花灌木。牡丹色、姿、香、韵俱佳，花大色艳，花姿绰约，韵压群芳。被誉为"国色天香""花中之王"，在我国传统古典园林中广为栽培。在园林中常用作专类园，可植于花台、花池观赏。自然式孤植或丛植于岩坡草地边缘或庭园等处点缀，能获得良好的观赏效果。

5.42　香茶藨子

别称　黄丁香、黄花茶藨子、香茶藨、野芹菜。

科属　虎耳草科茶藨子属。

分布　原产北美洲。中国辽宁、北京等地公园及植物园中均有栽植。

形态特征　落叶灌木，高1~2m；小枝圆柱形，灰褐色，皮梢条状纵裂或不剥裂，嫩枝灰褐色或灰棕色，具短柔毛，老时毛脱落，无刺。

生长习性　喜光，稍耐阴，耐寒，喜肥沃土壤；根萌蘖性强。

繁殖方法及栽培技术要点　香茶藨用种子和根茎繁殖。种子繁殖的生产周期长，但繁殖系数高；根茎繁殖的收获早、见效快，但繁殖系数低，长期栽种还会导致种质退化。故生产上宜用两种方法交替使用。

主要病虫害　香茶藨子常见病害有白粉病、煤污病和叶斑病。白粉病首先要加强管理，注意通风透光，增强树势，结合修剪去除病梢、病叶，以减少病源。发病初期可用15%粉锈宁1 500倍液或50%多菌灵1 000倍液进行防治，每隔7天1次，连续喷洒3~4次可以有效控制病情。

煤污病为害，首先要防治介壳虫，然后加强水肥管理和通风透光，增强树势，可用70%代森锰锌700倍液或70%甲基托布津1 000倍液进行防治，每隔7天1次，连续喷洒3~4次可有效控制住病情。

如果有叶斑病发生，可用10%多抗霉素或75%百菌清800倍液进行防治，连续喷5~6次可控制住病情。需要注意的是，叶斑病比较顽固，一定要一次根治，否则极易反复发生。

香茶藨子常见虫害有柳蛎盾蚧和云星黄毒蛾。如果有柳蛎盾蚧发生，可在5月中旬至6月中旬起初孵若虫爬行期向植株枝干喷洒95%蚧螨灵乳剂400倍液进行喷杀，还应注意保护和利用蒙古光瓢虫等天敌；如果有云星黄毒蛾发生，可用黑光灯诱杀成虫，在其幼虫期可采用25%除尽悬浮剂1 000倍液进行喷杀。

观赏特性及园林用途 香茶藨子花朵繁密，花色鲜艳，花时香气四溢，且果实黄色，是花果兼赏的花灌木，适于庭院、山石、坡地、林缘丛植，也是北部盐碱地区不可多得的优良庭园绿化材料。

5.43 太平花

别称 京山梅花、山梅花。

科属 虎耳草科山梅花属。

分布 产自中国内蒙古、辽宁、河北、河南、山西、陕西、湖北。朝鲜亦有分布，欧美一些植物园有栽培。

形态特征 落叶丛生灌木，高1～2m，分枝较多；2年生小枝无毛，表皮栗褐色，当年生小枝无毛，表皮黄褐色，不开裂。

叶卵形或阔椭圆形，长6～9cm，宽2.5～4.5cm，先端长渐尖，基部阔楔形或楔形，边缘具锯齿，稀近全缘。花枝上叶较小，椭圆形或卵状披针形，长2.5～7cm，宽1.5～2.5cm；叶柄长5～12mm，无毛。

生长习性 太平花适应强，有较强的耐干旱瘠薄能力。半阴性，能耐强光照。耐寒，喜肥沃排水良好的土壤，耐旱，不耐积水。耐修剪，寿命长。

繁殖方法及栽培技术要点 播种、分株、扦插、压条繁殖。播种法是于10月采果，日晒开裂后，筛出种子密封贮藏，日晒开裂后，筛出种子密封贮藏，翌年3月即可播种，实生苗3～4年即可开花。扦插可用硬材或软材，软材插于5月下旬至6月上旬较易生根。压条、分株可在春季芽萌动前进行。

主要病虫害 一般应重点防治地老虎、蛴螬。可使用50%辛硫磷乳油1 000倍液灌根。一般情况下，可在春、夏用杀虫剂和杀菌剂防治两遍即可。

观赏特性及园林用途 其花芳香、美丽、多朵聚集，花期较久，为优良的观赏花木。宜丛植于、林缘、园路拐角和建筑物前，亦可作自然式花篱或大型花坛之中心栽植材料。在古典园林中于假山石旁点缀，尤为得体。本地区目前应用较少，建议公园、游园种植。

6 藤本攀援

6.1 紫藤

别称 朱藤、招藤、招豆藤、藤萝、黄环。

科属 蝶形花科（豆科）紫藤属。

分布 紫藤原产中国，华北地区多有分布，以河北、河南、山西、山东最为常见。朝鲜、日本亦有分布。

形态特征 木质藤本。茎长达18~30m。左旋性。奇数羽状复叶互生，小叶7~13枚，小叶卵状长椭圆形，全缘，幼时两面有白色柔毛，成熟叶无毛。总状花序侧生，长15~30cm，下垂状，花密集，萼钟状，花冠紫色或者紫红色，芳香，叶前开花，花期4—5月。荚果长条纺锤形，密生黄色有光泽的茸毛。多顶部的种子发育，近果柄端的种子败育，种子扁圆形，果期9—10月。

生长习性 喜光，稍耐阴；喜温暖，稍耐寒；喜深厚肥沃而排水良好的土壤，有一定的耐干旱、瘠薄、水湿的能力。主根深，侧根少，不耐移植。抗二氧化硫，适应城市环境。

繁殖方法及栽培技术要点 播种、扦插、压条、分株、嫁接均可繁殖。春播，播前浸种，成苗时间长。扦插，软枝、硬枝、根插皆可。压条可于落叶后进行。在北方寒冷地区应选避风向阳处栽植。冬季适当修剪，以利生长开花。栽培中注意施肥，除基肥外，花前追肥，有利于开花。管理简单。

主要病虫害 紫藤的病害主要有软腐病和叶斑病，叶斑病发生时为害紫藤的叶片，软腐病发生时会使植株整株死亡，可采用50%的多菌灵1 000倍液、50%的甲基托布津可溶性湿剂800倍液防治。

紫藤常见虫害有蜗牛、介壳虫、白粉虱等，春夏多雨季节，蜗牛经常活动，此时应定期撒石灰粉于园四周及栽培架支脚处，当通风不良时常引起介壳虫，可用800~1 000倍液速扑杀或速蚧灵喷杀。白粉虱可用3 000倍液速扑风蚜或蚜虫消喷杀。

观赏特性及园林用途 花于春天先叶开放，花序大而美，芳香，串串下垂，观赏价值很高。为中国园林设计中典型的庭园花架、画廊绿化树种，常布置于棚架、门廊、枯树及山石等处。攀缘力强，尤其适合大型棚架的布置。

6.2 地锦（爬山虎）

别称 爬墙虎、爬山虎、土鼓藤、红葡萄藤。

科属 葡萄科爬山虎属。

分布 分布于中国吉林、辽宁、河北、河南、山东、安徽、江苏、浙江、福建、台湾。朝鲜、日本也有分布。

形态特征 落叶攀缘木质藤本。茎长可达15m，卷须分枝顶端有圆盘状黏性吸盘，供吸附攀缘。小枝无毛或嫩枝时被极稀柔毛。

生长习性 地锦适应性强，既喜阳光，也能耐阴，对土质要求不严，肥瘠、酸碱均能生长。自身具有一定耐寒能力；亦耐暑热，较耐庇荫。生长势旺盛，但攀援力较差，在北方常被大风刮下。

繁殖方法及栽培技术要点 繁殖方法主要有扦插、压条，压条可于春季进行，将老株枝条弯曲埋入土中生根。第二年春，切离母体，另行栽植。硬枝扦插于3—4月进行，将硬枝剪成5~10cm一段插入土中，浇足透水，保持湿润。嫩枝扦插取当年生新枝，在夏季进行。爬山虎的生命力极强，故而繁殖极易成活。小苗成活生长一年后，即可移栽定植。栽时深翻土壤，施足腐熟基肥。当小苗长至1m长时，即应用铅丝、绳子牵向攀附物。

在生长期，可追施液肥2~3次。并经常锄草松土做围，以免被草淹没，促其健壮生长。爬山虎怕涝渍，要注意防止土壤积水。

主要病虫害 主要是煤污病，防治方法：加强栽培管理，种植密度要适当，及时修剪病枝和多余枝条、增强通风透光性。夏季高温时降低温度，及时排水，防止湿气滞留；对于介壳虫，可喷施40%速蚧杀乳油1 500~2 000倍液，6%吡虫啉可溶性液剂2 000倍液，菊酯类农药2 500倍液。上述3种药剂交替使用，每隔7~10天喷洒1次，连续喷洒2~3次，可取得良好的效果；对于蚜虫、蟓象、木虱等刺吸式害虫，可喷施6%吡虫啉3 000~4 000倍液，或5%啶虫脒乳油5 000~7 000倍液。

观赏特性及园林用途 攀援力强，生长迅速，短期即可见效，是秋季红叶植物。可作山石、老树攀援覆盖，尤其适宜墙面的垂直绿化，叶丛密布，整齐平展，秋叶红艳，还可保护墙面，效果极好。

6.3 美国地锦（五叶地锦）

别称 五叶爬山虎、爬墙虎。

科属 葡萄科爬山虎属。

分布 原产北美。中国东北、华北各地栽培。

形态特征 木质藤本。小枝圆柱形，无毛。卷须总状5～9分枝，相隔2节间断与叶对生，卷须顶端嫩时尖细卷曲，后遇附着物扩大成吸盘。叶为掌状5小叶，小叶倒卵圆形、倒卵椭圆形或外侧小叶椭圆形。花序假顶生形成主轴明显的圆锥状多歧聚伞花序，长8～20cm。

生长习性 喜温暖气候，具有一定的耐寒能力，耐阴、耐贫瘠，对土壤与气候适应性较强，干燥条件下也能生存。在中性或偏碱性土壤中均可生长。

繁殖方法及栽培技术要点 选取健壮的茎蔓，长度大概在20～30cm就可以了。也可以选择嫩枝，注意要带有叶子。夏天或者秋天都可以，嫩枝最好选择夏天。用"波浪状"的压条法，这种方法可以在雨季，即阴湿无云的天气中进行，成活率较大。如果是秋季，可以分离进行移栽，第二年再进行定植。

主要病虫害 因五叶地锦的抗逆性强，遭受病害和虫害的侵袭少，不容易感染病虫害。

观赏特性及园林用途 五叶地锦是秋季红叶植物，在园林绿化中大有可为，它整株占地面积小，向空中延伸，很容易见到绿化效果，而且抗氯气强，随着季相变化而变色，是绿化、美化、彩化、净化的垂直绿化好材料。建议多栽植，用于立体绿化。

6.4 葡萄

别称 提子、蒲桃、草龙珠、山葫芦、李桃、美国黑提。

科属 葡萄科葡萄属。

分布 世界各地栽培。

形态特征 木质藤本。小枝圆柱形，有纵棱纹，无毛或被稀疏柔毛。卷须2叉分枝，每隔2节间断与叶对生。

叶卵圆形，显著3～5浅裂或中裂，长7～18cm，宽6～16cm，中裂片顶端急尖，裂片常靠合。

生长习性　葡萄对水分要求较高，严格控制土壤中水分是种好葡萄的一个前提。葡萄在生长初期或营养生长期时需水量较多，生长后期或结果期，根部较为衰弱需水较少，要避免伤根以免影响品质。葡萄忌雨水及露水，雨多年份易造成日照不足，光合作用受限制，过多吸收水量易引起枝条徒长及湿度过高，极易引起各种疾病，如黑痘病、灰霉病等。因此在开花期尽量将枝条保持在40~70cm；容易裂果地区结果期灌水量也应加以控制。缺水及易干旱地区要适当垫盖稻草，用以保持土壤湿度，同时也可控制草的生长。

繁殖方法及栽培技术要点　繁殖方式：压条，水平压条可利用1~2年生多余的枝条，也可用当年生的新梢或副梢进行压条育苗。

砧木和接穗均达半木质化时即可开始嫁接，可一直接到成活的苗木新梢在秋季能够成熟为止。

主要病虫害　主要病害有葡萄炭疽病，防治措施：彻底清除病穗、病蔓和病叶等，以减少菌源。加强栽培管理，及时绑蔓、摘心，使架面通风。增施磷、钾肥，控制氮肥用量。

葡萄白腐病防治措施：葡萄出土后喷布5波美度石硫合剂或百菌清100倍液。

葡萄霜霉病防治措施：清除落叶、病枝探埋或烧毁。及时摘心、整枝、排水和除草，增施磷钾肥。

葡萄黑痘病防治措施：结合夏季修剪或于整个生长季节，彻底剪除病梢、摘除病果和病叶；秋季修剪后彻底清扫枯枝落叶，集中烧毁后深埋，以最大程度地减少菌源。

合理增施钾肥。以防止植株徒长，增强树势，提高抗病力；春天植株出土发芽前，喷施五氯酚钠200倍液，或3~5波美度石硫合剂；生长期在花前、花后各喷1次。1∶0.5∶（200~240）波尔多液，其他药剂有75%百菌清500倍液，或50%多菌灵1 000倍液。

观赏特性及园林用途　多应用于私家园林或私家花园中，常在侧房的建筑物南侧向阳处有栽培，辅以支架，支架可为预制或防腐木质、原木、现浇混凝土材料等。

6.5　美国凌霄

别称　美洲凌霄、洋凌霄、厚萼凌霄、杜凌霄

科属　紫葳科凌霄属。

分布 原分布于美洲。在中国广西、江苏、浙江和湖南引种栽培。越南、印度、巴基斯坦也有栽培。

形态特征 木质藤本，具气生根，长达10m。小叶9～11枚，椭圆形至卵状椭圆形，长3.5～6.5cm，宽2～4cm，顶端尾状渐尖，基部楔形，边缘具齿，上面深绿色，下面淡绿色，被毛，至少沿中肋被短柔毛。花萼钟状，长约2cm，口部直径约1cm，5浅裂至萼筒的1/3处，裂片齿卵状三角形，外向微卷，无凸起的纵肋。

花冠筒细长，漏斗状，橙红色至鲜红色，筒部为花萼长的3倍，6～9cm，直径约4cm。蒴果长圆柱形，长8～12cm，顶端具喙尖，沿缝线具龙骨状突起，粗约2mm，具柄，硬壳质。

生长习性 喜光，也稍耐阴，耐寒力较强，本地区能露地越冬，耐干旱，耐水湿；对土壤不苛求，能生长在偏碱性土壤上，又耐盐，在土壤含盐量为0.31%时也能正常生长。深根性，萌蘖力、萌芽力均强，适应性强。

繁殖方法及栽培技术要点 播种繁殖：凌霄花的播种季节为春季，但种子的成熟时间在10月左右。播种前要认真选购种子，将其浸泡在清水中2～3天，一方面可以进行催芽，提高发芽率；另一方面，将漂浮在水面的种子淘汰掉，以免播种时做无用功。

扦插繁殖：一般在每年11—12月开始准备，剪取健壮的枝条进行插穗，每个枝条长10～15cm，并且每个枝条上有3个小节，然后进行沙藏。然后等到翌年春季3—4月的时候进行扦插。

压条繁殖：一般在7月进行，选择粗壮的枝条，将藤蔓拉倒地表，分段用土掩埋，将芽露出，保持土壤湿润，50天左右就可以生根。生根之后将枝条剪下挖出移栽。

主要病虫害 病虫害比较少，但应该注意规范和及时防治，凌霄花的虫害有蚜虫、红蜘蛛、白粉虱等。

观赏特性及园林用途 多用于园林、庭院、石壁、墙垣、假山及枯树下、花廊、棚架、花门等。

6.6 扶芳藤

别称 金线风、九牛造、靠墙风、络石藤、爬墙草、爬墙风、爬墙虎。

科属 卫矛科卫矛属。

分布　中国江苏、浙江、安徽、江西、湖北、湖南、四川、陕西等省。

形态特征　常绿藤本，高1至数米；小枝方棱不明显，密生小瘤状突起，并能随处生多处细根。叶薄革质，椭圆形、长方椭圆形或长倒卵形，宽窄变异较大，可窄至近披针形。聚伞花序3~4次分枝；花序梗长1.5~3cm。

生长习性　性喜温暖、湿润环境，喜阳光，亦耐阴。在雨量充沛、云雾多、土壤和空气湿度大的条件下，植株生长健壮。对土壤适应性强，酸碱及中性土壤均能正常生长，可在砂石地、石灰岩山地栽培，适于疏松、肥沃的沙壤土生长，适生温度为15~30℃。

繁殖方法及栽培技术要点　用扦插繁殖极易成活，播种、压条也可进行。栽培管理较粗放，若要控制其枝条过长生长，可于6月或9月进行适当修剪。

主要病虫害　扶芳藤抗病能力较强，目前栽培试验中尚未发现病害发生。虫害主要是卷叶蛾，多发生在苗圃或种植密度较高、植株比较荫蔽的地方，以幼虫蚕食幼嫩茎叶或咬断嫩茎为害。在卷叶蛾幼虫初发期，可用90%敌百虫可溶性粉剂800~1 000倍液，或90%敌百虫晶体1 000倍液喷杀。

观赏特性及园林用途　该种生长旺盛，终年常绿，是庭院中常见地面覆盖植物。适宜点缀在墙角、山石等。其攀缘能力不强，不适宜作立体绿化。可对植株加以整形，使之成悬崖式盆景，置于书桌、几架上，给居室增加绿意。

6.7　金银花

别称　金银藤、银藤、二色花藤、二宝藤、右转藤、子风藤、鸳鸯藤、二花。

科属　忍冬科忍冬属。

分布　中国各省均有分布。朝鲜和日本也有分布。

形态特征　木质藤本，茎长可达10m以上，右旋缠绕，小枝中空，幼枝红褐色，幼时密被短柔毛，单叶对生。

生长习性　喜光稍耐阴，耐寒、耐旱，对土壤要求不严，以湿润、肥沃、深厚的沙壤土生长最好。根系发达，萌蘖力强。

繁殖方法及栽培技术要点　播种、扦插、压条、分株均可。10月果熟，采回堆放后熟，洗净阴干，层积贮藏，至次春4月上旬播种。

扦插繁殖：一般在雨季进行。在夏秋阴雨天气，选健壮无病虫害的1~2年生枝条截成30~35cm，摘去下部叶子作插条，随剪随用。

压条在6—10月进行。分株在春、秋两季进行。

主要病虫害 常见病害有褐斑病：剪除病叶，然后用1∶1.5∶200的波尔多液喷洒，每7~10天1次，连续2~3次；或用65%代森锌500倍稀释液或甲基托布津1 000~1 500倍稀释液，每隔7天喷1次，连续2~3次。

白粉病防治方法：清园处理病残株；发生期用50%甲基托布津1 000倍液或BO~10生物制喷雾。

炭疽病防治方法：清除残株病叶，集中烧毁；移栽前用1∶1∶（150~200）波尔多液浸种5~10min；发病期喷施65%代森锌500倍液或50%退菌特800~1 000倍液。

虫害多为蚜虫，防治方法：用40%乐果1 000~1 500倍稀释液或灭蚜松（灭蚜灵）1 000~1 500倍稀释液喷杀，连续多次，直至杀灭。

观赏特性及园林用途 金银花由于匍匐生长能力比攀援生长能力强，故更适合于在林下、林缘、建筑物北侧等处作地被栽培；还可以做绿化矮墙；亦可以利用其缠绕能力制作花廊、花架、花栏、花柱以及缠绕假山石等。可广泛用于垂直绿化。

6.8 藤本月季

别称 藤蔓月季，爬藤月季。

科属 蔷薇科蔷薇属。

分布 广泛分布于世界各地。

形态特征 藤蔓月季为落叶灌木，呈藤状或蔓状，姿态各异，可塑性强，短茎的品种枝长只有1m，长茎的达5m。其茎上有疏密不同的尖刺，形态有直刺、斜刺、弯刺、钩形刺，依品种而异。花单生、聚生或簇生，花茎从2.5~14cm不等，花色有红、粉、黄、白、橙、紫、镶边色、原色、表背双色等等，十分丰富，花型有杯状、球状、盘状、高芯等。

生长习性 适应性强，耐寒、耐旱，对土壤要求不严格，喜日照充足，空气流通，排水良好而避风的环境，盛夏需适当遮阴。

繁殖方法及栽培技术要点 藤本月季扦插难以成活，常用嫁接等无性繁殖方法进行繁殖。枝接要先将砧木砂藏。芽接一年四季均可进行且随时取芽随时接，常用"U"形接法。

主要病虫害 藤本月季雨季易患白粉病，引起落叶，应在萌芽前喷石硫合剂防治，发病时，从发病初期开始，可用75%百菌清可湿性粉剂700倍液喷洒或用50%多菌灵可湿性粉剂800～1 000倍液喷洒，或用代森锌800倍液，或等量的波尔多液，连续喷几次。

6—8月叶面易发生黑斑病，7—8月高温多雨时最重，易引起落叶，此病以防为主，于春暖时节连续3周，每周喷1次波尔多液200倍液或石硫合剂200倍液进行预防。发病时应每周喷1次甲基托布津800倍液或退菌特400倍液，收集并烧除病叶。

春秋常有蚜虫为害嫩梢叶，生长季有叶蜂咬叶呈圆孔型，可喷乐果等药防治。

观赏特性及园林用途 藤本月季是园林绿化中使用最多的蔓生植物，可作为花墙、隔离带、遮盖铁栅栏等使用。也可栽植于庭院、花园、走廊等，绿化效果明显，观赏价值颇高。

6.9 野蔷薇

别称 白残花、多花蔷薇、刺花。

科属 蔷薇科蔷薇属。

分布 野蔷薇原产中国，华北、华中、华东、华南及西南地区，主产黄河流域以南各省区的平原和低山丘陵，品种甚多，宅院庭园多见。朝鲜半岛、日本均有分布。

形态特征 野蔷薇为攀援灌木；小枝圆柱形，通常无毛，有短、粗稍弯曲皮束。小叶5～9片，近花序的小叶有时3片。花多朵，排成圆锥状花序。

生长习性 野蔷薇性强健、喜光、耐半阴、耐寒、对土壤要求不严，在黏重土中也可正常生长。耐瘠薄，忌低洼积水。以肥沃、疏松的微酸性土壤最好。

繁殖方法及栽培技术要点 多为播种繁殖，一般于3—4月进行。播后覆地膜或在播种床上设塑料小棚，8～10天后幼苗即可出土，同时要注意松土除草，当幼苗长至5～6cm高时可进行一次性间苗、定苗。

栽前应开沟施基肥。春季要经常浇水。每年从根部长出新的长枝条，当年在其侧枝上开花。花后，应剪除开过花的枝条。蔷薇十分耐寒，雨季要注意排水防涝，应施肥2～3次，促使未开花的花枝在翌年开花。

主要病虫害 主要病害有白粉病和黑斑病，可用70%甲基托布津可湿性粉剂

1 000倍液喷洒。虫害有蚜虫、刺蛾为害，用10%除虫精乳油2 000倍液喷杀。

观赏特性及园林用途 蔷薇初夏开花，花繁叶茂，芳香清幽。花形千姿百态，花色五彩缤纷，且适应性极强，栽培范围较广，易繁殖，是较好的园林绿化材料。可植于溪畔、路旁及园边、地角等处，或用于花柱、花架、花门、篱垣与栅栏绿化、墙面绿化、山石绿化、阳台、窗台绿化、立交桥的绿化等，往往密集丛生，满枝灿烂，景色颇佳。

6.10 观赏葫芦

别称 小葫芦、腰葫芦。

科属 葫芦科葫芦属。

分布 广泛分布于热带到温带地区。

形态特征 一年生攀缘草本。茎长可达10m，具软黏毛，卷须腋生，分2叉。叶心状卵形，不分裂或浅裂，缘具齿。花冠白色，漏斗状，边缘皱，清晨开放，中午凋谢；雌花小梗短。

生长习性 喜温暖湿润，不耐寒，忌炎热，要求光照充足。宜肥沃、排水良好的土壤，耐瘠薄干旱，忌积水。

繁殖方法及栽培技术要点 播种繁殖。北方可将成熟瓠果挂于室内，春天剖开取种，春天播种；南方温暖地区可直播。北方于3月在室内盆播、床播或于4—5月露地直播，种皮厚，不易吸水，要先浸种催芽，播后适当覆盖遮阴。长出3～4片真叶时定植。生长快，结果期集中，栽培中需多施氮肥，在蔓长30cm、60cm及头次采瓜后，各追肥1次，应氮、磷、钾营养均衡。果期不可使土壤过干。夏季开花，白色。秋末果实成熟，黄色。

主要病虫害 枯萎病：可选用50%多菌灵500倍稀释液、70%甲基托布津600倍稀释液。

炭疽病：可选用70%托布津600倍稀释液、75%百菌清500倍稀释液。

虫害主要有瓜蚜、瓜蝇、黄守瓜、夜蛾等。用米乐尔深施或撒施以及菊酯类农药混合杀虫双喷施即可防治。

观赏特性及园林用途 蔓长荫浓，果形别致，特别适合用于庭院棚架、篱垣、门廊的攀缘绿化，幼果可作蔬菜，成熟后可作插花配饰和药用。

6.11 观赏南瓜

别称 鼎足瓜、怪瓜、观赏西葫芦、金瓜、看瓜、卵果南瓜、玩具南瓜。

科属 葫芦科南瓜属。

分布 原产美洲。我国各地有栽培。

形态特征 一年生攀缘草本。全株被粗糙毛，茎长约3m，卷须多分叉从叶腋抽出。单叶互生，叶片广卵形，有角或不规则裂片，叶缘有细齿。花雌雄同株，单生，花冠黄色，近喇叭形。瓠果小，果肉硬。果形有圆、扁圆、长圆、卵圆、梨形等多种变化；果色有白、黄、橙等色或具纵纹等。夏季开花结果。

生长习性 喜光照充足，喜温暖，忌炎热，不耐寒；要求肥沃、疏松而排水良好的土壤。

繁殖方法及栽培技术要点 播种繁殖，北方3月在温室或冷床播种育苗，4月中旬定植。南方温暖地区可露地直播，定植后应加强肥水管理，增加追肥数次。

主要病虫害 南瓜易发生白粉病、病毒病、枯萎病、蚜虫、螨类等病虫害，苗期可用1 000倍液的瑞毒霉喷雾防治猝倒病和疫病。生长期可用800倍灭病威液+800倍多菌灵液或600倍粉锈宁液喷施以防治白粉病，用40%乐果乳油800～1 000倍液或蓟蚜清1 000倍液喷雾防治蚜虫，用800倍的抗螨23喷雾防治螨类，用20%病毒A 500倍液防治病毒病，喷药时要均匀喷洒叶子正反两面，提高防治效果。

观赏特性及园林用途 为庭院棚架常见观果型攀缘植物。形、色美观的瓠果，在绿叶烘托下，十分引人注目，美感倍增。亦可置之案头装饰摆设，果尚可食用，也是插花的良好果材。

7 竹 类

7.1 刚竹

别称 檫竹、胖竹、柄竹、台竹、光竹。

科属 禾本科刚竹属。

分布 中国华北地区、华东地区。

形态特征 竿高10~15m、径8~10cm，淡绿色。枝下各节无芽，竿环平，但分枝各节则隆起。全竿各节箨环均突起，新竹无毛，微被白粉；老竹仅节下有白粉环。节间具猪皮状皮孔区，竿箨密布褐色斑点或斑块，先端截平，边缘具较粗须毛。箨舌紫绿色，箨叶带状披针形，平直、下垂，每小枝有2~6片叶，披针形，翠绿色至冬季转黄色。

生长习性 刚竹抗性强，适应酸性土至中性土，但pH值为8.5左右的碱性土及含盐0.1%的轻盐土亦能生长，但忌排水不良。能耐-18℃的低温。

繁殖方法及栽培技术要点 可采用埋株分植方法繁殖。3月中旬，选择1~3年生、发枝低、无病虫害的刚竹母竹，在母竹根基附近15cm附近挖圈至竹鞭，将母竹和竹鞭从螺丝钉处分开挖起，根系带土5kg左右。将竹竿上各节的次枝及主竿上着地一面的侧枝剪去，侧枝2~3节短截，再平埋于育苗地。

主要病虫害 紫斑病的防治：

（1）加强刚竹林松土，去掉死、老鞭根，为新鞭伸展创造条件，施好肥（包括化肥，每亩施50kg或厩肥2 500kg），留养2~4年生的健壮母竹，提高刚竹的抗病能力；凡已发病的刚竹一律砍伐利用。

（2）镰刀菌喜欢生长在通气的酸性土壤，可结合冬季竹林抚育，在林中撒一薄层石灰，每亩撒100kg，改变酸性，并覆盖10cm左右厚的黄心土能起一定抑制作用。根据病害发生规律，在孢子传播期，喷多菌灵等农药，可防止紫病斑扩散。

观赏特性及园林用途 刚竹竿高挺秀，枝叶青翠，可配植于建筑前后、山坡、水池边、草坪一角，宜筑台种植，旁可植假山石衬托，或配植松、梅，形成"岁寒三友"之景。在本地区竹类中应用非常广泛。

7.2 早园竹

别称 沙竹、桂竹、雷竹。

科属 禾本科刚竹属。

分布 分布于中国河南、江苏、安徽、浙江、贵州、广西、湖北等省区。1928年由广西梧州西江引入美国。

形态特征 刚竹属乔木或灌木状竹类。竿高可达6m，粗5cm，中部节间长25～38cm。幼竿蓝绿色（基部数节间常为暗紫带绿色）被以渐变厚的白粉，光滑无毛；中部节间长约20cm，壁厚4mm；竿环微隆起与箨环同高。

生长习性 早园竹喜温暖湿润气候，耐旱力抗寒性强，能耐短期-20℃的低温；适应性强，轻碱地、沙土及低洼地均能生长，土壤疏松、透气、肥沃，土层深厚、透气、保水性能良好的乌沙土、沙质壤土，普通红壤、黄壤土均可，pH值为4.5～7，早园竹怕积水，喜光怕风。

繁殖方法及栽培技术要点 母株繁殖：早园竹造林除大伏天、冰冻天和竹笋生长期外均可种植，定植密度一般2.5m×3m或3m×3m，每亩70～90株。

主要病虫害 主要病害有竹丛枝病：加强抚育管理，及时松土施肥，提高抗病力。清理林地，砍除重病竹。4月之前，剪除林内所有丛枝并烧毁。

竹竿锈病：多发生在竹竿中下部或基部，夏季、冬季病部产生黄色的病菌。加强抚育管理，保持合理立竹量。清除林内重病竹。3月底之前，人工刮除黄色病菌及其周围部分竹清，注意不跳刀、不遗留。

主要虫害：蚜虫防治方式：保持竹林合理密度，增强林间通风透光；早春，用40%氧化乐果1 000～1 500倍液或80%敌敌畏800～1 000倍液喷雾防治；注意保护瓢虫、草蛉等天敌昆虫。

竹螟：俗称卷叶虫，一般在5—7月发生为害，6月中旬是为害高峰期。5—7月，用黑光灯诱杀成虫（蛾子）。6月，用20%杀灭菊酯1 000倍液或80%敌敌畏乳油1 000倍液喷雾防治。秋、冬季（10—12月），进行林地垦复，击毙幼虫或土茧。

竹小蜂：俗称炮仗虫，受害小枝节间膨大，5—9月为为害期。5月上中旬，用80%敌敌畏1 000～1 500倍液或50%杀螟松1 000倍液喷雾防治成虫。

金针虫俗称铁丝虫，是为害早园笋的主要地下害虫，土温达15℃左右时害虫活动为害，3—4月为为害高峰期。人工挖退笋时将害虫直接杀死。为害严重的竹林，在笋期过后（4月下旬），用90%敌百虫400~500倍液喷浇或用5%辛硫磷颗粒剂按每亩2~2.5kg均匀翻入土层15cm左右。

观赏特性及园林用途　早园竹林四季常青，挺拔秀丽，点缀庭园，美化环境。在本地区竹类中应用非常广泛。

7.3　紫竹

别称　黑竹、墨竹、竹茄、乌竹。

科属　禾本科刚竹属。

分布　原产中国，南北各地多有栽培，在湖南南部与广西交界处尚可见有野生的紫竹林。印度、日本及欧美许多国家均引种栽培。

形态特征　杆高4~8m，稀可高达10m，中部节长25~30cm，直径可达5cm，幼竿绿色，密被细柔毛及白粉，箨环有毛，一年生以后的竿逐渐先出现紫斑，最后全部变为紫黑色，无毛。

生长习性　阳性，喜温暖湿润气候，耐寒，能耐-20℃低温，耐阴，忌积水，适合砂质排水性良好的土壤，对气候适应性强。好光而喜凉爽，要求温暖湿润气候，年平均温度不低于15℃、年降水量不少于800mm地区都能生长。

繁殖方法及栽培技术要点　选择竿形较小、分枝低、竹鞭粗壮的二年生竹作竹种，挖掘时按竹鞭行走方向找鞭，一般留来鞭20~30cm长，去鞭40~50cm长，宿土20~30kg，留枝3~5盘，削去顶梢。母竹远距离运输，必须包好扎紧。

主要病虫害　主要病害有丛枝病、梢枯病、杆茎腐病、竹黑痣病等，主要虫害有竹织叶野螟、竹笋夜蛾、竹斑蛾、竹巢粉蚊、黄脊竹蝗等，防治方法参考刚竹、早园竹。主要通过喷洒多菌灵等药剂防治。

观赏特性及园林用途　紫竹傲雪凌霜，四季常青，紫色的竹竿与绿色的叶片交互相映，十分别致，自古至今广泛配植于庭园。杆紫黑色、叶翠绿，极具观赏价值。宜与观赏竹种配植或植于山石之间、园路两侧、池畔水边、书斋和厅堂四周。亦可盆栽，供观赏。应成活率较低，栽后注意养护管理。

7.4　黄槽竹

别称　玉镶金竹。

科属　禾本科刚竹属。

分布　中国的北京、浙江。美国在1907年从浙江余杭县塘栖引入栽培。

形态特征　形折曲，幼秆被白粉及柔毛，毛脱落后手触竿表面微觉粗糙；节间长达39cm，分枝一侧的沟槽为黄色，其他部分为绿色或黄绿色；竿环中度隆起，高于箨环。

生长习性　原产中国，在美国广泛栽培。耐寒性是本属中最强的一种，繁殖能力和适应性强。宜栽植在背风向阳处，喜空气湿润较大的环境。

繁殖方法及栽培技术要点　母株繁殖。深挖穴，浅栽竹，起苗后及时栽植，及时浇水，空气湿度低适度叶面喷水。

主要病虫害　病虫害参见刚竹与早园竹。

观赏特性及园林用途　此竹宜种植于庭院山石之间或书斋、厅堂、小径、池水旁，也可栽于盆中，置窗前、几上，别有一番情趣。应成活率较低，栽后注意养护管理。

7.5　阔叶箬竹

别称　寮竹（种子植物名称），箬竹（经济植物学），壳箬竹。

科属　禾本科箬竹属。

分布　产于中国山东、江苏、安徽、浙江、江西、福建、湖北、湖南、广东、四川等省。

形态特征　竿高0.6～1m，直径0.6～1cm；节间长约21cm，最长者可达32cm，圆筒形，在分枝一侧的基部微扁，一般为绿色，竿壁厚2.5～4mm；节较平坦；竿环较箨环略隆起，节下方有红棕色贴竿的毛环。

生长习性　较耐寒，喜湿耐旱，对土壤要求不严，在轻度盐碱土中也能正常生长，喜光，耐半阴。

繁殖方法及栽培技术要点　繁殖方法：分株繁殖、带母竹繁殖、移鞭繁殖。

主要病虫害　主要是竹丛枝病，防治方法：加强阔叶箬竹林的抚育管理，定期樵园，压土施肥，促进新竹生长；及早砍除病株，逐年反复进行，可收到良好的效果。建造新阔叶箬竹林时，不能在病区挖取母竹。

观赏特性及园林用途　阔叶箬竹植株低矮，叶宽大，常绿、姿态优美，是理想的庭院观赏和园林绿化竹种（可丛植、片植等）。在园林中栽植观赏或作地被绿化材料，也可植于河边护岸，是地被竹类。栽植后养护管理要精细。

8 草本类

8.1 多年生草本

8.1.1 芍药

别称 将离、离草、婪尾春、余容、犁食、没骨花、黑牵夷、红药等。

科属 毛茛科芍药属。

分布 中国、朝鲜、日本、蒙古及西伯利亚地区。

形态特征 宿根草本，肉质根。根由3部分组成：根颈、块根、须根，芍药的根按外观形状不同，一般又可分为三型：粗根型、坡根型、匀根型。

花一般单独着生于茎的顶端或近顶端叶腋处，也有一些稀有品种，是2花或3花并出的，蓇葖果，呈纺锤形、椭圆形、瓶形等；光滑，或有细茸毛，有小突尖。花期5月。

生长习性 喜光照，耐旱。芍药植株在一年当中，随着气候节律的变化而产生的阶段性发育变化，主要表现为生长期和休眠期的交替变化。其中以休眠期的春化阶段和生长期的光照阶段最为关键。芍药的春化阶段，要求在0℃低温下，经过40天左右才能完成，然后混合芽方可萌动生长。芍药属长日照植物，花芽要在长日照下发育开花，混合芽萌发后，若光照时间不足，或在短日照条件下通常只长叶不开花或开花异常。

繁殖方法及栽培技术要点 芍药传统的繁殖方法是分株、播种、扦插、压条等。其中以分株法最为易行，被广泛采用。播种法仅用于培育新品种、生产嫁接牡丹的砧木和药材生产。

主要病虫害 叶霉病是芍药常见的一种病害。防治措施：及时喷洒百菌清或多菌灵800~1 000倍液，并注意加强通风透气。

白绢病也是一种常见病害主要出现在土表，仔细观察会发现土表及根茎部会出现白色的柳絮物，渐渐的植株萎蔫。白绢病重点在预防，每月喷洒一次多菌灵可湿性粉剂500倍液。一旦发病，要及时剪除病株，并换新土重新栽种。

锈病的防治需定期喷施6%代森锌可湿性粉剂500倍液或石硫合剂0.3~0.4波美度，每隔10~15天喷一次，连续喷3~4次，可取得一定效果。

轮纹病防治措施：加强通风，并注意喷百菌清或多菌灵800~1 000倍液来治理。

芍药虫害有金龟子、介壳虫等，防治需要药物治疗：喷洒40%乐果乳剂1 000~1 500倍液，或80%敌敌畏1 500~2 000倍液，或50%灭蚜松乳剂1 000~1 500倍液可以短期抑制虫害。

观赏特性及园林用途　芍药可做专类园、花坛用花等，芍药花大色艳，观赏性佳，和牡丹搭配可在视觉效果上延长花期，因此常和牡丹搭配种植。

8.1.2　菊花

别称　寿客、金英、黄华、秋菊、陶菊。

科属　菊科菊属。

分布　遍及全球。

形态特征　菊花为多年生草本，高60~150cm。茎基部略木质化，茎直立，分枝或不分枝，小枝青绿色或带紫褐色。被柔毛。直径2.5~20cm，大小不一，单个或数个集生于茎枝顶端；因品种不同，差别很大。

生长习性　菊花为短日照植物，在短日照下能提早开花。

（1）温度：有一定耐寒性，但品种间有差异，多数种类的地下宿根能耐-10℃的低温，故可在华北地区露地越冬。休眠期过后，温度达到5℃以上时开始萌动，多数种类的生长适温为白天15~25℃，夜间10~15℃，35℃以上时生长缓慢，易使植株脱叶早衰。

（2）光照：菊花喜阳光充足，不耐阴，但遮去盛夏中午强烈阳光有利于其生长。秋菊和寒菊为典型的短日照植物，长日照条件下仅进行营养生长，秋菊于日照短于13h时开始花芽分化，短于12h时花蕾生长开花。夏菊日中性，对日照长度不敏感，只要达到一定的营养生长量（叶片16~17片）即可开花。也有一部分中间类型，如8—9月开花的早秋菊，其花芽分化为日中性，花蕾生长则为短日性。

繁殖方法及栽培技术要点　有营养繁殖与种子繁殖两种方法。营养繁殖包括杆插、分株、嫁接、压条及组织培养等。通常以扦插繁殖为主，其中又分芽插、嫩枝插、叶芽插。切花菊的生产主要采用扦插繁殖为主，此外，组培苗在切花菊应用量仅次于扦插苗。

主要病虫害 斑枯病又名叶枯病。4月中下旬始发，为害叶片。防治方法：收花后，割去地上植株，集中烧毁；发病初期，摘除病叶，并交替喷施1∶1∶1波尔多液和50%托布津1000倍液。

枯萎病6月上旬至7月上旬始发，开花后发病严重，为害全株并烂根。防治方法：选无病老根留种；轮作；作高畦，开深沟，降低湿度；拔除病株，并在病穴撒石灰粉或用50%多菌灵1000倍液浇灌。

虫害：菊花一年四季均有栽植，提供了害虫和害螨充足的养料与栖所。因此，菊花不管是栽培在网室或露天栽培中都逃不过害虫或害螨的为害。菊花上重要的害虫有蚜虫类、蓟马类、斜纹夜蛾、甜菜夜蛾、番茄夜蛾和二点叶螨等。次要的害虫有切根虫、拟尺蠖、斑潜蝇、粉虱、毒蛾、粉介壳虫、细螨等，种类相当多。

观赏特性及园林用途 菊花花朵隽美、栽培容易。在我国，菊花象征着长寿和高洁，除作为切花之外，广泛用于花坛、地被、盆花和花境等。

8.1.3 地被菊

科属 菊科菊属。

分布 中国华北及东北。

形态特征 地被菊是陈俊愉院士等利用我国优良野生种质资源经过多年努力，育成了极宜园林应用的菊花新品种群。植株低矮、株型紧凑，花色丰富、花朵繁多，而且具有抗寒（可在"三北"各地露地越冬）、抗旱、耐盐碱（可耐8‰含盐量）、耐半阴、抗污染、抗病虫害、耐粗放管理等优点的菊花新品种群。

生长习性 喜充足阳光，也稍耐阴，较耐旱，忌积涝。土壤要求疏松、肥沃。

繁殖方法及栽培技术要点 地被菊的繁殖包括有性繁殖和无性繁殖两种。有性繁殖即播种繁殖，这种方法成本低，繁殖系数大，可获得大量变异种，但后代性状良莠不齐。无性繁殖包括分株、扦插、嫁接等方法。为了保持地被菊的优良特性，通常采用无性繁殖，而其中分株和扦插两种方法是人们常用的繁殖方法。分株繁殖一般选在4月下旬至5月上旬的阴天进行，如连续晴天也可在下午进行。

扦插繁殖一般在4—5月在插床或苗盘中进行，两周后大部分插穗生根，一般在扦插后25~30天定植。

主要病虫害　地被菊的主要病害是叶斑病和病毒病。发现植株发病后要及时摘除病叶，剪掉病枝，清除病株并销毁。发病初期可喷洒65%代森锌可湿性粉剂500倍液或75%百菌清可湿性粉剂500倍液，每隔7~10天喷1次，连续3~4次即可。在发病前喷50%甲基托布津1000倍液或50%多菌灵500倍液，均有良好的防治效果。

被菊的主要虫害有蚜虫和蛴螬。可采用化学药剂灭杀，如喷施50%辛硫磷或50%杀螟松1 000倍液等。

观赏特性及园林用途　花色丰富，株型紧凑，用于地被、花篱，效果良好。

8.1.4　荷兰菊

别称　柳叶菊、纽约紫菀。

科属　菊科紫菀属。

分布　原产北美洲、北半球温带。中国各地广泛栽培。

形态特征　宿根草本，高60~100cm，叶互生，线状披针形，暗绿色。头状花序顶生或腋生，聚成复伞房状；总苞数层，外层较短。品种较多，紫红、浅蓝、粉或白色。花期夏秋。

生长习性　荷兰菊性喜阳光充足和通风的环境，适应性强，喜湿润但耐干旱、耐寒、耐瘠薄，对土壤要求不严，适宜在肥沃和疏松的沙质土壤生长。

繁殖方法及栽培技术要点　繁殖法有分株和扦插法，有的品种分蘖力极强，可直接用分栽蘖芽的方式，极易成活。

主要病虫害　荷兰菊的主要病害有花叶病、黄化病、菌核病、白粉病和锈病等，因此，连作田块在培土前应进行土壤消毒，可用65%托布津可湿性粉剂600倍液喷洒。

为害荷兰菊的主要虫害是地下害虫和夜蛾类害虫。在整地时用辛硫磷或丁硫克百威等防治地下害虫，9月下旬用农地乐加阿维菌素防治斜纹夜蛾等害虫。

观赏特性及园林用途　荷兰菊开花多，株丛整齐，其紫红、淡蓝、粉红的花色是秋季室外装饰不可缺少的材料。尤其与一串红、菊花（黄色）一起丰富了"国庆"用花的色彩。是常用花坛植物，用于花境也很合适。

8.1.5 金光菊

别称 黑眼菊、黄菊、黄菊花、假向日葵、肿柄菊。

科属 菊科金光菊属。

分布 中国各地庭园常见栽培。

形态特征 茎无毛或稍有短糙毛。叶互生，无毛或被疏短毛。头状花序单生于枝端，具长花序梗。总苞半球形；花托球形；舌状花金黄色；舌片倒披针形；管状花黄色或黄绿色。瘦果无毛，稍有4棱。花期7—10月。

生长习性 性喜通风良好，阳光充足的环境。对阳光的敏感性也不强。适应性强，耐寒又耐旱。对土壤要求不严，但忌水湿。在排水良好、疏松的沙质土中生长良好。虽说是草本植物，但又具有木本植物的特性，茎秆坚硬不易倒伏，还具有抗病、抗虫等特性。极易栽培，同时它对阳光的敏感性也不强，无论在阳光充足地带，还是在阳光较弱的环境下栽培，都不影响花的鲜艳效果。

繁殖方法及栽培技术要点 多采用分株及播种繁殖。金光菊繁殖可采用播种或分株繁殖，但通常多采用分株法，尤其重瓣品种。播种在春、秋均可进行，但以秋播为好。播种后2周左右便可出苗，约3周可移苗，翌年开花。分株繁殖宜在早春进行，将地下宿根挖出后分株，要具有3个以上的萌芽。播种苗和分株苗均应栽植在施有基肥与排水良好、疏松的土壤中，种植后浇透水，视光照强度，适当遮阴，活棵后揭掉。

主要病虫害 叶斑病症状：及时用10%的抗菌剂醋酸溶液喷施，差不多间隔3天施1次，这样能使症状好转起来；腐根病症状：这个病也是高发病，发病在根部，会造成根部腐烂，阻碍生长情况，导致长势出现问题。

蚜虫症状：蚜虫是高发的虫害，一般多在4月出现，会成群聚集在一起，吸食植株体内的汁水，导致它生长不良，可能会导致干枯等情况。防治：平时注意好养护，尽量避免这种情况发生。发现有蚜虫后，可以及时喷施药物菊酯，能使它们迅速地被消灭掉。

观赏特性及园林用途 金光菊株型较大，盛花期花朵繁多，且开花观赏期长、落叶期短，能长达半年，因而适合公园、机关、学校、庭院等场所布置，亦可做花坛、花境材料，也是切花、瓶插之精品，此外也可布置草坪边缘成自然式栽植。

8.1.6 黑心菊

别称 黑心金光菊、黑眼菊。

科属 菊科金光菊属。

分布 原产美国东部地区。我国各地庭园常见栽培。

形态特征 多年生草本，本地做一二年生栽植，株高60～100cm，头状花序8～9cm，重瓣花，舌状花黄色，有时有棕色黄带，管状花暗棕色。茎较粗壮，被软毛，稍分枝，具翼。互生叶粗糙，长椭圆形至狭披针形，长10～15cm，叶基下延至茎呈翼状，羽状分裂，5～7裂，茎生叶3～5裂，边缘具稀锯齿。一二年生，株高60～100cm，

生长习性 露地适应性很强，不耐寒，很耐旱，不择土壤，极易栽培，应选择排水良好的沙壤土及向阳处栽植，喜向阳通风的环境。

繁殖方法及栽培技术要点 用播种、扦插和分株法繁殖。黑心菊播种繁殖一般是在春季和秋季进行，春季3月进行播种，6—7月可以开花，秋季9月进行播种，11月定植，第二年的5月会开花。选择合适的土壤，进行播种，保持温度在20℃以上，半个月左右就可以发芽。养护一段时间，待黑心菊的小苗长到4～5片叶子的时候，就可以进行移栽了，当黑心菊的小苗成活后，正常养护即可。

主要病虫害

（1）灰霉病是黑心菊常见的病害之一，主要为害植株的叶片和茎部，使其出现斑点或腐烂。要加强管理，合理地浇水施肥，并要注意通风，雨季要及时排水，并保持卫生。当黑心菊发生灰霉病，需要及时喷洒药剂进行治疗。

（2）黑心菊发生花叶病，会在叶片上出现斑驳或者是花叶，样子变小，并且畸形。花叶病主要是由病毒引起的，可以通过昆虫进行传播。在栽植黑心菊的时候，需要选择健康的无病害植株。预防花叶病，需要防治害虫，喷洒一些药剂。

（3）根腐病是植物常见的病害，黑心菊有时候也会发生这种病害，多半是因为水分过多，土壤有积水，排水不畅，并且通风不良。防治根腐病，要注意合理浇水，并要保持生长环境的通风，发生根腐病需要及时进行治疗。

（4）黑心菊虫害主要是蚜虫为害，在蚜虫多发的时候，会出现蚜虫为害。蚜虫的为害较大，不仅会使黑心菊叶子甚至整个植株产生病变，而且还会导致花叶病等病害的发生。蚜虫的防治：蚜虫的防治是比较困难的，一旦发现需要及时进行治疗。以人工捕杀为主，使用一些安全的杀虫剂来杀虫，注意保持环境通风。

观赏特性及园林用途 花朵繁盛，适合庭院布置、花境材料，或布置草地边缘成自然式栽植。

8.1.7 大滨菊

别称 西洋滨菊、大白菊。

科属 菊科滨菊属。

分布 原产欧洲。中国北京和陕西武功有栽培。

形态特征 多年生或二年生草本植物。株高30～70cm，全株光滑无毛。茎直立，不分枝或自基部疏分枝，被长毛。

叶互生，长倒披针形，基生叶长达30cm，上部叶渐短，披针形，先端钝圆，基部渐狭，边缘具细尖锯齿。

头状花序，单生枝端，直径5～8cm。舌状花白色，舌片宽，先端钝圆；总苞片宽长圆形，先端钝，边缘膜质，中央多少褐色或绿色。瘦果，无冠毛。花、果期7—9月。

生长习性 大滨菊喜温暖湿润和阳光充足环境，耐寒性较强，耐半阴，适生温度15～30℃，不择土壤，园田土、沙壤土、微碱或微酸性土均能生长。

繁殖方法及栽培技术要点 多用分株、播种和扦插繁殖，以分株和扦插繁殖为主。分株繁殖比较容易，且成活率高，一年生大滨菊第2年分株，1墩可以分成10～15株。分株原则是地上部停止生长、有枯萎表现时分株较好。

主要病虫害 大滨菊病虫害为害相对较少，抗病虫害的能力较强。

病害：叶斑病和茎腐病，可用65%代森锌可湿性粉剂600倍液喷洒。

虫害：盲蝽和潜叶蝇，用25%西维因可湿性粉剂500倍液喷杀。

观赏特性及园林用途 大滨菊花朵洁白素雅，株丛紧凑，适宜花境前景或中景栽植，林缘或坡地片植，庭园或岩石园点缀栽植，亦可盆栽观赏或作鲜切花使用，是城镇绿化、美化环境的植物。

8.1.8 宿根天人菊

别称 车轮菊（江苏）、大天人菊。

科属 菊科天人菊属。

分布 原产北美西部。中国各地均有栽培。

形态特征 全株具长毛。叶互生，基部叶多匙形，上部叶较少，披针形及长圆形，全缘至波状羽裂。头状花序单生，总苞鳞片线状批针形，基部多毛；舌状花黄色，基部红褐色，管状花裂片或芒状。有许多变种，花色不同。

生长习性 性强健，耐寒。喜温暖。喜阳光充足、排水良好的沙质土。耐热、耐旱，易生长。

繁殖方法及栽培技术要点 播种、扦插、分株繁殖。播种于春、秋季进行，春播当年可开花。春季可根插，于8—9月嫩枝扦插。可在3—4月或9月分枝。

主要病虫害 宿根天人菊的主要病害为炭疽病，为害叶片，未发现虫害。炭疽病症状：发病初期在叶片上出现淡黄色圆斑，后期病斑边缘为黑褐色，中央为灰褐色。严重时叶片发黄，继而发黑，最后焦枯，病叶一般为中下部叶片。防治坚持"预防为主、综合防治"的方针，合理密植，及时中耕除草，第1茬花后合理修剪，增施有机肥或化肥，提高宿根天人菊抗病能力。发病时采用药剂防治，如10%苯醚甲环唑75～112.5g/hm^{2}或50%代森锌60倍液喷施。

观赏特性及园林用途 株丛松散，花色艳丽，花朵较大，是花境中的优良材料。丛植或片植于草坪、林缘、坡地等处，也有很高的观赏价值。

8.1.9 大花金鸡菊

别称 剑叶波斯菊。

科属 菊科金鸡菊属。

分布 原产美洲的观赏植物，在中国各地常栽培。

形态特征 多年生草本，高20～100cm。茎直立，下部常有稀疏的糙毛，上部有分枝。叶对生。

生长习性 大花金鸡菊对土壤要求不严，喜肥沃、湿润排水良好的沙质壤土，在板页岩、花岗岩、砂岩、石灰岩风化形成的pH值5～8的土壤上都能生长，尤其在花岗岩风化形成的pH值为5～7的土壤上生长最佳。耐旱、耐寒、耐热，最适宜温度-6～35℃，可耐极端高温40℃左右、极端低温-20℃，适应性强、繁殖容易。

繁殖方法及栽培技术要点 大花金鸡菊春、秋季均可进行播种繁殖。发芽适宜温度15～20℃。大花金鸡菊适宜播种繁殖，种子采收和保存非常重要。在每年8—10月，选择果实大部分成熟的花序剪下，晒干后去除杂质，精选出种子，置于干燥阴凉处，采用防潮的纸袋包装。大花金鸡菊的播种，可在春季秋季进行，发芽适温是15～20℃。

主要病虫害 病害：白粉病、黑斑病，为淋雨、土中杂菌所致，用百菌清和托布津交替使用且每10天1次。其中白粉病发生较为频繁，多为害叶片、叶柄，应注意通风透光，可剪除严重叶片并烧毁；增施磷、钾肥，氮肥要适量；可用70%甲基托布津可湿性粉700～800倍液、50%代森铵800～1 000倍液或50%多菌灵可湿性粉500～1 000倍液喷雾。

锈病为害叶和茎，以叶受害为重，可用50%萎锈灵乳油2 000倍液喷雾。高温高湿、通风不良，易发生蚜虫虫害，为害叶片、嫩茎、花冠等，可用40%乐果乳油1 000～1 500倍液喷雾。

虫害：蚜虫、地老虎、蛴螬，氧化乐果、杀灭菊酯交替用，且每10天1次。

观赏特性及园林用途 作为观赏美化材料，大花金鸡菊常用于花境、坡地、庭院、街心花园的美化设计中，当花盛开时，犹如铺上一层金色软缎，华丽夺目。大花金鸡菊也可用作切花或地被，还可用于高速公路绿化，有固土护坡作用，而且成本低。

8.1.10　大丽花

别称 大理花、天竺牡丹、东洋菊、大丽菊、细粉莲、笤菊。

科属 菊科大丽花属。

分布 原产墨西哥，是全世界栽培最广的观赏植物。20世纪初引入中国，现在多个省区均有栽培。

形态特征 多年生草本，有巨大棒状块根。茎直立，多分枝，高1.5～2m，粗壮。叶1～3回羽状全裂，上部叶有时不分裂，裂片卵形或长圆状卵形，下面灰绿色，两面无毛。

头状花序大，有长花序梗，常下垂，宽6～12cm。

生长习性 大丽花喜半阴，阳光过强影响开花，光照时间一般10～12h，培育幼苗时要避免阳光直射。

繁殖方法及栽培技术要点 分根和扦插繁殖是大丽花繁殖的主要方法。

分根（株）繁殖：春季3—4月，取出贮藏的块根，将每一块根及附着生于根颈上的芽一齐切割下来（切口处涂草木灰防腐），另行栽植。

扦插繁殖：选择土地耕作层深、疏松肥沃、地势平坦、排水良好的田块，深翻前每亩施过磷酸钙125kg作基肥，另加50%地亚农0.5kg进行土壤消毒，土壤深翻15cm左右，然后整理耙平，做高畦或平畦宽2m，沟深20cm，开好内外"三沟"，以利排涝。

主要病虫害　主要病害有：大丽花花叶病，及时将病株拔除烧毁，喷施50%马拉硫磷1 000倍液或40%乐果1 500倍液、25%西维因800倍液，防治传毒害虫。

大丽花灰霉病，防治方法：由于灰葡萄孢有寄生性也有腐生性，要及时将病花、病叶剪去深埋，加强栽培管理，避免栽植过密，以利通风透光。浇水时不要向植株淋浇，以免水滴飞溅传播病菌。雨后注意排除积水。

大丽花白粉病防治方法：剪除并销毁病株；发病季节用15%粉锈宁可湿性粉剂1 500倍液，或70%甲基托布津可湿性粉剂700倍液，或50%多菌灵可湿性粉剂500倍液喷雾防治。

大丽花青枯病防治方法：培育无病苗，避免在病区选择养殖材料。不要用发生过此病的土壤种植。加强管理，避免产生伤口。淋水要适当，并要防止病区灌溉水流向健株，发现病株应拔除烧毁。

观赏特性及园林用途　大丽花适宜花坛、花径或庭前丛植，矮生品种可作盆栽。

8.1.11　萱草

别称　黄花菜、金针菜、鹿葱、川草花、忘郁、丹棘。

科属　百合科萱草属。

分布　原产于中国。西伯利亚、日本和东南亚亦有栽培。

形态特征　多年生草本，根状茎粗短，具肉质纤维根，多数膨大呈窄长纺锤形。叶基生成丛，条状披针形，长30～60cm，宽约2.5cm，背面被白粉。夏季开橘黄色大花，花葶长于叶。

生长习性　性强健，耐寒，华北可露地越冬，适应性强，喜湿润也耐旱，喜阳光又耐半阴。对土壤选择性不强，但以富含腐殖质、排水良好的湿润土壤为宜。

繁殖方法及栽培技术要点　繁殖方法以分株繁殖为主，分株繁殖于叶枯萎后或早春萌发前进行，将根株掘起剪去枯根及过多的须根，分株即可。一次分株后可4～5年后再分株，分株苗当年即可开花。种子繁殖宜秋播，一般播后4星期左右出苗。夏秋种子采下后如立即播种，20天左右出苗。播种苗培育2年后开花。

主要病虫害　萱草常见的病害有叶斑病、叶枯病、锈病、炭疽病和茎枯病等，虫害主要有红蜘蛛、蚜虫、蓟马、潜叶蝇等。

防治病虫害：搞好追肥、冬培工作，以增强抗病能力；适时更新复壮老蔸；选用抗病品种等。适时用药防治，病害可用75%的百菌清800倍液喷雾防治，虫害可用艾美乐3 000倍液喷雾防治。

观赏特性及园林用途　花色鲜艳，栽培容易，且春季萌发早，绿叶成丛极为美观。园林中多丛植或于花境、路旁栽植。萱草类耐半阴，又可做疏林地被植物，是本地区最常见的地被花卉品种，有金娃娃萱草、大花萱草、红运萱草等多个品种。

8.1.12　大花萱草

别称　大苞萱草、一日百合。

科属　百合科萱草属。

分布　中国的黑龙江（带岭至镜泊湖）、吉林（通化、抚松、临江）和辽宁（连山关）。也分布于朝鲜、日本和苏联。

形态特征　多年生宿根草本，具短根状茎和粗壮的纺锤形肉质根。叶基生、宽线形、对排成2列，叶宽2~3cm，长20~110cm，背面有龙骨突起，嫩绿色。

花葶由叶丛中抽出，顶端生聚伞花序或假二歧状圆锥花序。

生长习性　大花萱草性强健，喜光照，喜温暖湿润气候，耐寒、耐旱、耐贫瘠、耐积水、耐半阴，对土壤要求不严，适应能力强，地缘或山坡均可栽培，但以腐殖质含量高、排水良好的湿润土壤为好。大花萱草对温度的适应范围很广。

繁殖方法及栽培技术要点　分株分割萱草丛块是最常用的繁殖方法。该方法操作简单，植株容易存活，长势比较一致。分株可将母株丛全部挖出，重新分栽；或者是由母株丛一侧挖出一部分植株做种苗，留下的继续生长。

分株多在春季萌芽前或秋季落叶后进行。春季分株移栽，当年即可抽葶开花；秋季分株移栽，翌年才能抽葶开花。移栽时应选用生长旺盛、花蕾多、品质好、无病虫害的植株。

主要病虫害　大花萱草最容易发生的病虫害主要是锈病和叶枯病。锈病是由锈菌目中的锈菌侵染引起的花卉病害总称，为真菌病害。一般在大花萱草中后期发生，5月上旬发生，6—7月发生严重，主要为害大花萱草的叶片和花葶，锈孢子飞散后，叶片、花葶枯死。喷洒25%粉锈宁可湿性粉剂800倍液，每隔20天喷1次，3次后防治效果可达90%以上。

叶枯病由刺盘孢属病原真菌引起，是继叶斑病后发生的苗期病害。一般5月上旬开始发病，6月上中旬发生严重，主要为害叶片和花葶，严重时全株枯死。用70%百菌青500~600倍液或65%代森锌500倍液每10~12天喷1次。

大花萱草容易发生虫害主要是红蜘蛛和蚜虫。红蜘蛛的防治主要是应用20%螨死净可湿性粉2 000倍液等进行喷施，均可达到理想的防治效果。蚜虫的防治主要是选用10%吡虫啉可量性粉剂1 000倍液或25%蚜虱立克乳油3 000倍液等喷雾防治。

观赏特性及园林用途　大花萱草适应性强，品种繁多，花期长，花型多样，花色丰富，可谓色形兼备，是园林绿化中的好材料，它可以用在花坛、花境、路缘、草坪、树林、草坡等处营造自然景观，是本地区最常用的地被花卉之一。

8.1.13　金娃娃萱草

别称　黄百合。

科属　百合科萱草属。

分布　原产北美。在中国华北、华中、华东、东北等地园林绿地推广种植。

形态特征　叶基生，条形，排成两列，长约25cm，宽1cm。株高30cm，花葶粗壮，高约35cm。螺旋状聚伞花序，花7~10朵。花冠漏斗形，花径7~8cm，金黄色。花期5—11月（6—7月为盛花期，8—11月为续花期）。

生长习性　喜光，耐干旱、湿润与半阴，对土壤适应性强，但以土壤深厚、富含腐殖质、排水良好的肥沃的沙质壤土为好。病虫害少，在中性、偏碱性土壤中均能生长良好。性耐寒，地下根茎能耐-20℃的低温。

繁殖方法及栽培技术要点　可用组织培养、分株繁殖方法。"金娃娃"年繁殖系数一般为1：6，肥沃土壤可达1：10。分株可在休眠期进行。

主要病虫害　金娃娃萱草锈病、叶斑病和叶枯病的预防，应在加强栽培管理的基础上，及时清理杂草、老叶及干枯花葶。在发病初期，锈病用15%粉锈宁喷雾防治1~2次，叶枯病、叶斑病用50%代森锰锌等喷雾防治。

观赏特性及园林用途　"金娃娃"花期长达半年之久，且早春叶片萌发早，翠绿叶丛甚为美观。加之既耐热又抗寒，适应性强，栽培管理简单，适宜在城市公园、广场等绿地丛植点缀。

8.1.14　玉簪

别称　玉春棒、白鹤花、玉泡花、白玉簪。

科属 百合科玉簪属。

分布 原产中国及日本。分布于中国四川、湖北、湖南、江苏、安徽、浙江、福建及广东等地。欧、美各国也多有栽培。

形态特征 根状茎粗厚，粗1.5～3cm。叶卵状心形、卵形或卵圆形，长14～24cm，宽8～16cm，先端近渐尖，基部心形，具6～10对侧脉；叶柄长20～40cm。

花葶高40～80cm，具几朵至十几朵花；花的外苞片卵形或披针形，长2.5～7cm，宽1～1.5cm；内苞片很小；花单生或2～3朵簇生，长10～13cm，白色，芬香；花梗长约1cm；雄蕊与花被近等长或略短，基部15～20mm贴生于花被管上。

蒴果圆柱状，有三棱，长约6cm，直径约1cm。花果期8—10月。

生长习性 玉簪性强健，耐寒冷，性喜阴湿环境，不耐强烈日光照射，要求土层深厚，排水良好且肥沃的沙质壤土。

繁殖方法及栽培技术要点 温度与光照：玉簪是较好的喜阴植物，露天栽植以不受阳光直射的遮阳处为好。秋末天气渐冷后，叶片逐渐枯黄。露地栽培可稍加覆盖越冬。

分株：春季发芽前或秋季叶片枯黄后，将其挖出，去掉根际的土壤，根据要求用刀将地下茎切开，最好每丛有2～3块地下茎和尽量多的保留根系，栽在盆中，这样利于成活，不影响翌年开花。

播种：秋季种子成熟后采集晾干，翌春3—4月播种。播种苗第一年幼苗生长缓慢，要精心养护，第二年迅速生长，第三年便开始开花，种植穴内最好施足基肥。

主要病虫害 玉簪喜欢半阴和湿润的环境，不能放在阳光下晒。当受到强光照射，轻则叶片变薄发黄，重则叶缘枯焦长病斑，出现这种现象就是日灼病，是一种生理性病害。防治措施：将其放在树荫下或建筑物的北侧，避免强光照射。

玉簪炭疽病防治措施：秋末将已经枯萎的残叶清除，一定要处理干净，及时摘除病叶，在雨季注意避雨；喷洒药剂：发病时用70%甲基托布津800倍液喷雾，每10天喷1次，根据病情喷可以适当增加次数。

玉簪叶点霉斑点病防治措施：加强管理，多施肥，培育壮苗；少淋雨，适时浇水；多通风，降低温度。注意及时清除病残体；发病初期，及时清理病叶，用波尔多液加0.1%硫黄粉按照1∶0.5∶200进行混合，5～7天喷洒1次，共喷2～

3次。

玉簪灰斑病防治措施：浇水时注意不要从植株上方浇水，减少病菌借助水滴飞溅四处传播；发病时，可喷施1%波尔多液，及时杀菌。

玉簪的虫害主要有蜗牛蚜虫、白粉虱。解决办法：植株出现蚜虫、白粉虱，用10%的蚜虱净2 000倍液喷洒叶面。

观赏特性及园林用途　玉簪是很好的阴生植物，在园林中可用于树下作地被植物，或植于岩石园或建筑物北侧，也可盆栽观赏或作切花用。花期是6—9月。现代庭园，多配植在林下草地、岩石园或建筑物背面，正是"玉簪香好在，墙角几枝开"，也可三两成丛点缀于花境中。

8.1.15　紫萼

别称　紫玉簪。

科属　百合科玉簪属。

分布　中国河北、陕西、华东、中南、西南各省区。日本也有分布。

形态特征　根状茎粗0.3～1cm。叶卵状心形、卵形至卵圆形，长8～19cm，宽4～17cm，

先端通常近短尾状或骤尖，基部心形或近截形，极少叶片基部下延而略呈楔形，具7～11对侧脉；叶柄长6～30cm。

花葶高60～100cm，具10～30朵花；苞片矩圆状披针形，长1～2cm，白色，膜质；花单生，长4～5.8cm，盛开时从花被管向上骤然作近漏斗状扩大，紫红色；花梗长7～10mm；雄蕊伸出花被之外，完全离生。

蒴果圆柱状，有三棱，长2.5～4.5cm，直径6～7mm。花期6—7月，果期7—9月。

生长习性　阴性植物，喜阴，忌阳光长期直射，分蘖力和耐寒力极强，对土壤要求不严格，一般的土质均能良好地生长。

繁殖方法及栽培技术要点　多于春、秋季分株繁殖，也可播种或组织培养繁殖。

主要病虫害　病害有白绢病，主要是植株间过于密集、雨季积水时间过长造成的。病株根颈表皮呈褐色水渍状，长有月色菌丝，最后形成白色菌丝层，状如白色丝绢，导致叶柄基部腐烂、倒伏。药物防治：发病初期用50%多菌灵600～800倍液或25%克枯星300～400倍液浇灌基部。

炭疽病，多雨时节排水不畅、湿度过大造成。主要为害叶片、叶柄和花梗，植株长有圆形或近圆形现斑，呈灰褐色或灰白色。药物防治：用70%甲基托布津600～800倍液或80%炭疽福美600倍液喷施。

观赏特性及园林用途　紫萼是阴生观叶植物，或丛植于岩石园或建筑物北侧，也可作为地被植物应用。

8.1.16　郁金香

别称　洋荷花、草麝香、郁香、荷兰花。

科属　百合科郁金香属。

分布　原产地中海沿岸及中亚细亚和土耳其等地。本种为广泛栽培的花卉，因历史悠久，品种很多。

形态特征　多年生草本。鳞茎偏圆锥形，直径2～3cm，外被淡黄至棕褐色皮膜，内有肉质鳞片2～5片。

生长习性　郁金香属长日照花卉，性喜向阳、避风，冬季温暖湿润、夏季凉爽干燥的气候。8℃以上即可正常生长，一般可耐-14℃低温。耐寒性很强，在严寒地区如有厚雪覆盖，鳞茎就可在露地越冬，但怕酷暑，如果夏天来得早，盛夏又很炎热，则鳞茎休眠后难于度夏。要求腐殖质丰富、疏松肥沃、排水良好的微酸性沙质壤土。忌碱土和连作。

繁殖方法及栽培技术要点　郁金香常用分球和播种繁殖。栽种的母球生长过一季后，周围出现许多小鳞茎，将鳞茎按大小分类，分开种植，大球开花较早，当年栽种，当年开花，小球需要1～2年开花。播种繁殖适宜大量栽种，多用于培育新品种。首先，选购好种子，可以多个品类混合播种。10月播种在室内的土盆中，室外用塑料薄膜覆盖，第二年春天就发芽。3—4月开花。

主要病虫害　郁金香的病害主要有腐朽菌核病、灰霉病和碎色花瓣病。防治方法：首先是尽可能选用无病毒种球，并进行土壤和种球的消毒，及时焚烧病球、病株等，然后每半个月用5%苯来特可湿性乳剂2 500倍液喷杀。郁金香的虫害主要有蚜虫和根螨，蚜虫一般采用40%乐果乳剂1 000倍液喷杀。

观赏特性及园林用途　郁金香是世界著名的球根花卉，还是优良的切花品种，花卉刚劲挺拔，叶色素雅秀丽，荷花似的花朵端庄动人，惹人喜爱。用于大面积栽植花坛。

8.1.17　麦冬

别称　麦门冬、沿阶草。

科属　百合科沿阶草属。

分布　麦冬原产中国。日本、越南、印度也有分布。中国南方等地均有栽培。

形态特征　根较粗，中间或近末端常膨大成椭圆形或纺锤形的小块根。

花葶长6～15（～27）cm，通常比叶短得多，总状花序长2～5cm，或有时更长些，具几朵至十几朵花。

生长习性　麦冬喜温暖湿润、降雨充沛的气候条件，5～30℃能正常生长，最适生长气温15～25℃，低于0℃或高于35℃生长停止，生长过程中需水量大，要求光照充足，尤其是块根膨大期，光照充足才能促进块根的膨大。

繁殖方法及栽培技术要点　多采用分株繁殖。于4—5月收获麦冬时，挖出叶色深绿、生长健壮、无病虫害的植株，抖掉泥土，剪下块根。然后切去根茎下部的茎节，留0.5cm长的茎基，以断面呈白色、叶片不散开为好，根茎不宜留得太长，否则栽后多数产生两重茎节，俗称高脚苗。敲松基部，分成单株，用稻草捆成小把，剪去叶尖，以减少水分蒸发，立即栽种。栽不完的苗子，将茎基部先放入清水浸泡片刻，使其吸足水分，再埋入阴凉处的松土内假植，每日或隔日浇1次水，但时间不得超过5天，否则影响成活率。

主要病虫害　麦冬主要病害是黑斑病，雨季发病严重。防治方法：选用健壮无病植株做种株，栽前用1∶1∶100波尔多液浸5min；雨季及时排除积水，降低田间湿度；发病初期，在清晨露水未干时每亩撒草木灰100kg；发病期间，喷洒1∶1∶100波尔多液或65%代森锌500倍液，每10天1次，连续3～4次。

麦冬主要虫害是根结线虫。防治方法：与禾本科作物轮作，前作或间作物不选甘薯、芸豆、土豆等根性蔬菜；结合整地每亩施20%甲基异硫磷乳剂或5%颗粒剂250～300g，做成毒土撒于畦沟内，翻入土中，可防治线虫。蛴螬在8—9月发生，用90%敌百虫200倍液喷杀即可。

观赏特性及园林用途　园林绿化方面应用前景广阔，是本地区替代草坪的地被植物。

8.1.18　鸢尾

别称　乌鸢、扁竹花、屋顶鸢尾、蓝蝴蝶、紫蝴蝶、蛤蟆七、蝴蝶花。

科属　鸢尾科鸢尾属。

分布　全国各地广泛分布。

形态特征　植株基部围有老叶残留的膜质叶鞘及纤维。根状茎粗壮，二歧分枝，直径约1cm，斜伸。花茎光滑，高20～40cm，顶部常有1～2个短侧枝，中下部有1～2枚茎生叶。直径约10cm。

生长习性　耐寒性较强、喜光充足、喜肥沃、适度湿润、排水良好、含石灰质和微碱性土壤、耐旱性强。

繁殖方法及栽培技术要点　多采用分株、播种法。分株春季花后或秋季进行均可，一般种植2～4年后分栽1次。分割根茎时，注意每块应具有2～3个不定芽。种子成熟后应立即播种，实生苗需要2～3年才能开花。栽植距离45～60cm，栽植深度7～8cm为宜。

主要病虫害　白绢病是鸢尾常见病害，高温多湿、土壤贫瘠板结时发病率高。防治方法：发病期前定期喷洒50%多菌灵可湿性粉剂500倍液，或50%托布津可湿性粉剂500倍液；软腐病，可用1∶1∶100的波尔多液防治。

叶斑病主要为害鸢尾的叶片，解决方法：摘除病叶，并喷洒50%代森锌1 000倍液；锈病发病初期可用25%的粉锈宁400倍液防治。

常见虫害有豆金龟子，成虫啮食叶片和花瓣，影响植株生长与人们观赏。防治方法：人工捕杀成虫，幼虫期用敌百虫800～1 000倍液灌根，毒杀幼虫；成虫大量发生时用敌百虫、杀螟松、西维因等1 000倍液，喷洒2～3次。

蚀夜蛾，可用90%敌百虫1 200倍液灌根防治；鸢尾在养护中需要根据它的生长习性来提供比较好的生长环境，以免出现各种病虫害来影响生长，降低鸢尾的观赏价值。

观赏特性及园林用途　鸢尾叶片碧绿青翠，花形大而奇，宛若翩翩彩蝶，是庭园中的重要花卉之一，也是优美的盆花、切花和花坛用花。其花色丰富，花型奇特，是花坛及庭院绿化的良好材料，也可用作地被植物，是本地最常用的春花地被花卉之一。

8.1.19　马蔺

别称　马莲、马兰、马兰花、旱蒲、蠡实、荔草、剧草、三坚、马韭。

科属　鸢尾科鸢尾属。

分布　中国各地广泛分布。

形态特征　根状茎粗壮，木质，斜伸，外包有大量致密的红紫色折断的老叶残留叶鞘及毛发状的纤维；须根粗而长，黄白色，少分枝。叶基生，坚韧，灰绿色，条形或狭剑形，长约50cm，宽4～6mm，顶端渐尖，基部鞘状，带红紫色，无明显的中脉。

花为浅蓝色、蓝色或蓝紫色，花被上有较深色的条纹。

生长习性 耐盐碱、耐践踏，根系发达，可用于水土保持和改良盐碱土。马蔺根系发达，入土深度可达1m，须根稠密而发达，呈伞状分布，这不仅使它具有极强的抗性和适应性，也使它具有很强的保水能力。

繁殖方法及栽培技术要点 马蔺既可用种子繁殖也可进行无性繁殖，但直播种子出苗率相对较低，用成熟的马蔺进行分株移栽繁殖成活率较高。

分株繁殖方法：马蔺根状茎伸长长大时即可分株，一般可隔2～4天分株1次，在春、秋两季或花后进行。分割根茎时，每段带2～3个芽，割后用草木灰或硫黄涂抹切口，稍阴干后再种。

主要病虫害 马蔺具有极强的抗病虫害能力，一般没有病虫害。在沧州地区马蔺常被小地老虎为害，小地老虎一年发生3代，小龄幼虫将叶子啃食成孔洞、缺刻，大龄幼虫白天潜伏于根部土中，傍晚和夜间切断近地面的根茎部，使植株叶片干枯，影响观赏效果。药剂防治：幼虫3龄前防治效果最好。用5%的辛硫磷颗粒加30倍量的细土，拌匀后均匀撒在草坪上；或喷洒50%辛硫磷1 000倍液。

观赏特性及园林用途 马蔺根系发达，叶量丰富，对环境适应性强，长势旺盛，管理粗放，是节水、抗旱、耐盐碱、抗杂草、抗病、虫、鼠害的优良观赏地被植物。马蔺因其根系十分发达，抗旱能力强，是本地区盐碱地常见的地被植物。

8.1.20 射干

别称 乌扇、乌蒲、黄远、乌蓳、夜干、乌翣、乌吹、草姜、鬼扇、凤翼。

科属 鸢尾科射干属。

分布 分布于全世界的热带、亚热带及温带地区，分布中心在非洲南部及美洲热带。

形态特征 叶互生，嵌迭状排列，剑形，长20～60cm，宽2～4cm，基部鞘状抱茎，顶端渐尖，无中脉。

花序顶生，叉状分枝，每分枝的顶端聚生有数朵花；花梗细，长约1.5cm；花梗及花序的分枝处均包有膜质的苞片。

生长习性 喜温暖和阳光，耐干旱和寒冷，对土壤要求不严，山坡旱地均能栽培，以肥沃疏松、地势较高、排水良好的沙质壤土为好。中性壤土或微碱性适宜，忌低洼地和盐碱地。

繁殖方法及栽培技术要点 射干繁殖采用直播和育苗移栽均可，播种时期因露地和地膜覆盖而有所不同。由于根茎繁殖较快，因此多采用此方法。

主要病虫害 病害最常见的有锈病，这种病害主要会在秋天出现，具体的时期可能根据植物的大小有所差异。它会为害到植物的叶片部位。可用95%的敌锈钠400倍药液进行喷洒，每隔一周或者10天1次，连续2~3次即可。

根腐病：选用波尔多液进行喷洒治疗。如果是受到严重感染的植物，要及时带土铲除，然后烧毁，并用石灰对土壤进行消毒。

虫害有"钻心虫"：在冬季（因为这时候是害虫卵的孵化时期）喷施50%的西维因剂，在5月初期使用90%敌百虫800倍药液。

地蚕：威胁植物的茎，进而导致整个植物的死亡。首先要深翻土壤或者进行除草，将害虫翻到表面或者深埋，环境的突然改变会造成害虫的死亡。数量不多可以人工捕捉。

观赏特性及园林用途 花形飘逸，有趣味性，适用于做花境。

8.1.21 蜀葵

别称 一丈红、大蜀季、戎葵、吴葵、卫足葵、胡葵、斗蓬花、秫秸花。

科属 锦葵科蜀葵属。

分布 原产中国四川，现在中国分布很广，华东、华中、华北均有。

形态特征 多年生草本可做二年生栽培，高达2m，茎枝密被刺毛。叶近圆心形，上面疏被星状柔毛，粗糙，下面被星状长硬毛或绒毛；花腋生，单生或近簇生，排列成总状花序式，具叶状苞片。

生长习性 蜀葵喜阳光充足，耐半阴，但忌涝。耐盐碱能力强，在含盐0.6%的土壤中仍能生长。耐寒冷，在华北地区可以安全露地越冬。在疏松肥沃、排水良好、富含有机质的沙质土壤中生长良好。

繁殖方法及栽培技术要点 8—9月种子成熟后即可播种，翌年开花；春播，当年不易开花。播种后7天出苗，入冬稍加覆盖防寒。

蜀葵的分株在秋季进行，适时挖出多年生蜀葵的丛生根，用快刀切割成数小丛，使每小丛都有两三个芽，然后分栽定植即可。春季分株稍加强水分管理。

扦插花后至冬季均可进行。取蜀葵老干基部萌发的侧枝作为插穗，长约8cm，插于沙床或盆内均可。插后用塑料薄膜覆盖进行保湿，并置于遮阴处直至生根。冬季前后应在床底铺设电加温线，以增加地温，可以加速新根的产生。

主要病虫害　多年生老株蜀葵易发生蜀葵锈病，感病植株叶片变黄或枯死，叶背可见到棕褐色、粉末状的孢子堆。春季或夏季在植株上喷施波尔多液或播种前进行种子消毒可起到防治效果。发病初期可喷15%粉锈宁可湿性粉剂1 000倍液，或70%甲基托布津可湿性粉剂1 000~1 500倍液，或75%百菌清可湿性粉剂600倍液等，每隔7~10天喷1次，连喷2~3次，均有良好防治效果。

观赏特性及园林用途　园艺品种较多，有千叶、五心、重台、剪绒、锯口等名贵品种，宜于种植在建筑物旁、假山旁或点缀花坛、草坪，成列或成丛种植，也可做花镜，成活率高，可广泛应用，在本地区有野生资源分布。但目前在公园及景观带中应用不多，建议今后加强该品种的应用。

8.1.22　蛇莓

别称　蛇泡草、龙吐珠、三爪风。

科属　蔷薇科蛇莓属。

分布　中国辽宁（辽宁亦有分布）以南各省区，长江流域地区都有分布。从阿富汗东达日本，南达印度、印度尼西亚，在欧洲及美洲均有记录。

形态特征　多年生草本；根茎短，粗壮；小叶片倒卵形至菱状长圆形，长2~3.5cm，宽1~3cm，先端圆钝，边缘有钝锯齿，两面皆有柔毛，或上面无毛，具小叶柄。

花单生于叶腋；花梗有柔毛；花瓣倒卵形，长5~10mm，黄色，先端圆钝。

生长习性　喜阴凉、温暖湿润，耐寒、不耐旱、不耐水渍。在华北地区可露地越冬，适生温度15~25℃。对土壤要求不严，田园土、沙壤土、中性土均能生长良好，宜于疏松、湿润的沙壤土生长。

繁殖方法及栽培技术要点　蛇莓的繁殖方法可分为播种和分株两种。蛇莓无性繁殖能力强，分株繁殖效果好。其匍匐茎节处着土后可萌生新根形成新植株，将幼小新植株另行栽植即为分株。春夏为宜，生长最适温度为15~25℃，按30cm×30cm的行株距种植即可，最适株行距20cm×20cm。将蛇莓茎段切为20~30cm进行移栽，栽植深度一般3~5cm为宜，过浅易倒伏，过深会影响根系呼吸，用覆土将根系盖住、压实，并施少量尿素肥，浇透水。

主要病虫害 野蛇莓具有抗虫、抗病的特点，但是当人工栽培行距小于10cm、高热高湿、通风效果不佳时，会染上锈病，一般采用15%的三唑酮可施粉剂，稀释800～1 000倍液喷洒即可。

观赏特性及园林用途 蛇莓是优良的花卉，春季赏花、夏季观果。蛇莓植株低矮，枝叶茂密，具有春季返青早、耐阴、绿色期长等特点。

每年4月初至11月一片浓绿铺于地面，可以很好地覆盖住地面。蛇莓在半阴处开花良好，花朵直径可达1cm。花期4—10月，花期一朵朵黄色的小花缀于其上，打破了绿色的沉闷，给人以生命的活力。果期从5月开始也能持续到10月，用聚合果展示着乡野里的惊艳红色。

本地区近年多用于地被覆盖，替代草坪，取得良好的效果。

8.1.23　美人蕉

别称 红艳蕉、小花美人蕉、小芭蕉。

科属 美人蕉科美人蕉属。

分布 美人蕉原产美洲、印度、马来半岛等热带地区，分布于印度以及中国大陆的南北各地等地

形态特征 美人蕉植株全部绿色，高可达1.5m。叶片卵状长圆形，长10～30cm，宽达10cm。

总状花序疏花；略超出于叶片之上；花红色，单生；苞片卵形，绿色，长约1.2cm。

生长习性 不耐寒，怕强风和霜冻。对土壤要求不严，能耐瘠薄，在肥沃、湿润、排水良好的土壤中生长良好。深秋植株枯萎后，要剪去地上部分，将根茎挖出，晾晒2～3天，埋于温室通风良好的沙土中，不要浇水，保持5℃以上即可安全越冬。

繁殖方法及栽培技术要点 块茎繁殖在3—4月进行。将老根茎挖出，分割成块状，每块根茎上保留2～3个芽，并带有根须，栽入土壤中10cm深左右，株距保持40～50cm，浇足水即可。新芽长到5～6片叶子时，要施一次腐熟肥，当年即可开花。当茎端花落后，应随时将其茎枝从基部剪去，以便萌发新芽，长出花枝陆续开花。

主要病虫害 每年的5—8月要注意卷叶虫害，以免伤其嫩叶和花序。可用50%敌敌畏800倍液或50%杀螟松乳油1 000倍液喷洒防治。地栽美人蕉偶有地老

虎发生，可进行人工捕捉，或用敌百虫600~800倍液对根部土壤灌注防治。

观赏特性及园林用途 美人蕉花大色艳、色彩丰富，株形好，栽培容易。且现在培育出许多优良品种，观赏价值很高，可盆栽，也可地栽，装饰花坛。多种植于景观带中，但在本地区多做一年生栽植。

8.1.24 二色补血草

别称 燎眉蒿、补血草、扫帚草、匙叶草、血见愁、秃子。

科属 蓝雪科（白花丹科）补血草属。

分布 中国东北、黄河流域诸省及江苏北部、新疆。蒙古、俄罗斯也有。

形态特征 多年生草本，高20~50cm，全株（除萼外）无毛。叶基生，偶可花序轴下部1~3节上有叶，花期叶常存在，匙形至长圆状匙形，长3~15cm，宽0.5~3cm，先端通常圆或钝，基部渐狭成平扁的柄。

花序圆锥状；花序轴单生，或2~5枚各由不同的叶丛中生出。

生长习性 水分充足而排水良好的条件下，小穗中开放的花多，花序也显得稠密；反之则花序较疏，小穗中能够开放的花也较少；在盐分较重的生境中萼檐紫红色持续的时间较久，花序轴棱角补血草族显明并往往出现沟槽；在盐分较少的场所则花萼仅在初放时（甚至仅在花蕾时）呈粉红色，不久即变为白色；在土质疏松、水分适宜而盐分不太重的地方，花序主轴常可变为圆柱状。

繁殖方法及栽培技术要点 播种育苗时间为1月，等到每株幼苗叶片长至5~8个时（需2个月左右）。移至室外进行春化，可实现当年种植，当年开花。

主要病虫害 苗木出土后第二年春季5月中旬防治地下害虫。如有死苗现象，应及时进行防治，用甲拌磷、敌敌畏等进行防治。

观赏特性及园林用途 二色补血草具有较高的观赏价值，类似梅花，迎风傲雪，花香四季，永不变色，永不凋谢，盆栽、院植、花坛栽培效果极佳，绚丽多姿、优雅华贵。

8.1.25 白三叶

别称 白花苜蓿，金花草，菽草翘摇、白车轴草、车轴草、荷兰翘摇。

科属 蝶形花科（豆科）车轴草属。

分布 原产于欧洲和北非，并广泛分布于亚、非、澳、美各洲。在中国亚热带及暖温带地区分布较广泛。

形态特征 宿根草本。具匍匐茎，节处着地，易生不定根，并抽出新株。分枝无毛，长可达60cm，叶为3小叶，着生于长柄顶端，互生，小叶倒卵形至倒心脏形，深绿色，先端圆或凹陷，基部楔形，缘具细齿。

生长习性 喜光和温暖湿润的环境，耐半阴。不耐干旱，耐寒、耐瘠薄。适于修剪，茎易倒，不易折断。不择土壤，但不耐盐碱。生长较快，夏季生长更快，秋霜后，仍继续生长，大雪封地时才枯萎，但叶仍为绿色。观叶期180天，观花期120天。一般栽培寿命10年以上。国外已育出生命周期长达40~50年的品种。

繁殖方法及栽培技术要点 繁殖方法用播种方式。栽培过程中注意除杂草，白三叶草出齐后实现了全地覆盖，机械除草难以应用，多用人工拔除方法。当年进行2~3次人工除草，可去除杂草，保证生长。一般当年覆盖、除完草后，以后各年杂草只零星发生，基本上免除杂草为害。

水分管理：白三叶草抗旱性较强，耐涝性稍差。水分充足时生长势较旺，干旱时适当补水，雨水过多时及时排涝降渍，以利于生长。成坪后除了出现极端干旱的情况，一般不浇水，以免发生腐霉枯萎病。浇水宜本着少次多量的原则。

主要病虫害 棒叶病、菟丝子、叶斑病、菌核病、白绢病、白粉病以及线虫病、叶蝉、地老虎、白粉蝶、斜纹夜蛾。

观赏特性及园林用途 白三叶草花叶兼美，绿色期长，耐修剪，易栽培，繁殖快，造价低。适宜作封闭式的观赏地被或固土护坡。

8.1.26 苜蓿

别称 金花菜。

科属 蝶形花科（豆科）苜蓿属。

分布 原产伊朗，是当今世界分布最广的栽培牧草。在中国已有两千多年的栽培历史，主要产区在西北、华北、东北、江淮流域。

形态特征 多年生草本，稀灌木，无香草气味。羽状复叶，互生，托叶部分与叶柄合生，全缘或齿裂。腋生，有时呈头状或单生，花小，一般具花梗。

生长习性 多年生草本植物，似三叶草，耐干旱，耐冷热，产量高而质优，又能改良土壤，因而为人所知。广泛栽培，主要用于制干草、青贮饲料或用作牧草。

繁殖方法及栽培技术要点 选择适宜的良种是种好苜蓿成功的第一步。因为苜蓿是多年生植物，一次播种后，少则利用2～3年，多则利用4～5年，一旦选错，几年受损。播种方法及播种量：大部分地区以条播为主，行距30cm，利于通风透光及田间管理。播种量一般为1kg/亩左右，采种田要少些，盐碱地可适当多些，播量过大苗细弱。播种深度是影响出苗好坏的关键，一般是播种过深，最佳深度为0.5～1cm。

主要病虫害　苜蓿常见的病害主要有锈病、霜霉病、褐斑病、白粉病、夏季黑茎病、黑茎和叶斑病、黄斑病和轮斑病等8种。其中以锈病分布最为广泛，发生于我国13个区，从南到北均有分布，其次为霜霉病、褐斑病、白粉病等。在进行苜蓿生产时，对上述病害应给予充分注意。苜蓿病害综合防治：在苜蓿病害综合防治体系中，农药的应用十分有限。所以苜蓿病害的防治更加注重于"防"，包括整地、播种、田间管理、利用与收获、储藏的全过程。

观赏特性及园林用途　园林上多作为盐碱地、贫瘠土地的绿化草种和景观野花用草种。

8.1.27　紫花苜蓿

别称　紫苜蓿、牧蓿、苜蓿、路蒸。

科属　蝶形花科（豆科）苜蓿属。

分布　原产于小亚细亚、伊朗、外高加索一带。世界各地都有栽培或呈半野生状态。

形态特征　多年生草本，高30～100cm。根粗壮，深入土层，根颈发达。茎直立、丛生以至平卧，四棱形，无毛或微被柔毛，枝叶茂盛。

生长习性　紫花苜蓿喜欢温暖和半湿润到半干旱的气候，因而多分布于长江以北地区，适应性广。在降水量较少的地区，也能耐干旱。抗寒性较强，能耐冬季低于-30℃的严寒，在有雪覆盖的情况下，气温达-40℃也能安全越冬。

繁殖方法及栽培技术要点　播种繁殖，紫花苜蓿种子细小，幼芽细弱，顶土力差，整地必须精细，要求地面平整，土块细碎，无杂草，墒情好。紫花苜蓿根系发达，入土深，对播种地要深翻，才能使根部充分发育。

主要病虫害　常见病害：苜蓿锈病、苜蓿褐斑病、苜蓿霜霉病、苜蓿白粉病、苜蓿黄斑病、苜蓿春季黑茎病和叶斑病、苜蓿匍柄霉叶斑病、苜蓿尾孢叶斑病、苜蓿小光壳叶斑病、苜蓿壳针孢叶斑病、苜蓿白斑病、苜蓿花叶病。

常见虫害：小翅雏蝗、草原毛虫类、盲蝽类、苜蓿籽蜂、蛴螬、小地老虎、黄地老虎、大地老虎、白边地老虎、苜蓿夜蛾、小麦皮蓟马。防治可参考苜蓿。

观赏特性及园林用途 枝繁叶茂，大面积栽种时能很快覆盖地面，特别是具有密而小且易浸湿的叶子，持水量较大，从而可有效地截留降水，减少地表径流。不仅如此，根系也非常发达。根系固氮，能提高土壤有机质的含量。大量的侧支根纵横交错形成强大的根系网络及其固氮作用，不仅有利于土壤团粒结构的形成，而且能改善土壤的理化性质，增强土壤的持水性和透水性，从而起到保持水土的作用。另外，适应性强，可栽种范围广。可作为覆盖地面的地被植物应用。

8.1.28 紫茉莉

别称 胭脂花、粉豆花、夜饭花、状元花、丁香叶、苦丁香、野丁香。

科属 紫茉莉科紫茉莉属。

分布 原产热带美洲。中国南北各地有栽培。

形态特征 根肥粗，倒圆锥形，黑色或黑褐色。茎直立，圆柱形，多分枝，无毛或疏生细柔毛，节稍膨大。叶片卵形或卵状三角形，长3~15cm，宽2~9cm，顶端渐尖，基部截形或心形，全缘，两面均无毛，脉隆起；叶柄长1~4cm，上部叶几无柄。

花常数朵簇生枝端；花梗长1~2mm；总苞钟形，长约1cm，5裂，裂片三角状卵形，顶端渐尖，无毛，具脉纹，果时宿存。

生长习性 性喜温和而湿润的气候条件，不耐寒，冬季地上部分枯死，露地栽培要求土层深厚、疏松肥沃的壤土，盆栽可用一般花卉培养土。在略有蔽阴处生长更佳。花朵在傍晚至清晨开放，在强光下闭合，夏季能有树荫则生长开花良好，酷暑烈日下往往有脱叶现象。喜通风良好环境，夏天有驱蚊的效果。

繁殖方法及栽培技术要点 紫茉莉可春播繁衍，也能自播繁衍，通常用种子繁殖。可于4月中下旬直播于露地，发芽适温15~20℃，七八天萌发。因属深根性花卉，不宜在露地苗床上播种后移栽。如有条件可事先播入内径10cm的筒盆，成苗后脱盆定植。

紫茉莉管理粗放，容易生长，注意适当施肥、浇水即可。紫茉莉为风媒授粉花卉，不同品种极易杂交，若要保持品种特性，应隔离栽培。

秋末可将地上部分剪掉挖起宿根，用潮土埋在花盆里放低温室越冬。来年春季露地继续栽培，成株快，开花早。宿根植株的长势虽不如播种苗健旺，但它的块根却逐年膨大，连续3年即可长成直径10cm左右的褐色块头，苍皮叠皱，质地坚硬。

主要病虫害 紫茉莉的病虫害较少，天气干燥易长蚜虫，平时注意保湿可预防蚜虫。

观赏特性及园林用途 可栽植于游园中，作为花境用材。

8.1.29 柳叶马鞭草

科属 马鞭草科马鞭草属。

分布 原产于南美洲（巴西、阿根廷等地）。

形态特征 株高60~150cm，多分枝。茎四方形，叶对生，卵圆形至矩圆形或长圆状披针形；基生叶边缘常有粗锯齿及缺刻，通常3深裂，裂片边缘有不整齐的锯齿，两面有粗毛。

穗状花序顶生或腋生，细长如马鞭；花小，花冠淡紫色或蓝色。果为蒴果状。

生长习性 柳叶马鞭草性喜温暖气候，生长适温为20~30℃，不耐寒，10℃以下生长较迟缓，在全日照的环境下生长为佳，如果在日照不足的环境下栽培会生长不良，全年皆可开花，花期长，观赏价值高，以春、夏、秋开花较佳，冬天则较差或不开花，对土壤选择不严，排水良好即可，耐旱能力强，需水量中等。

繁殖方法及栽培技术要点 可采用播种法、扦插法及切根法，播种法虽然可在短时间内获得较多的植株数量，但是从播种到开花的时间较长；扦插繁殖也是一种较好的繁殖方式，一般在春、夏两季为适期，以顶芽插为佳，扦插极容易发根，扦插后约4周即可成苗；切根法主要是对于秋季休眠后的母本植株，开春对其进行切割分株并栽植。

主要病虫害 病害：缺铁症，缺铁或pH值高于6.8将导致叶片上表面出现花叶褪绿现象，可通过增施硫酸亚铁来降低pH值。现常用1 500倍志信铁肥液喷施或浇灌土壤，2~3次后症状有明显改善。

虫害：干旱季节主要有红蜘蛛、蓟马为害。红蜘蛛可用20%螨死净可湿性粉剂2 000倍液，15%哒螨灵乳油2 000倍液喷雾防治，均有较好的防治效果。防治蓟马可用5%啶虫脒可湿性粉剂2 500倍液、1.8%阿维菌素乳油3 000倍液或氟虫腈、甲维盐、高效氯氟氰菊酯等防治。每隔5~7天喷施1次，连喷3次，可获得良好防治效果。重点喷洒花、嫩叶和幼果等幼嫩组织。

观赏特性及园林用途 柳叶马鞭草在景观布置中应用很广，由于其片植效果极其壮观，常常被用于疏林下、植物园和别墅区的景观布置，开花季节犹如一片粉紫色的云霞，令人震撼。

在庭院绿化中，柳叶马鞭草可以沿路带状栽植，分隔庭院空间的同时，还可以丰富路边风景，在柳叶马鞭草下层可配置美丽月见草、紫花地丁、花叶八宝景天等，效果会更好。

8.1.30 红花酢浆草

别称 大酸味草、南天七、夜合梅、大叶酢浆草、三夹莲，紫花酢浆草。

科属 酢浆草科酢浆草属。

分布 分布于中国广西、河北、福建、陕西、华东、华中、华南、四川和云南等地。

形态特征 多年生直立草本。无地上茎，地下部分有球状鳞茎，外层鳞片膜质，褐色，背具3条肋状纵脉，被长缘毛，内层鳞片呈三角形，无毛。

叶基生；叶柄长5~30cm或更长，被毛。总花梗基生，二歧聚伞花序，通常排列成伞形花序式。

生长习性 红花酢浆草为喜光植物，在露地全光下和树荫下均能生长，全光下生长健壮。红花酢浆草适生湿润的环境，干旱缺水时生长不良，可耐短期积水。抗寒力较强。

繁殖方法及栽培技术要点 球茎繁殖和分株繁殖是红花酢浆草主要繁殖方式。红花酢浆草的连体茎可以分离为母球茎、芽球茎、叶球茎3种。这3种球茎中母球茎具有直接分生球茎的能力，直径2~2.5cm，具残留叶痕，在叶痕处着生有潜伏芽，可先后萌发长成球茎。芽球茎为母球茎上生长的幼球，球体直径约为0.5~0.8cm。叶球茎是由芽球茎上长出的带叶球茎，可开花，1.2~1.5cm，当其生长发育后即成为母球茎。

主要病虫害 红花酢浆草抗病虫能力较强，夏季受高温干燥气候影响，叶片易受红蜘蛛为害，可用5%阿维菌素3 000倍液喷雾即可控制其为害。

观赏特性及园林用途 红花酢浆草植株低矮，叶子茂密，碧绿青翠，小花繁多，烂漫可爱。在园林绿化中，具有极其广泛的应用前景，是替代草坪植物的好材料，可布置成花坛、花境、花丛、花群及花台等，株丛稳定，株形优美，线条清晰，素雅高贵，景观效果丰富。在本地区做好冬季防寒养护可越冬。

8.1.31　紫叶酢浆草

别称　酸浆草、酸酸草、斑鸠酸、三叶酸、酸咪咪、钩钩草。

科属　酢浆草科酢浆草属。

分布　产于中国黑龙江大兴安岭海拔400～900m山地及海拉尔以西、以南沙丘地区。蒙古亦有分布。

形态特征　叶从茎顶长出，每一叶片又连接地下茎的每一个鳞片。叶为三出掌状复叶，簇生，生于叶柄顶端。叶正面玫红，中间呈"人"字形不规则浅玫红的色斑，向叶两边缘延伸。叶背深红色，且有光泽。为伞形花序，浅粉色，花瓣5枚，5～8朵簇生在花茎顶端。

生长习性　喜欢温暖湿润的生长环境，在肥沃并且湿润的土壤中更好，叶片肥大，十分旺盛。紫叶酢浆草比较耐寒，冬季养护温度需要不低于0℃。紫叶酢浆草的花期比较长，一般可以长达8个月，晴天开花，夜晚和阴天的时候花朵闭合。

繁殖方法及栽培技术要点　繁殖方式同红花酢浆草。施肥：要施足底肥。生长季节为使植株健壮生长，保证叶片肥厚有光泽，每月施1次氮磷钾复合肥。施肥时注意浓度，浓度过大会灼伤球茎，影响生长。7—8月停止施肥。注意不要施单一的肥料，尤其是氮肥，会使叶片由紫返青，影响观赏。施肥时不要将液肥溅到叶面，容易引起叶片疾病。

主要病虫害　病害主要是根腐病和叶斑病，紫叶酢浆草在通风不良、高温高湿的条件下易发病。防治方法：可于发病初期用70%甲基托布津可湿性粉剂1 000倍液，或50%多菌灵可湿性粉剂500倍液，或75%百菌清可湿性粉剂800倍液，交替喷洒植株，每隔7～10天喷1次，连续喷3～4次，效果较好。

虫害主要是蚜虫、红蜘蛛和蜗牛。防治蚜虫，用40%乐果乳油2 000倍液或6%吡虫啉乳油3 000倍液进行喷杀。

观赏特性及园林用途　紫叶酢浆草叶形奇特，叶色深紫，小花白色，色彩对比强烈，十分醒目，适用于花坛边缘栽植。在园林中作阴湿地的地被植物十分适宜，若栽植于庭院草地，或大量使用于住宅小区，园林绿化以及道路河流两旁的绿化带，让其蔓连成一片，形成美丽的紫色色块。若与其他绿色和彩色植物配合种植就会形成色彩对比感强烈的不同色块，产生立体感丰富、层次分明，凝重典雅的奇特效果，显示出其庄重秀丽的特色，能够进一步增强人和自然的亲和力，是极好的地被植物。

8.1.32 宿根鼠尾草

科属 唇形科鼠尾草属。

分布 主要分布于中国浙江、安徽南部、江苏、江西、湖北、福建、台湾、广东、广西。

形态特征 亚灌木，株高15～30cm，叶片长圆形。总状花序蓝色、紫色、白色。花期夏季。有花叶、黄叶和红色花变种。

生长习性 耐旱，喜光照充足、排水良好的沙质壤土，多数不耐寒，个别多年生鼠尾草极耐寒。

繁殖方法及栽培技术要点 播种或扦插繁殖。春季或初秋播种，播前用50℃温水浸种并搅拌，5min后，待温度下降至30℃时，用清水冲洗几遍，置于25～30℃的温度中催芽，能提高出苗率并早出苗。直播或育苗移栽均可。播种35天后可定植与营养钵体。播种至开花所需的时间，光照充足、温暖条件下为8～9周；光照时间短、冷凉条件下为14～16℃。鼠尾草长得很快，早期可摘心或修枝，有利侧芽成长、植株茂盛。

主要病虫害 耐病虫害。

观赏特性及园林用途 优良的花坛、花境花卉，矮生品种也可作镶边材料。特别是与一串红一起栽植，效果较好，在"五一""十一"等节假日期间应用最为广泛。

8.1.33 假龙头

别称 随意草、囊萼花、棉铃花、伪龙头、芝麻花、虎尾花、一品香。

科属 唇形科假龙头花属。

分布 原产北美洲东部，属中国气候型冷凉型植物。

形态特征 穗状花序聚成圆锥花序状。小花密集。如将小花推向一边，不会复位，因而得名。小花玫瑰紫色。夏至秋季开花，淡蓝、紫红、粉红小花7—9月穗状花序顶生。穗状花序，唇形花冠，花序自下端往上逐渐绽开，花期持久。花色有白、深桃红、玫红、雪青、淡红、紫红或斑叶变种，等有色变种。长圆形叶对生。小坚果，8—10月。

生长习性 假龙头花原产北美，性喜温暖、阳光和疏松肥沃、排水良好的沙质壤土，它较耐寒、耐旱、耐肥，适应能力强，它地下直立根茎较发达，花后植株衰老，地上部枯萎，而地下根茎分蘖萌发多新芽形成新植株。

繁殖方法及栽培技术要点 假龙头花的繁殖方法有播种、分株和扦插繁殖，在生产实践中以播种繁殖为主。

主要病虫害 主要虫害是有翅成蚜，它对黄色、橙黄色有较强的趋性，利用这一特性可诱杀蚜虫。方法是取一块长方形的硬纸板或纤维板，板的大小一般为30cm×50cm，先涂一层黄色广告色，晾干后，再涂一层黏性机油或10号机油。把板插入田间，利用机油粘杀蚜虫，经常检查并涂抹机油。

观赏特性及园林用途 假龙头茎丛生而直立，四棱形，花序长而大，可作为鲜切花用于花艺设计；叶秀花艳，宜布置花境、花坛背景或野趣园中丛植。假龙头花期长，是很好的夏秋花植物。在园林绿化中用于创建人工群落和复层结构的植物景观。

8.1.34 宿根福禄考

别称 锥花福禄考、草夹竹桃、天蓝绣球。

科属 花荵科福禄考属（天蓝绣球属）。

分布 原产北美洲东部。中国各地常见栽培。

形态特征 宿根草本。茎粗壮直立，高60～100cm。叶卵状批针形至长圆状披针形，全缘，十字对生，上部长3叶轮生。圆锥花序顶生，花朵密集，花冠高脚碟状，花径2～2.5cm，花有白、粉、红、淡蓝、淡紫色及复色等。花期7—9月。有早、中、晚品种。果熟期9—10月。

生长习性 适应性强，喜光，耐旱、耐寒、耐贫瘠，耐盐碱土壤，忌湿热积水。

繁殖方法及栽培技术要点 播种、扦插、压条和分株等方法均可繁殖。播种于早春进行。扦插分为根插、茎插和单芽插。根插以4月为宜，将较粗的根截成3cm根段，平铺在温床内，覆土约1cm，1个月后可发芽。茎插于夏末秋初进行，选取上部成熟枝条为插穗。单芽插于6—7月进行，压条春、夏、秋均可；分株在早春植株萌动或秋季枝叶尚未枯萎前进行，3～5年分1次。幼苗及时定植，株行距40～50cm。灌水、施肥，于5—6月摘心，促生分枝，并控制株高，有延迟花期的作用。秋后，齐地面剪除地上部。

主要病虫害 偶有叶斑病、蚜虫发生。发生叶斑病时可喷洒50%多菌灵1 000倍液进行防治。发生蚜虫可用毛刷蘸稀洗衣粉液刷掉，发生量大时可喷洒40%氧化乐果乳油1 500倍液。

观赏特性及园林用途 花色丰富，姿态雅致，可应用于花坛、花境、岩石园中。

8.1.35 紫花地丁

别称 野堇菜、光瓣堇菜、光萼堇菜。

科属 堇菜科堇菜属。

分布 中国各地广泛分布。

形态特征 草本，无地上茎，高4~14cm，果期高可达20余厘米。根状茎短，垂直，淡褐色，长4~13mm，粗2~7mm，节密生，有数条淡褐色或近白色的细根。

生长习性 性喜光，喜湿润的环境，耐阴也耐寒，不择土壤，适应性极强，繁殖容易，能直播，一般3月上旬萌动，花期3月中旬至5月中旬，盛花期25天左右，单花开花持续6天，开花至种子成熟30天，4月至5月中旬有大量的闭锁花可形成大量的种子，9月下旬又有少量的花出现。

繁殖方法及栽培技术要点 播种时可采用撒播法，用小粒种子播种器或用手将种子均匀地撒在浸润透的床土上，撒种后用细筛筛过的细土覆盖，覆盖厚度以盖住种子为宜。种子出苗过程中，如有土壤干燥现象，可继续用盆浸法补充水分。播种后室内温度控制在15~25℃为好。

主要病虫害 红蜘蛛为害叶片，可用石硫合剂喷杀。半知菌感染可导致叶斑病，起初只是一个个小褐点儿，如不及时治疗会产生大片的黑斑，叶片枯黄死掉。所以，一旦发现生病，应立即用百菌清800倍液，进行叶面喷雾，每隔7~8天1次，连续2~3次，可基本痊愈。主要虫害有介壳虫、白粉虱等，可用40%氧化乐果1 000~1 500倍液喷洒。

观赏特性及园林用途 紫花地丁花期早且集中；植株低矮，生长整齐，株丛紧密，便于经常更换和移栽布置，所以适合用于花坛或早春模纹花坛的构图。紫花地丁返青早、观赏性高、适应性强可以用种子进行繁殖，作为有适度自播能力的地被植物，可大面积群植。紫花地丁适合作为花境或与其他早春花卉构成花丛。可用于缀花草坪，或者草花组合。

8.1.36 '金叶'过路黄

科属 报春花科珍珠菜属。

分布　中国各地广泛栽培。

形态特征　其植株匍匐生长，株高仅为10cm左右，但地表匍匐茎生长旺盛，最长可达1m以上；其茎节较短，节间能萌发地生根，匍匐性较强。金叶过路黄的叶片为卵圆形，单叶对生，叶色金黄，其花期为5—7月，开杯状黄花。

金叶过路黄的叶片在3—11月呈金黄色，到11月底植株渐渐停止生长，叶色由金黄色慢慢转为淡黄，直至绿色。在冬季浓霜和气温降到-5℃时叶色会转为暗红色。

生长习性　金叶过路黄是耐粗放管理的彩叶地被，具有较强的耐干旱能力，对环境适应性强，喜光也耐半阴，其生长最适宜温度为15～30℃。金叶过路黄每一叶节均能发根、具有极易成活的习性，生长期长，生长速度快，能耐-15℃的低温。

繁殖方法及栽培技术要点　金叶过路黄全年均可繁殖，以无性繁殖为主。繁殖苗床土壤要疏松、肥沃且排水良好，以沙壤土与草炭土混合配制为佳，用分株穴栽、压条及切茎撒播等繁殖方法均取得了成功，成活率比较理想，繁殖系数也较高。

主要病虫害　病虫害较少。

观赏特性及园林用途　金叶过路黄可作为色块，与宿根花卉、麦冬、小灌木等搭配，亦可盆栽。

8.1.37　八宝景天

别称　华丽景天、长药八宝、大叶景天、八宝、活血三七、对叶景天。

科属　景天科景天属。

分布　中国各地广为栽培。

形态特征　多年生肉质草本植物，株高30～50cm。地下茎肥厚，地上茎簇生，粗壮而直立，全株略被白粉，呈灰绿色。叶轮生或对生，倒卵形，肉质，具波状齿。伞房花序密集如平头状，花序径10～13cm，花淡粉红色，常见栽培的尚有白色、紫红色、玫红色品种。花期，7—10月。

生长习性　性喜强光和干燥、通风良好的环境，能耐-20℃的低温；喜排水良好的土壤，耐贫瘠和干旱，忌雨涝积水。植株强健，管理粗放。

繁殖方法及栽培技术要点　分株或扦插繁殖，以扦插繁殖为主。

扦插繁殖：选长势良好无病虫害的母株，剪取长8～13cm的茎段，去掉基部

1/3的叶片，在阴凉处晾1~2天，斜插入事先平整好的土地中，露出地面的部分以长4~5cm为宜。

主要病虫害 土壤过湿时，易发生根腐病，应及时排水或用药剂防治。此外，会有蚜虫为害茎、叶，并导致煤烟病；蚧虫为害叶片，形成白色蜡粉。对于虫害，应及时检查，一经发现立即刮除或用肥皂水冲洗，严重时可用氧化乐果乳剂防治。

观赏特性及园林用途 园林中常将它用来布置花坛，也可以用作地被植物，填补夏季花卉在秋季凋萎没有观赏价值的空缺，部分品种冬季仍然有观赏效果。因其成活率高、养护成本低，故在本地是常用品种。

8.1.38 三七景天

别称 土三七、四季还阳、长生景天、金不换、田三七、费菜。

科属 景天科景天属。

分布 中国各地广为栽培。

形态特征 多年生草本。根状茎短，粗茎高20~50cm，有1~3条茎，直立，无毛，不分枝。叶互生，狭披针形、椭圆状披针形至卵状倒披针形。聚伞花序有多花，水平分枝，平展，下托以苞叶。

生长习性 适应性强，不择土壤、气候，全国各地都可种植，且易活、易管理。

繁殖方法及栽培技术要点 一般采用分株和扦插繁殖。春夏与早秋及冬季大棚扦插即活，成活率高达99%。当年定植，当年丰收，翌年便进入盛产期。

扦插育苗：剪取8~15cm枝条，去掉基部叶片，扦插入土3~5cm，浇透水，20~30天即可移栽定植，也可按定植密度直接扦插，定植密度为行距25cm，穴距15cm，每穴2~3株。可在7—8月，截取地上茎，插于扦插床中，扦插过程中要保持土壤湿润，温度20~30℃时，4~5天生根，生根后可移于大田。生长期间注意松土除草，雨季宜注意排水。

分株繁殖：适宜于春季和秋季进行，分株后按行株距30cm×30cm栽种，每穴1株。

田间管理：当嫩枝生长至20cm、茎粗0.6cm左右时即可采收。每收割一次后，结合浇水每亩施尿素5kg，磷酸二氢钾2kg，并经常保持土壤湿润。

主要病虫害 病害较少，注意防治蚜虫，发现后可用低残留农药喷洒1~2次。

观赏特性及园林用途　用于花坛、花境、地被，但需隔离；岩石园中多采用其作为镶边植物，也可以用于地被栽植。

8.1.39　垂盆草

别称　狗牙草、瓜子草、石指甲、狗牙瓣。

科属　景天科景天属。

分布　中国各地广泛栽培。

形态特征　多年生草本。不育枝及花茎细，匍匐而节上生根，直到花序之下，长10～25cm。3叶轮生，叶倒披针形至长圆形，长15～28mm，宽3～7mm，先端近急尖，基部急狭，有距。

聚伞花序，有3～5分枝，花少，宽5～6cm；花无梗；萼片5，披针形至长圆形，长3.5～5mm，先端钝，基部无距；花瓣5枚，黄色，披针形至长圆形，长5～8mm，先端有稍长的短尖；雄蕊10枚，较花瓣短；鳞片10，楔状四方形，长0.5mm，先端稍有微缺；心皮5，长圆形，长5～6mm，略叉开，有长花柱。种子卵形，长0.5mm。花期5—7月，果期8月。

生长习性　垂盆草性喜温暖湿润、半阴的环境，适应性强，较耐旱、耐寒，不择土壤，在疏松的沙质壤土中生长较佳。对光线要求不严，一般适宜在中等光线条件下生长，亦耐弱光。生长适温为15～25℃，越冬温度为5℃。

繁殖方法及栽培技术要点　垂盆草不择土壤，田园土、中性土、沙壤土均能生长，生命力极强，茎干落地即能生根，忌贫瘠的土壤，表现出生长衰弱的现象。垂盆草栽植须适量施入有机肥，经过粉碎的棉籽饼、麻酱渣或鸡粪干均可，垂盆草生长过程中每半月少量施用一次复合化肥。垂盆草适宜生长温度为15～28℃。垂盆草忌强光照的环境，遇强光表现出叶片发黄的现象，在具有一定遮阴条件下生长良好。垂盆草生长速度快，需水量比较大，施肥后要立即浇灌清水，以防肥料烧伤茎叶或根系，土壤不能积水。

主要病虫害　主要病害：灰霉病防治方法：人工剪除病叶或者施以药剂。药剂可用70%甲基托布津可湿性粉剂1 000倍液喷洒。

炭疽病防治措施：种子的选择要慎重，选择抗病品种，进行种子消毒，播种前用52℃温水浸种12min，并用占种子重量0.3%的福美双或50%克菌丹可湿性粉剂拌种；可在发病初期用75%百菌清600倍液或50%的福美双可湿性粉剂500倍液喷雾，每7～10天喷1次，连喷3次。

白粉病防治方法：适当增施磷肥和钾肥，注意通风、透光。将重病株或重病部位及时剪除，深埋或烧毁，以杜绝菌源。可用50%多菌灵可湿性粉剂800倍液、80%代森锌500倍液、75%百菌清500溶液交替喷洒。

观赏特性及园林用途 可种植于孤植的大树下或在林地内成片的种植。同时，因为其生命力较强，也可栽植于假山石的石缝中或假山石旁，以起装饰作用。垂盆草的匍匐茎可自盆沿垂至盆底，并把整个花盆包裹起来，观赏效果极佳。当它应用于花坛摆花时，常作为镶边的材料，由于其植株低矮，可使花坛的主景突出，起到良好的衬托作用。

8.1.40 崂峪苔草

科属 莎草科苔草属。

分布 广泛分布于我国北方地区。

形态特征 叶较秆短或等长，宽3～6cm，边缘粗糙。苞片佛焰苞状，具鞘。小穗3～5个，疏远；顶生的雄性，棒状圆柱形，长约1.5cm；侧生的雌性，卵形，具3～5花，较密集，长8～10mm，具藏于鞘内的短总梗；上部的2个与下部的距离较远，最下的常接近于秆的基部；总梗细而平滑。雄花鳞片近倒卵装长圆形，先端钝而据粗糙的突尖头，背面中肋绿色，两侧白色，膜质。囊包与鳞片等长，长5～6mm，淡褐绿色，膨胀的三棱状，被疏短硬毛，具多脉，先端急狭为喙，口部具2齿。小坚果膨胀三棱状，长约4mm，淡黄绿色，先端缢缩成环状，基部凹陷；柱头3个。

生长习性 崂屿苔草具有较强的耐阴力，较强的适应性，耐瘠薄力较强，绿期长，耐寒耐热力强。

繁殖方法及栽培技术要点 分株繁殖，在5月底花期之前，地苗不适合移栽，成活率不高，可用营养钵代替，成本略高。一亩地崂峪苔草一年内可繁育五亩地。

主要病虫害 病虫害较少。

观赏特性及园林用途 既可作为城市立交桥下、建筑物背阴面、林下绿化的地被植物，也可作为全光条件及护坡绿化的地被植物，是我国北方地区城乡绿化良好的耐阴地被植物。

8.2 一二年生草本

8.2.1 波斯菊

别称 秋英、大波斯菊、秋樱。

科属 菊科秋英属。

分布 原产美洲墨西哥。中国栽培甚广。

形态特征 波斯菊是一年生草本植物，可自播实现一年种植多年生长，高可达1m以上。根纺锤状，多须根，或近茎基部有不定根。头状花序单生，径3～6cm。舌状花紫红色，粉红色或白色。

生长习性 喜光植物，喜光，耐贫瘠土壤，忌肥，土壤过分肥沃，忌炎热，忌积水，对夏季高温不适应，不耐寒。需疏松肥沃和排水良好的壤土。

繁殖方法及栽培技术要点 幼苗具4～5片真叶时移植，并摘心，也可直播后间苗。如栽植地施以基肥，则生长期不需再施肥，土壤若过肥，枝叶易徒长，开花减少。7—8月高温期间开花者不易结子。

波斯菊性强健，喜阳光，耐干旱，对土壤要求不严，但不能积水。若将其栽植在肥沃的土壤中，易引起枝叶徒长，影响开花质量。

苗高5cm即行移植，叶7～8枚时定植，也可直播后间苗。如栽植地施以基肥，则生长期不需再施肥，土壤若过肥，枝叶易徒长，开花减少。或者在生长期间每隔10天施5倍水的腐熟尿液一次；天旱时浇2～3次水，即能生长、开花良好。7—8月高温期间开花者不易结子。种子成熟后易脱落，应于清晨采种。

波斯菊为短日照植物，春播苗往往叶茂花少，夏播苗植株矮小、整齐、开花不断。其生长迅速，可以多次摘心，以增加分枝。波斯菊植株高大，在迎风处栽植应设置支柱以防倒伏及折损。一般多育成矮棵植株，即在小苗高20～30cm时去顶，以后对新生顶芽再连续数次摘除，植株即可矮化；同时也增多了花数。栽植围地宜稍施基肥。采种宜于瘦果稍变黑色时摘采，以免成熟后散落。

主要病虫害 其主要的病虫害常有白粉病、叶斑病为害。炎热时易发生红蜘蛛为害，宜及早防治。

白粉病：症状发病部位为叶片、嫩茎、花芽及花蕾等，明显特征是在病部长有灰白色粉状霉层（病原菌的分生孢子和菌丝体）。防治方法：适当增施磷肥和钾肥，注意通风、透光；将重病株或重病部位及时剪除，深埋或烧毁，以杜绝菌源；必要时，在发病初期喷洒15%粉锈宁可湿性粉剂1 500倍液。

观赏特性及园林用途　波斯菊株形高大但叶形雅致，花色非常丰富，有红的、白的、粉的、紫的等，楚楚动人的波斯菊，是可爱的秋天景物，其颇有野趣，而且重瓣的品种可作为切花的材料，经常用于布置花镜，在草地边缘，树丛周围和道路两旁成片种植作背景。波斯菊也可以种植于篱笆边、崖坡、宅院旁以及树坛里，用来观赏或布置成园林艺术。在本地区可作为播种草花。

8.2.2　金盏菊

别称　金盏花、黄金盏、长生菊、醒酒花、常春花、金盏。

科属　菊科金盏菊属。

分布　金盏菊原产欧洲西部、地中海沿岸、北非和西亚，现世界各地都有栽培。

形态特征　二年生草本，全株被毛。叶互生，长圆形。头状花序单生，花径5cm左右，有黄、橙、橙红、白色等，也有重瓣、卷瓣和绿心、深紫色花心等栽培品种。全株高20～75cm，通常自茎基部分枝，绿色或多少被腺状柔毛。基生叶长圆状倒卵形或匙形。

生长习性　金盏菊原产欧洲南部及地中海沿岸，喜生长于温和、凉爽的气候，怕热、耐寒。要求有光照充足或轻微的荫蔽，疏松、排水良好、土壤肥沃适度的土质，有一定的耐旱力。土壤pH值宜保持在6～7，这样植株分枝多，开花大而密。

繁殖方法及栽培技术要点　多用播种繁殖，应选土层深厚、疏松、排水透气性好的土壤。

首先选用优良的金盏花杂交种，播前要晒种，选择晴朗无风的天气，把种子摊在帐篷或水泥地上。厚度约1cm，晒4～6h，每小时翻动1次。通过紫外线的照射，杀死种子表面的病原菌，增强种子活力，提高发芽率。

土地覆膜后地温回升快，播期选择在完全霜冻解除后，平均气温稳定在13℃以上，表层地温在10℃以上时，及时播种。

主要病虫害　在金盏花生育期用磷酸二氢钾结合微肥等进行叶面喷施2～3次，可起到增肥、抗病虫害的效果。在病虫害发生之前喷施70%的代森锰锌600～700倍液可起到防护作用。常发生枯萎病和霜霉病为害。可用65%代森锌可湿性粉剂500倍液喷洒防治。初夏气温升高时，叶片常发生锈病为害，用50%萎锈灵可湿性粉剂2 000倍液喷洒。早春花期易遭受红蜘蛛和蚜虫为害，可用40%氧化乐果乳油1 000倍液喷杀。

主要虫害为地老虎和红蜘蛛。防治红蜘蛛可在金盏花生育期喷施1.8%农克螨乳油2 000倍液。

观赏特性及园林用途　金盏花是早春园林和城市中最常见的草本花卉之一，用作花坛和花镜的布置。

8.2.3　万寿菊

别称　臭芙蓉、万寿灯、蜂窝菊、臭菊花、蝎子菊。

科属　菊科万寿菊属。

分布　原产墨西哥及中美洲。中国各地均有栽培。

形态特征　一年生草本，高50～150cm。茎直立，粗壮，具纵细条棱，分枝向上平展。叶羽状分裂，长5～10cm，宽4～8cm。

生长习性　喜温暖稍耐早霜，万寿菊生长适宜温度为15～25℃，花期适宜温度为18～20℃，要求生长环境的空气相对湿度在60%～70%，冬季温度不低于5℃。夏季高温30℃以上，植株徒长，茎叶松散，开花少。10℃以下，生长减慢。万寿菊为喜光性植物，充足阳光对万寿菊生长十分有利，植株矮壮，花色艳丽。阳光不足，茎叶柔软细长，开花少而小。万寿菊对土壤要求不严，以肥沃、排水良好的沙质壤土为好。耐移植，生长迅速，栽培容易。

繁殖方法及栽培技术要点　播种、扦插繁殖，以播种繁殖为主。

主要病虫害　万寿菊经常会有斑枯病。在日常管理中要保持通风，做好水肥管理。发病时摘除病叶，还可喷50%托布津1 000倍液或多菌灵800倍液治疗，还可以喷洒10%波尔多液，每隔10天喷洒1次，连续3～4次，可控制病害。

还会有立枯病的暴发，立枯病主要发生在万寿菊的育苗期，发病时万寿菊茎基部会产生椭圆形褐色小斑点，病斑逐渐扩大，使茎部干枯，幼苗死亡。暴发立枯病时，可以用50%多菌灵或50%代森锰锌1 000倍液喷洒治疗，7～10天喷洒1次。

万寿菊暴发白粉病时，生长期间可用甲基50%托布津800～1 000倍液或二硝散200倍液喷雾防治。

万寿菊的虫害中蚜虫是植物比较常见的害虫，在万寿菊的生长过程中，都可以发生，主要是淡茶褐色蚜虫和青绿色蚜虫。在万寿菊的生长过程中要随时观察植株的生长状况，及时防治。出现蚜虫可以用10%吡虫啉4 000~6 000倍液喷施。

潜叶蛾是一种为害比较大的害虫，幼虫会吃掉叶子，严重时可使全叶干黄枯死；如果发现潜叶蛾为害时，可以在采取早期摘除被害叶片，严重时用40%氧化乐果等内吸性杀虫剂喷雾防治。

观赏特性及园林用途 万寿菊是一种常见的园林绿化花卉，其花大、花期长，常用来点缀花坛、广场、布置花丛、花境和培植花篱。园林中宜栽于花坛、花境的边缘，或沿小径栽植，与春季开花的求根花卉配合，也很协调。中、矮生品种适宜作花坛、花径、花丛材料，也可作盆栽；植株较高的品种可作为背景材料或切花。万寿菊花大，色艳，花期长，是节日花坛最常用的品种之一。

8.2.4　孔雀草

别称　小万寿菊、红黄草、西番菊、臭菊花、缎子花。

科属　菊科万寿菊属。

分布　中国四川、贵州、云南等地。

形态特征　一年生草本，高20~40cm，茎直立，通常近基部分枝，分枝斜开展。叶羽状分裂，互生，长2~9cm，宽1.5~3cm，裂片线状披针形，边缘有锯齿，齿端常有长细芒，齿的基部通常有1个腺体。

头状花序单生，径3.5~4cm，花序梗长5~6.5cm，顶端稍增粗；总苞长1.5cm，宽0.7cm，长椭圆形，上端具锐齿，有腺点；舌状花金黄色或橙色，带有红色斑；舌片近圆形长8~10mm，宽6~7mm，顶端微凹；管状花花冠黄色，长10~14mm，与冠毛等长，具5齿裂。

生长习性　喜阳光，但在半阴处栽植也能开花。它对土壤要求不严。既耐移栽，又生长迅速，栽培管理又很容易。

繁殖方法及栽培技术要点　孔雀草种子的每克为290~350粒。由于用花条件的限制，以五一、十一两个节日的用花量最大。孔雀草的播种要求气温高于15℃（或有加温保温条件），北方春播。如果是在早春育苗，应注意确保一定的生长温度，尽量避免生长停滞。播种宜采用较疏松的人工介质，床播、箱播育苗，有条件的可采用穴盘育苗。介质要求pH值在6.0~6.2（稍高于其他品种）。孔雀草的发芽适温22~24℃，发芽时间5~8天。播种后2~5天露白（胚根显露）。

孔雀草种子发芽无需光照，通常在播种后覆盖一层薄薄的介质，建议以粗片蛭石为好，这样，既可以遮光，又可以保持育苗初期介质的湿润。保持介质湿润，但要防止过湿，温度保持在22～26℃。

主要病虫害　孔雀草的常见病害主要为褐斑病、白粉病和草茎枯病，其中草茎枯病最常见，主要为害孔雀草的茎和叶。防治方法：（1）下雨后及时进行排水工作，防止湿气滞留；（2）发病初期喷洒药物，可以选用苯菌灵、环己敝乳油，百菌清悬浮剂和绿得保悬浮剂的特定配制溶液。喷药周期为7天，喷洒2～3次即可。

虫害主要为红蜘蛛。红蜘蛛会刺吸茎叶汁液是其受害部位水分减少，叶片表面呈现密集苍白的小斑点，叶片卷曲发黄，严重时植株发生黄叶。卷叶、焦叶、落叶甚至死亡。

红蜘蛛还是病毒病的传播介体。防治方法：加强栽培管理。

观赏特性及园林用途　布置花台、花坛。花色金黄耀眼，尤其与一串红、四季秋海棠并植，色彩更加亮丽，是本地区节日用花最常见的品种之一。

8.2.5　矢车菊

别称　蓝芙蓉、翠兰、荔枝菊。

科属　菊科矢车菊属。

分布　中国各地广泛栽种。

形态特征　一年生或二年生草本，高30～70cm或更高，直立，自中部分枝，极少不分枝。

全部茎枝灰白色，被薄蛛丝状卷毛。基生叶及下部茎叶长椭圆状倒披针形或披针形，互生，不分裂，边缘全缘无锯齿或边缘疏锯齿至大头羽状分裂，侧裂片1～3对，长椭圆状披针形、线状披针形或线形，边缘全缘无锯齿，顶裂片较大，长椭圆状倒披针形或披针形，边缘有小锯齿。

头状花序多数或少数在茎枝顶端排成伞房花序或圆锥花序。边花增大，超长于中央盘花，蓝色、白色、红色或紫色，檐部5～8裂，盘花浅蓝色或红色。

生长习性　适应性较强，喜欢阳光充足，不耐阴湿，须栽在阳光充足、排水良好的地方，否则常因阴湿而导致死亡。较耐寒，喜冷凉，忌炎热。喜肥沃、疏松和排水良好的沙质土壤。

繁殖方法及栽培技术要点 分株、播种或者扦插繁殖。主要为播种，春秋均可播种，以秋播为好。

主要病虫害 主要病害有菌核病，此病主要为害茎基部，在气温较高的情况下，茎部往往出现水渍状浅褐色斑，病情严重则患处变为灰白色，然后组织腐烂，植株上部茎叶枯萎。防治方法：避免植株栽种过密；发现病株立刻拔掉，集中焚烧；当病情严重时，可用70%的托布津可湿性粉剂1 000倍液喷洒植株中下部。

霜霉病防治方法：发现病株及时拔除，集中处理，植株栽植不过密，保持良好的通风透光条件；发病时，可喷洒1∶1∶100波尔多液，或65%代森锌可湿性粉剂500～800倍液，或25%瑞毒霉800～1 000倍液，或40%乙磷铝200～300倍液等药剂防治。

曲缩病：感病植株叶片扭曲萎缩，叶脉坏死。防治：发现病株，立即拔除，集中销毁。在园艺操作中，尽量避免汁液接触传染，手和工具应消毒。

观赏特性及园林用途 矮型株仅高20cm，可用于花坛、草地镶边或盆花观赏，大片自然丛植。高型品种可以与其他草花相称布置花坛及花境，也可片植于路旁或草坪内，株型飘逸，花态优美，非常自然。

8.2.6 雏菊

别称 春菊、马兰头花、玛格丽特、延命菊、幸福花（俗称）。

科属 菊科雏菊属。

分布 原产欧洲。中国各地庭园栽培作为花坛观赏植物。

形态特征 多年生作二年生栽培，高10cm左右。叶基生，草质，匙形，顶端圆钝，基部渐狭成柄，上半部边缘有疏钝齿或波状齿。头状花序单生，直径2.5～3.5cm，花葶被毛；总苞半球形或宽钟形；总苞片近2层，稍不等长，长椭圆形。

生长习性 雏菊性喜冷凉气候，较耐寒，可耐-4～-3℃低温，忌炎热。喜光，又耐半阴，对栽培地土壤要求不严格。种子发芽适温22～28℃，生育适温20～25℃。西南地区适宜种植中、小花单瓣或半重瓣品种。中、大花重瓣品种长势弱，结籽差。

繁殖方法及栽培技术要点 播种、分株或扦插繁殖。雏菊较耐移植，移植可使其多发根。不需作株形修剪和打顶来控制花期。

主要病虫害 病害有雏菊枯叶病、雏菊苗期猝倒病、雏菊灰霉病、雏菊褐斑病、雏菊炭疽病等。要以预防为主，喷施针对性药物加新高脂膜，提高农药的有效成分率，不怕太阳暴晒蒸发，能调节水的吸收量，防旱防雨淋。保持清洁，发现受感染的植株、叶片，必须随时摘除清理。病害发生时，立即采取药剂防治措施。

观赏特性及园林用途 作为花坛、花境栽植，或者地被植物。

8.2.7 蛇目菊

别称 小波斯菊、金钱菊、孔雀菊。

科属 菊科金鸡菊属。

分布 原产美国中西部地区。中国各地普遍栽培。

形态特征 植株光滑，茎纤细，上部多分枝。叶对生，羽状深裂。头状花序，径3～4cm，具细长总柄，多数聚成松散的伞房花序状；蛇状花黄色，基部红褐色；管状花紫褐色。

生长习性 性强健，喜凉爽，耐寒性强，不耐酷暑；喜阳光，耐半阴；不择土壤，耐干旱瘠薄，在排水良好、疏松土壤上生长良好。极易自播繁衍。

繁殖方法及栽培技术要点 以播种繁殖为主，也可扦插繁殖。春播或秋播，种子喜光，在15～20℃时，播后1周发芽。幼苗极耐移植，定植株距40cm。夏季嫩枝扦插，极易成活。

露地栽培容易，管理粗放。在养护管理中适当控制水肥，促使植株矮化，花朵繁多艳丽，雨季要排涝。耐瘠薄的土壤和干燥的气候，若土壤湿度过大或肥料过多，则叶丛徒长，花朵反而不易展开。

主要病虫害 病害有蛇目菊，平时的病害并不是特别多，但在夏季和秋季的时候，容易出现"炭疽病"。它的为害范围广，而且很容易大面积感染。可用百菌清等药剂进行防治。

虫害：可能有蚜虫等害虫，不是特别常见。

观赏特性及园林用途 蛇目菊宜作花坛、路边等整形布置，如选用矮型品种效果更好。因蛇目菊株花期较短，故最适于坡地、草坪四周等较大面积的自然式地被栽植。用于花境丛植也很适宜。

8.2.8 百日草

别称 百日草、步步高、火球花、对叶菊、秋罗、步步登高。

科属　菊科百日草属。

分布　原产墨西哥。中国各地栽培广泛。

形态特征　一年生草本。茎直立，高30～100cm，全株有短毛，侧枝成叉状分生，叶宽卵圆形或长圆状椭圆形，长5～10cm，宽2.5～5cm，基部稍心形抱茎，两面粗糙，下面被密的短糙毛，基出三脉。头状花序径5～6.5cm，单生枝端，无中空肥厚的花序梗。

舌状花深红色、玫瑰色、紫堇色或白色，舌片倒卵圆形，先端2～3齿裂或全缘。

生长习性　喜温暖、不耐寒，喜阳光、怕酷暑，性强健，耐干旱、耐瘠薄，忌连作。根深茎硬不易倒伏。宜在肥沃深土层土壤中生长。生长期适温15～30℃。

繁殖方法及栽培技术要点　多用种子繁殖：播种前，土壤和种子要经过严格的消毒处理，以防生长期出现病虫害。

扦插繁殖：扦插育苗不如播种苗整齐，可选择长10cm侧芽进行扦插，一般5～7天生根，以后栽培管理与播种一样，30～45天后即可出圃。

主要病虫害　百日草病害有白星病：加强管理施足肥料，培育壮苗，防雨遮阴，定植后适时浇水，防止大水漫灌。加强棚室通风，降低湿度。及时清除病残体。发病初期，及时摘除病叶，然后立即喷药防治，可用1∶0.5∶200的波尔多液加0.1%硫黄粉，或65%代森锌可湿性粉剂500倍液，或75%百菌清可湿性粉剂500～800倍液，或50%代森铵800～1 000倍液。

百日草黑斑病：选择排良好的地段种植。栽植密度要适当，避免连作。种子在播种前要进行消毒处理（用50%多菌灵可湿性粉剂1 000倍液浸种10min）。秋后，病叶、病茎等集中销毁，消灭来年的侵染源。从无病的健康母株上留种。用50%代森锌或代森锰锌5 000倍液喷雾。喷药时，要特别注意叶背表面喷匀。

百日草花叶病：灭蚜防病对百日草花叶病有一定的控制作用。也要注意田间的卫生管理，根除病株，以减少侵染源。

观赏特性及园林用途　百日草花大色艳，开花早，花期长，株型美观，可按高矮分别用于花坛、花境、花带。

8.2.9　向日葵

别称　朝阳花、转日莲、向阳花、望日莲、太阳花。

科属 菊科向日葵属。

分布 主产区分布在中国东北、西北和华北地区。

形态特征 1年生草本，高1.0～3.5m，杂交品种有半米高植株。茎直立，粗壮，圆形多棱角，为白色粗硬毛。叶通常互生，心状卵形或卵圆形，先端锐突或渐尖，有基出3脉，边缘具粗锯齿，两面粗糙，被毛，有长柄。

头状花序，极大，直径10～30cm，单生于茎顶或枝端，常下倾。总苞片多层，叶质，覆瓦状排列，被长硬毛，夏季开花，花序边缘生黄色的舌状花，不结实。花序中部为两性的管状花，棕色或紫色，结实。

瘦果，倒卵形或卵状长圆形，稍扁压，果皮木质化，灰色或黑色，俗称葵花籽。

生长习性 向日葵四季皆可，主要以夏、冬两季为主。花期可达两周以上。

繁殖方法及栽培技术要点 直接用播种方式繁殖。工程种植，可用撒播与点播两种方式，撒播需提前将种植土整理平整，进行播撒。

主要病虫害 病害通用防治方法：选用抗病品种；严禁从疫区调种；轮作换茬；烧毁病残体；秋深翻；调整好播种期等。

向日葵螟防治：用频振式杀虫灯或性诱剂诱杀成虫；释放赤眼蜂；用苏云金杆菌喷粉，小面积（0.3～0.4hm^2）仅喷4周即可；用5%甲维盐水分散粒剂4 000～5 000倍液喷施。选择杀虫剂要慎重，大量杀死蜜蜂有可能得不偿失。

恶性寄生性杂草—列当：选用抗性品种；严禁从疫区调种；列当开花前连拔多次，可彻底防除。

观赏特性及园林用途 常布置于夏、秋季的树坛、花境，或用于隙地、林缘的绿化，矮茎种也可作盆栽观赏或点缀景色。

8.2.10 美女樱

别称 草五色梅、铺地马鞭草、铺地锦、四季绣球、美人樱。

科属 马鞭草科马鞭草属。

分布 中国各地也均有引种栽培。

形态特征 一二年生草本，全株有细绒毛，植株丛生而铺覆地面，株高10～50cm，茎四棱；叶对生，深绿色；穗状花序顶生，密集呈伞房状，花小而密集，有白色、粉色、红色、复色等，具芳香。

生长习性 喜阳光、不耐阴，较耐寒、耐阴差、不耐旱，北方多作一年生草花栽培，在炎热夏季能正常开花。在阳光充足、疏松肥沃的土壤中生长，花开繁茂。

繁殖方法及栽培技术要点　美女樱主要用播种和扦插两种方法繁殖。种子发芽率较低，仅为50%左右，发芽很慢又不整齐，在15~17℃的温度下，经2~3周才开始出苗。种子播下后，应放置在阴暗处，不仅要保持土壤湿润，还要保持空气湿润。

扦插可在5—6月进行。先取稍木质化的枝权，剪成5~6cm长的段子做插条，插于湿沙床中，后要立即遮阴，经2~3天后可略见早晨、傍晚的阳光，以促进生长，大约经两周后可发出新芽、生根。当幼苗长出5~6片真叶时进行移植，长至7~8cm时定植。

主要病虫害　生长健壮的植株，抗病虫能力较强，很少有病虫害发生。

观赏特性及园林用途　美女樱茎秆矮壮葡匐，为良好的地被材料，可用于城市道路绿化带、交通岛、坡地、花坛等。

8.2.11　蓝亚麻

别称　宿根亚麻、多年生亚麻、豆麻。

科属　亚麻科亚麻属。

分布　分布于中国河北、山西、内蒙古、西北和西南等地。

形态特征　株高50~60cm，叶细而多，线形螺旋状排列，花顶生或腋生，花梗纤细而下垂，花冠5瓣，蓝色或浅蓝色，果实为蒴果。蓝亚麻每年4月初开始生长。11月初枝叶枯萎。花期5—7月，陆续开放。每朵花开放的时间不长，但整株开放时间较长。果熟期8月、10月。

生长习性　蓝亚麻是比较喜欢光照的植物，它的适应性比较强，耐寒能力不弱。对环境的要求是感觉凉爽，土壤一般是选择肥沃、排水性良好的土壤。

繁殖方法及栽培技术要点　蓝亚麻繁殖以播种为主，春、秋播种均可，北方地区宜春播。蓝亚麻在整个生长期比较怕热，播种最适温度15~20℃。春播时间4—5月，秋播在9月中下旬。其繁育方式通常为穴盘育苗、露地直播和扦插繁殖三种。

主要病虫害　少病虫害。

观赏特性及园林用途　可广泛应用于风景区、市郊游憩地、森林公园等大型园林境域的空旷地路缘、林缘、溪边、山坡上。可在不增加较多投资的情况下，增添自然景观的美色。还可一次投入，多年适用，并兼顾保持水土功效。

8.2.12 二月兰

别称 菜子花、二月蓝、紫金草、诸葛菜。

科属 十字花科诸葛菜属。

分布 原产中国东北、华北，辽宁、河北、山东、山西、陕西、江苏、浙江、上海等地。野生或人工栽培。

形态特征 二年生草本，自播可实现多年生生长，高30~50cm。下部叶近圆形，有叶柄，而上部叶则近三角形，抱茎而生。总状花序顶生，小花十字形，蓝紫色，花期2月下旬至5月中旬。角果，种子褐色。

生长习性 极耐寒，秋天以小苗状态越冬，早春天气转暖，即迅速抽出花葶开花。喜光亦耐阴，不耐践踏。

繁殖方法及栽培技术要点 有自播繁衍能力，一次播种后，不需年年播种。管理省工，仅在秋天播种时，要保证水分供给，否则第二年幼苗长势弱，影响抽葶开花，低矮而花少。

主要病虫害 病虫害少，偶有蚜虫、红蜘蛛及锈病为害。锈病多发生在天气干旱时，其病症始于植株下部叶片，叶背出现突起的黄褐色小斑，后期破裂散出黄褐色粉末，叶片正面相应部位产生黄绿色斑点，为害严重时叶片枯黄卷缩。防治方法：一是要合理密植；二是平时要加强肥水管理，增强植株抗病能力，减少发病率；三是在发病初期喷1：1：100的波尔多液进行防治。蚜虫吸取嫩茎叶的汁液，引起叶片和花蕾卷曲，生长缓慢，产量锐减，4—6月虫害严重。防治方法是在虫害发生期喷40%乐果乳油1 500~2 000倍液。防治红蜘蛛可用杀螨灵。

观赏特性及园林用途 二月兰早春难得的优良开花地被植物，适于片植或丛植，也可布置于草坪一角或栽于路边、石旁。多做为组合花卉中春花的品种。种植时可直接播种。

8.2.13 一串红

别称 爆仗红（炮仗红）、拉尔维亚、象牙红、西洋红。

科属 唇形科鼠尾草属。

分布 原产巴西。中国各地庭园中广泛栽培。

形态特征 多年生做一年生栽植，茎钝四棱形，具浅槽，无毛。茎节常为紫红色。叶对生，叶缘有锯齿，叶卵圆形或三角状卵圆形，长2.5~7cm，宽2~4.5cm，先端渐尖，基部截形或圆形，稀钝，上面绿色，下面较淡，两面无毛，下面具腺点；茎生叶叶柄长3~4.5cm，无毛。

顶生总状花序，似串串爆竹；花唇形，伸出萼外，花萼与花冠同色。花落后花萼仍有观赏价值；有鲜红、红、白、粉、紫、复色等多种颜色和矮生品种。

生长习性 不耐寒，多做一年生栽培；喜阳光充足，但也耐半阴；忌霜害；喜疏松肥沃的土壤。

繁殖方法及栽培技术要点 播种或扦插繁殖。播种时间以开花期而定。如五一用花需8月中下旬秋播，10月上中旬假植在温室内，10余天后根系生长。扦插苗至开花期较实生苗短，植株高也易于控制。晚插者植株矮小，生长势虽弱，但对花期影响不大，开花仍繁茂，更便于布置。

主要病虫害 温室栽种一串红，如室内高温、高湿或光照不足，易发生腐烂病，必须注意调节温度，使空气流通。此外，一串红易发生红蜘蛛、蚜虫等虫害，可喷氧化乐果乳剂1 500倍液防治。

观赏特性及园林用途 一串红常用红花品种，秋高气爽之际，花朵繁密，色彩艳丽，常用作花丛花坛的主体材料，也可植于带状花坛或自然式纯植于林缘。常与浅黄色美人蕉、矮万寿菊、翠菊、矮霍香蓟等配合布置。一串红矮生品种更宜用于花坛，白花品种除与红花品种配合观赏效果较好外。一般白花、紫花品种的观赏价值不及红花品种。

文化内涵 花语：一串红代表恋爱的心，一串白代表精力充沛，一串紫代表智慧。

8.2.14 彩叶草

别称 五彩苏、老来少、五色草、锦紫苏。

科属 唇形科鞘蕊花属。

分布 中国各地园圃普遍栽培，作观赏用。

形态特征 全株具柔毛，茎四棱形。叶卵形，缘具钝齿芽，绿色叶面具黄、红、紫等斑纹。顶生总状花序具白色小花，花期8—9月。园艺品种多。

生长习性 喜高温，不耐寒；喜阳光充足；喜疏松肥沃、排水良好的土壤。

繁殖方法及栽培技术要点 播种繁殖为主，也可扦插繁殖。温室内可四季进行繁殖。一般先行育苗后露地使用。种子喜阳光，发芽适温18℃，播后10~15

天发芽。扦插适温15℃。冬季保持10℃以上，生长适温20~25℃。幼苗期摘心促分枝，氮肥过多叶色暗淡，可多追磷肥。生长期注意控制水分，防止徒长。

主要病虫害 彩叶草最易遭受蚜虫为害，蚜虫隐藏在叶片上，吸取嫩汁液，造成叶片卷曲甚至枯萎，因此当彩叶草发生蚜虫虫害时要及时进行防治。为减少污染可采用植物农药进行防治。方法是取一定量的侧柏叶捣碎后，加入4~5倍水稀释，对受害植株进行喷施，一般经3~5次喷施后就可达到消灭害虫的目的。

观赏特性及园林用途 彩叶草的色彩鲜艳、品种甚多、繁殖容易，为应用较广的观叶花卉。

8.2.15 鸡冠花

别称 鸡髻花、老来红、芦花鸡冠、笔鸡冠、小头鸡冠、凤尾鸡冠。

科属 苋科青葙属。

分布 中国各地广泛栽培。

形态特征 一年生直立草本，茎粗壮直立，光滑具棱，高30~80cm。分枝少，近上部扁平，绿色或带红色，有棱纹凸起。

单叶互生，具柄；叶片长5~13cm，宽2~6cm，先端渐尖或长尖，基部渐窄成柄，全缘。中部以下多花，苞片、小苞片和花被片干膜质，宿存；胞果卵形，长约3mm，熟时盖裂，包于宿存花被内。

生长习性 喜温暖干燥气候，怕干旱，喜阳光，不耐涝，但对土壤要求不严，一般土壤庭院都能种植。

繁殖方法及栽培技术要点 主要是播种繁殖。一般直播，也可育苗移栽。

主要病虫害 主要是叶斑病：本病多发生在植株下部叶片上，病原菌为半知菌亚门镰孢霉属的真菌，菌丝及孢子在植株残体及土壤中越冬，以风雨、灌溉、浇水溅溃等方式传播。病斑初为褐色小斑，扩展后病斑呈圆形至椭圆形，边缘为暗褐色至紫褐色，内为灰褐色至灰白色。在潮湿的天气条件下，病斑上出现粉红色霉状物，即病原菌的分生孢子。病后期病叶萎蔫干枯或病斑干枯脱落，造成穿孔。在养护管理中要多注意防治，及时摘除病叶，并喷洒杀菌药物。

观赏特性及园林用途 鸡冠花的品种多，株型有高、中、矮3种；形状有鸡冠状、火炬状、绒球状、羽毛状、扇面状等；花色有鲜红色、橙黄色、暗红色、紫色、白色、红黄相杂色等；叶色有深红色、翠绿色、黄绿色、红绿色等极其好看，成为夏秋季常用的花坛用花。

8.2.16 五色草

别称 红绿草、锦绣苋。

科属 苋科莲子草属。

分布 分布于热带亚热带地区。中国产西南至东南地区，野生于湿地。

形态特征 多年生草本。株高2～20cm。茎多分枝，呈密丛状。单叶对生，匙状披针形、椭圆形或倒卵形。暗紫红或彩斑或异色，叶柄短，基部下延；头状花序生于叶腋。

生长习性 喜阳光充足，略耐阴；喜温暖湿润，畏寒；不耐干旱和水涝；冬季在15～20℃的温室内越冬，低温则出现冷害。

繁殖方法及栽培技术要点 通常播种繁殖，可以保持品种的优良性状。有些尚不能用播种繁殖方法保持品种性状的，需采取扦插繁殖。扦插繁殖，极易生根。在气温22℃，相对湿度70%～80%条件下，4～7天生根，15天左右及可定植。

主要病虫害 五色草幼苗期易发生猝倒病，应注意播种土壤的消毒。生长期有叶斑病为害，用50%托布津可湿性粉剂500倍液喷洒。

观赏特性及园林用途 株型紧密，分枝性强，极耐低修剪，可控制在5～10cm高，最适用于魔纹花坛，也是目前立体、魔纹花坛常用植物，有红、绿、褐色及不同宽窄、大小叶品种。也可用于花境边缘及岩石园。本地区主要应用于立体造型。

8.2.17 三色堇

别称 蝴蝶花、鬼脸花。

科属 堇菜科堇菜属。

分布 中国各地广泛栽培。

形态特征 宿根草本，常作二年生栽培。株高10～30cm、株丛低矮，多分枝。叶互生，基生叶具长柄，近圆形，茎生叶矩圆状卵形或宽披针形，具齿，托叶顶端裂片狭披针形，全缘或有钝齿；花有3～6mm的短距，花径4～5cm，花色丰富，花瓣5枚，两侧对称，侧开；2枚有距，2枚有附属体；通常原种每花有紫、白、黄3种颜色。

生长习性 较耐寒，喜凉爽，在昼温15～25℃、夜温3～5℃的条件下发育良好。昼温若连续在30℃以上，则花芽消失，或不形成花瓣。日照长短比光照强度对开花的影响大，日照不良，开花不佳。喜肥沃、排水良好、富含有机质的中性壤土或黏壤土。

繁殖方法及栽培技术要点　播种法，通常以秋为播种适期，种子发芽适温15~20℃。将种子均匀撒播于细木屑中，保持适润，经10~15天发芽。若气温太高，不易发芽，可先催芽再播种。

在初夏时扦插或压条繁殖，扦插3—7月均可进行，以初夏为最好。一般剪取植株中心根茎处萌发的短枝作插穗比较好，开花枝条不能作插穗。扦插后2~3个星期即可生根，成活率很高；压条繁殖，也很容易成活。栽培土质以肥沃富含有机质的土壤为佳，或用泥炭土30%、细木屑20%、壤土40%、腐熟堆肥10%混合调制。

主要病虫害　为害三色堇的虫害主要是黄胸蓟马。它主要以若虫和成虫为害三色堇的花，并会留下灰白色的点斑，为害严重时，会使三色堇的花瓣卷缩、花朵提前凋谢。黄胸蓟马的成虫和若虫一般都隐藏在花中，雌虫将卵产在花蕊或花瓣的表皮内，为害时用口器锉碎植物表皮吸取汁液，并多发于高温干旱时节。防治措施：用2.5%的溴氰菊酯4 000倍液或杀螟松1 500倍液，每隔10天喷洒1次。

观赏特性及园林用途　三色堇花色瑰丽，株型低矮，在园林应用中要求全光照的环境，是花坛、花境、色块布置、镶边栽植的绝好选择。

8.2.18　矮牵牛

别称　碧冬茄、杂种撞羽朝颜、灵芝牡丹、毽子花、矮喇叭、番薯花、撞羽朝颜。

科属　茄科碧冬茄属（矮牵牛属）。

分布　原产于南美洲阿根廷，现世界各地广泛栽培。

形态特征　茄科碧冬茄属植物。多年生草本，常作一二年生栽培；株高15~80cm，也有丛生和匍匐类型；叶椭圆或卵圆形；播种后当年可开花，花期长达数月，花冠喇叭状；花形有单瓣、重瓣、瓣缘皱褶或呈不规则锯齿等；花色有红、白、粉、紫及各种带斑点、网纹、条纹等；蒴果，种子极小，千粒重约0.1g。

生长习性　喜温暖和阳光充足的环境。不耐霜冻，怕雨涝。它生长适温为13~18℃，冬季温度在4~10℃，如低于4℃，植株生长停止。夏季能耐35℃以上的高温。

繁殖方法及栽培技术要点　播种和扦插繁殖。温度适宜随时可播种，因不耐寒且易受霜害，露地春播宜稍晚。

移植恢复较慢，宜于苗小时尽早定植，并注意勿使土球松散。摘心可促分枝。重瓣品种对肥水的要求高。短日照促进侧芽发生，开花紧密；长日照分枝少，花多顶生。高温高湿则开花不良。

主要病虫害　白霉病发病后及时摘除病叶，发病初期喷洒75%百菌清600～800倍液；叶斑病尽量避免碰伤叶片并注意防止风害、日灼及冻害；及时摘除病叶并烧毁，注意清除落叶；喷洒50%代森铵1 000倍液。病毒病间接的防治方法是喷洒40%氧化乐果1 000倍溶液防治蚜虫；在栽培作业中，接触过病株的工具和手都要进行消毒。

如果发现大量蚜虫时，应及时隔离，用10%氧化乐果乳剂1 000倍液或马拉硫黄乳剂1 000～1 500倍液或敌敌畏乳油1 000倍液或高搏（70%吡虫啉）水分散粒剂15 000～20 000倍液喷洒。

观赏特性及园林用途　多花，花大，开花繁茂，花期长，色彩丰富，是优良的花坛和种植钵花卉，也可自然式丛植；大花及重瓣品种供盆栽观赏或作切花。气候适宜或温室栽培可四季开花。可以广泛用于花坛布置，花槽配置，景点摆设，是本地常用的应时草花。

8.2.19　虞美人

别称　丽春花、赛牡丹、满园春、仙女蒿、虞美人草。

科属　罂粟科罂粟属。

分布　原产于欧亚温带大陆。在中国有大量栽培。

形态特征　一年生草本植物，全体被伸展的刚毛，稀无毛。茎直立，高25～90cm，具分枝，被淡黄色刚毛。叶互生，叶片轮廓披针形或狭卵形。

花单生于茎和分枝顶端；花梗长10～15cm，被淡黄色平展的刚毛。花蕾长圆状倒卵形，下垂，渐渐抬头。

生长习性　虞美人生长发育适温5～25℃，春夏温度高地区花期缩短，昼夜温差大。夜间低温有利于生长开花，在高海拔山区生长良好，花色更为艳丽。寿命3～5年。耐寒，怕暑热，喜阳光充足的环境，喜排水良好、肥沃的沙壤土。不耐移栽，忌连作与积水。能自播，花期5—8月。

繁殖方法及栽培技术要点 采用播种繁殖，喜欢光照充足和通风良好的地方，耐寒，不耐湿、热，不宜在过肥的土壤上栽植，不宜重茬种植。种子细小，覆土宜薄，发芽适温15～20℃。不宜在低洼、潮湿，水肥大，光线差的地方育苗和栽植，否则生长不良，还易出病害。对土壤要求不严，但以疏松肥沃沙壤土最好，行距20cm，播后用地膜覆盖，或于早春地表刚解冻时播种，出苗后逐步揭去地膜。

主要病虫害 常见病害有苗期枯萎病，用25%托布津可湿性粉剂1 000倍液喷洒。通常子叶出苗后每周用1 000倍液百菌清或甲托喷施，连续2～3次。

常见虫害有蚜虫，成虫若虫密集于嫩梢，吮吸叶上汁液。常采用35%卵虫净乳油1 000～1 500倍液，2.5%天王星乳油3 000倍液，50%灭蚜灵乳油1 000～1 500倍液，10%氯氰菊酯乳油3 000倍液，2.5%功夫乳油3 000倍液，40%毒死蜱乳油1 500倍液，40%氧化乐果1 000倍液，2.5%鱼藤精乳油1 500倍液喷杀。

观赏特性及园林用途 虞美人的花多彩丰富、开花时薄薄的花瓣质薄如绫，光洁似绸，轻盈花冠似朵朵红云、片片彩绸，虽无风亦似自播，风动时更是飘然欲飞，颇为美观，花期也长，适宜用于花坛、花境栽植。在公园中成片栽植，景色非常宜人。

8.2.20 凤仙花

别称 指甲花、小桃红、急性子、透骨草。

科属 凤仙花科凤仙花属。

分布 中国南北各地均有栽培。

形态特征 茎直立肉质，光滑有分枝，浅绿或晕红褐色，常与花色相关。叶互生，阔披针形，缘具细齿，叶柄两侧具腺体。花单生或数朵生于上部叶腋；花色有紫红、朱红、桃红、粉、雪青、白及杂色，有时瓣上具条纹和斑点。

生长习性 喜温暖，不耐寒，怕霜冻。喜阳光充足，稍耐微阴，对土壤适应性强，适宜湿润、肥沃、深厚、排水良好的微酸性土壤，不耐干旱。具有自播能力。

繁殖方法及栽培技术要点 播种繁殖。春播，在23～25℃下，4～6天即可发芽。播种到开花经7～8周。定植株距30cm。可调整播种期以调节花期，但播种期晚，则生长期短，花期也短，为了收种子，需早播。

要求种植地高燥通风，否则易染白粉病。全株水分含量高，因此不耐干燥和干旱，水分不足时，易落花落叶，影响生长。定植后应及时灌水，但雨水过多应注意排水防涝，否则根茎容易腐烂。耐移植，盛开时仍可移植，恢复容易。对易分枝而又直立生长的品种可进行摘心，促发侧枝。

主要病虫害　白粉病防治方法：加强栽培管理，种植密度要适当，应有充分的通风透光条件，多施磷、钾肥，不过量施氮肥；及时拔除病株、清除病叶并集中烧毁，减少来年浸染源。发病期间用25%粉锈宁可湿性粉剂2 000～3 000倍液，或70%甲基托布津可湿性粉剂1 000～1 200倍液，或25%多菌灵可湿性粉剂500倍液喷施。

虫害主要是天蛾：以幼虫啃食叶片，造成叶片残缺不全，发生严重时，也食害花朵。防治方法：冬季清园翻土，注意消灭土中越冬虫蛹。成虫羽化期用黑光灯诱杀成虫。幼虫为害期，可选用20%菊杀乳油2 000倍液或90%敌百虫原药或50%杀螟松乳油1 000～1 500倍液进行防治。

观赏特性及园林用途　凤仙花因其花色、品种极为丰富，是美化花坛、花境的常用材料，可丛植、群植和盆栽，也可作切花水养。其中非洲凤仙，新几内亚凤仙为其常用品种。

8.2.21　金鱼草

别称　龙头花、狮子花、龙口花、洋彩雀。

科属　玄参科（车前科）金鱼草属。

分布　原产地中海。中国广西南宁有引种栽培。

形态特征　多年生直立草本做二年生栽培，茎基部有时木质化，高可达80cm。叶下部的对生，上部的常互生，具短柄；叶片无毛，披针形至矩圆状披针形，长2～6cm，全缘。总状花序顶生，密被腺毛。花冠颜色多种，从红色、紫色至白色，长3～5cm，基部在前面下延成兜状，上唇直立，宽大，2半裂，下唇3浅裂，在中部向上唇隆起，封闭喉部，使花冠呈假面状。

生长习性　喜凉爽气候，喜阳光，也能耐半阴。不耐酷暑。适生于疏松肥沃、排水良好的土壤，在石灰质土壤中也能正常生长。

繁殖方法及栽培技术要点　主要用播种繁殖。秋播苗比春播苗生长健壮，开花茂盛。秋播后7～10天出苗。用50～400mg/L赤霉素液浸泡种子，可提高种子发芽率。春播应在3—4月进行，也可以用扦插繁殖。定植后，为了保证正常发育，应勤施追肥，一般生长期每10天施1次，可用含有氮钾的混合肥料，浓度以0.01%为宜。平时经常疏松盆吐，适量浇水，冬季控制浇水，可使植株生长健康，花多而色艳。对日照要求高，关照不足容易徒长，开花不良。主茎有4～5节时可摘心，促进多分枝，多开花。

主要病虫害 金鱼草的苗期，可能会有苗腐病，其病症为根茎部腐烂，出现植株倒伏或凋零。防治方法：避免土温过低，也可以用波尔多液喷洒。

观赏特性及园林用途 金鱼草是夏秋开放之花，在中国园林广为栽种，适合群植于花坛、花境，与百日草、矮牵牛、万寿菊、一串红等配置效果尤佳。高型品种可用作背景种植，矮型品种宜植于花池中部或边缘种植。本地区应用较少。

文化内涵 金鱼草寓意有金有余，繁荣昌盛及活泼，是一种吉祥的花卉。

8.2.22 香石竹

别称 康乃馨、麝香石竹。

科属 石竹科石竹属。

分布 欧亚温带有分布。中国广泛栽培供观赏。

形态特征 多年生草本做二年生栽培，高40～70cm，全株无毛，粉绿色。茎丛生，直立，基部木质化，上部稀疏分枝。

叶片线状披针形，长4～14cm，宽2～4mm，顶端长渐尖，基部稍成短鞘，中脉明显，上面下凹，下面稍凸起。花常单生枝端，有时2或3朵，有香气，粉红、紫红或白色；花梗短于花萼；苞片4（～6），宽卵形，顶端短凸尖，长达花萼1/4；花萼圆筒形，长2.5～3cm，萼齿披针形，边缘膜质；瓣片倒卵形，顶缘具不整齐齿；雄蕊长达喉部；花柱伸出花外。

蒴果卵球形，稍短于宿存萼。花期5—8月，果期8—9月。

生长习性 喜冷凉气候，但不耐寒，喜空气流通、干燥及日光充足之环境。要求排水良好、腐殖质丰富、保肥性能良好而微呈碱性之黏质土壤，忌连作及低洼地。喜肥。

繁殖方法及栽培技术要点 可用播种、压条、扦插法繁殖，而以扦插法为主。扦插时间除炎夏外均可进行，但在生产中多以1—3月为宜，尤在1月下旬至2月上旬扦插效果最好，成活率最高，生长健壮。

主要病虫害 香石竹病虫害较多，尤以病害为甚。如定植前、定植后均可有立枯病，又有病毒病、叶斑病及锈病等为害。应当选用无病插穗（芽），拔除病株，喷药防治，或进行土壤消毒。另有种蝇、蝼蛄为害，可用毒饵诱杀。温室或塑料地棚内，最好在地床下设有3cm厚的砻糠灰或黄砂层，以防蚯蚓入内活动。对蚜虫、红蜘蛛、夜盗蛾等虫害，则可喷药毒杀。

观赏特性及园林用途　香石竹为最重要的切花之一，也可作为布置花坛的材料。

8.2.23　常夏石竹

别称　羽裂石竹、地被石竹。

科属　石竹科石竹属。

分布　主要分布于中国长江流域及其以北地区南部暖带落叶阔叶林区、北亚热带落叶常绿阔叶混交林区、中亚热带常绿落叶阔叶林区。

形态特征　高30cm，茎蔓状簇生，上部分枝，越年呈木质状，光滑而被白粉，叶厚，灰绿色，长线形，花2~3朵，顶生枝端，花色有紫、粉红、白色，具芳香。花期5—10月。

生长习性　喜温暖和充足的阳光，不耐寒。要求土壤深厚、肥沃，盆栽要求土壤疏松、排水良好。生长季节经常施肥。病虫害少，在中性、偏碱性土壤中均能生长良好。

繁殖方法及栽培技术要点　主要用分株繁殖，除冬季封地和夏季高温季节外，其余时间均可种植。最佳时间在立秋以后和春季开冻后，在预先准备好的地块上，按20cm×30cm的间距开穴，一般小墩（6cm以下）不需分劈，大苗（10cm以上）每墩可分4~6小墩，小墩必须带有毛细根，否则不易成活。栽植深度较原苗深1~2cm，栽后压实，灌1次定根水。定根水要浇透，使根系与土壤充分接触。栽植密度要求不严，可依据不同的成坪时间要求灵活调整栽植密度。照前述密度栽植两个月即可成坪。

主要病虫害　常夏石竹适应性强，管理粗放，虫害很少发生，病虫害主要发生于夏季7—9月高温季节，主要有立枯病、凋萎病等。

防治方法：每次修剪后立即喷杀多菌灵、百菌清一遍，发现病株后马上拔除并集中烧毁，然后对土壤消毒后再补植。

观赏特性及园林用途　常夏石竹叶形优美，花色艳丽，且花具芳香，花期长，被广泛用于点缀城市的大型绿地、广场、公园、街头绿地、庭院绿地和花坛、花境中。

8.2.24　长春花（五瓣梅）

别称　日日春、日日草、日日新、三万花、四时春、时钟花、雁来红。

科属　夹竹桃科长春花属。

分布　主要在中国长江以南地区栽培，广东、广西、云南等省区栽培较为普遍。

形态特征　茎直立，分枝少。叶对生，叶柄短，倒卵状矩圆形，两面光滑无毛，浓绿色有光泽，主脉白色明显。花单生或数朵腋生，高脚杯状，有5枚平展的花冠裂片，通常喉部色更深，有纯白、白色喉部具红黄斑的品种。

生长习性　喜温暖，忌干热，不耐寒。喜阳光充足，耐半阴。不择土壤，耐贫瘠、耐旱、忌水涝。

繁殖方法及栽培技术要点　播种或扦插繁殖。春播发芽较整齐，24~6℃条件下，3~6天发芽。生长温度18~24℃，播种后8~10周（夏播）或10~14周（春播）开花。2~3片真叶时分栽或上小盆。摘心2~3次，促进分枝，使花繁叶茂。6—7月定植于园地或花坛，定植观赏株距20cm。养护管理要求不高，喜薄肥，每月施肥1次，生长期适当灌水，但不能积水，雨季及时排涝。主根发达，侧根、须根较少，应带土团移植，并在植株较小时进行，大苗移栽则恢复生长较慢，甚至不易成活。花后剪除残花，花期适当追肥，可延长花期。

主要病虫害　长春花植株本身有毒，所以比较抗病虫害。苗期的病害主要有猝倒病、灰霉病等，另外要防止苗期肥害、药害的发生，如果发生，应立即用清水浇透，加强通风，将为害降低。

虫害主要有红蜘蛛、蚜虫、茶蛾等。长时间下雨对长春花非常不利，特别容易感病。在生产过程中不能淋雨。

观赏特性及园林用途　花期较长，开花繁茂，色彩艳丽，是优良的花坛花卉。矮生品种布置春夏花坛极为美观。

8.2.25　半枝莲

别称　龙须牡丹、松叶牡丹、大花马齿苋、死不了。

科属　马齿苋科马齿苋属。

分布　中国各地广泛栽培。

形态特征　一年生肉质草本，植株低矮。茎匍匐状或斜生。叶圆棍状，肉质。花顶生，开花繁茂，花色极为丰富，有白、粉、红、黄、橙等深浅不一或具斑纹等复色品种。

生长习性 喜高温，不耐寒；喜光；喜沙壤土，耐干旱瘠薄，不耐水涝。能自播繁衍。花在日中盛开，其他时间或阴天光弱时，花朵常闭合或不能充分开放。但近几年已经育出全日性开花的品种，对日照不敏感。

繁殖方法及栽培技术要点 播种或扦插繁殖。春播，种子喜光，发芽适温20~25℃，播后7~10天发芽。摘取新梢进行扦插，易生根。播种繁殖难以保持品种的花色纯一，如要求单一色彩时，可于初花扦插育苗。

栽培容易。在肥沃、排水好的沙壤土上生长良好，花大而多，色艳。土壤贫瘠或光照不足徒长，开花少。移植后容易恢复生长，大苗也可裸根移栽。种子成熟不一，易脱落。

主要病虫害 锈病：主要为害叶片，受害植株叶背面呈黄褐色斑点，严重时叶片变黄，翻卷脱落。防治方法：发病初期可用97%敌锈钠300~400倍液（加少量洗衣粉），或用0.2~0.3波美度石硫合剂每隔7~10天喷1次，连续2~3次。

观赏特性及园林用途 色彩丰富而鲜艳，株矮叶茂，是良好的花坛用花，可用作花坛或花境、花丛、花坛的镶边材料。

8.2.26 地肤

别称 地麦、落帚、扫帚苗、扫帚菜、孔雀松。

科属 藜科地肤属。

分布 原产于欧洲及亚洲中部和南部地区。分布在亚洲、欧洲以及中国大陆的大部分地区。

形态特征 一年生草本，高50~100cm。株丛紧密，卵圆至圆球形，草绿色。根略呈纺锤形。茎直立，圆柱状，淡绿色或带紫红色，有多数条棱，稍有短柔毛或下部几乎无毛。

生长习性 地肤适应性较强，喜温、喜光、耐干旱，不耐寒，对土壤要求不严格，较耐碱性土壤。肥沃、疏松、含腐殖质多的壤土有利于地肤旺盛生长。

繁殖方法及栽培技术要点 地肤适应性较强，南北各地均可栽种，对土壤要求不严，房前、屋后、地边、地角等处均可栽种。用种子繁殖，春季4月播种，适宜发芽温度为10~20℃。播种前浇透水，进行条播，行距0.5~0.8m，覆土0.4~0.5cm，播种量为1kg/亩，播后稍镇压。保持土壤湿润，约10天出苗。苗出齐后要及时间苗、定苗，并及时松土、除草，适时浇水，每年施追肥2~3次。

秋季果实成熟时割取全草，晒干打下果实，除去杂质，晒干备用。茎叶切段晒干即可。

主要病虫害 地肤易受蚜虫为害，可以用40%乐果乳油1 000～1 200倍液进行防治。地肤也易被菟丝子寄生，发现后应及时摘除。

观赏特性及园林用途 用于布置花篱、花境，或数株丛植于花坛中央，可修剪成各种几何造型进行布置。可群植于花境、花坛，或与色彩鲜艳的花卉配置，可用来点缀零星空地。在土丘、假山上随坡就势、高低错落、疏密相间，可形成独特的园林景观。同时它也是重要的夏季花坛植物之一，其淡淡的绿色，在炎热的夏季带给人们一片凉爽的感觉。

9 草坪植物

9.1 高羊茅

科属 禾本科羊茅属。

分布 分布于中国广西、四川、贵州。

形态特征 秆成疏丛或单生，直立，高90～120cm，径2～2.5mm，具3～4节，光滑，上部伸出鞘外的部分长达30cm。叶鞘光滑，具纵条纹，上部者远短于节间，顶生者长15～23cm；叶舌膜质，截平，长2～4mm；叶片线状披针形，先端长渐尖，通常扁平，下面光滑无毛，上面及边缘粗糙。圆锥花序疏松开展，长20～28cm；分枝单生，长达15cm，自近基部处分出小枝或小穗。

生长习性 性喜寒冷潮湿、温暖的气候，在肥沃、潮湿、富含有机质、pH值为4.7～8.5的细壤土中生长良好。耐高温；喜光，耐半阴，对肥料反应敏感，抗逆性强，耐酸、耐瘠薄，抗病性强。

繁殖方法及栽培技术要点 把种植地深翻、整平，每亩施1 000kg腐熟的农家肥、200kg草木灰和500kg河沙，改良土壤，为草坪草生长提供良好的环境。高羊茅草坪建植，选取种子直播即可。播种时间宜在3月中旬或9月中下旬。为了避免杂草为害，秋天播种效果较好。播种前20天施芽前除草剂防除杂草。播种量1 400g/亩，播后覆盖1～2cm厚的细土，保持土壤湿润，一般50天左右就能成坪。

主要病虫害 主要病害有褐斑病、草坪锈病、草坪白粉病等。防治方法：采用70%甲基托布津可湿性粉剂1 000～1 500倍液、20%粉锈宁乳油1 000～1 500倍液、50%多菌灵可湿性粉剂1 000倍液、50%退菌特可湿性粉剂1 000倍液等交替使用，连续喷施3～5次，每次间隔7～10天，但甲基托布津和多菌灵不能交替用。

主要虫害有草地螟、蝼蛄、金龟子、黏虫、蜗牛等，防治方法：安装杀虫灯，诱杀成虫；根施50%辛硫磷乳油500～800倍液；喷洒2.5%溴氰菊酯

2 000 ~ 3 000倍液，连续喷3次，每次间隔10 ~ 15天。

观赏特性及园林用途 高羊茅是国内使用量最大的冷季型草坪草之一。可用于公共绿地，公园，足球场等运动草坪，高尔夫球场的障碍区。作为冷型草混播成分，还可与草地早熟禾和多年生黑麦草等混播起到抗中等程度修剪的效果。

9.2 草地早熟禾

别称 六月禾、肯塔基。

科属 禾本科早熟禾属。

分布 中国各地广泛栽培。

形态特征 多年生草本，具匍匐细根状茎；根须状。秆直立，疏丛状或单生。圆锥花序卵圆形，或塔形，开展，先端稍下垂，长13 ~ 22cm，宽2 ~ 4cm。

生长习性 草地早熟禾喜光耐阴，喜温暖湿润，又具很强的耐寒能力耐旱较差，夏季炎热时生长停滞，春秋生长繁茂；是典型的冷季型草种。

繁殖方法及栽培技术要点 草地早熟禾在冷湿气候，肥沃的土壤，可发育成良好的天然草地。培植人工草地，种子微小（千粒重为0.02 ~ 0.026g）；应在播种前岂年夏、秋季进行耕翻；精细整地。播种前后都要求镇压土地，保持土壤湿度，控制播种深度，保证出苗率。

播种期：要因地制宜，温暖地区，春、夏、秋均可播种，最宜秋播，声季宜早；以备越夏和避免杂草竞争。高寒地区，春播宜在4—5月，秋播可在7月；条播行距30cm，播深2 ~ 3cm。作为草场，一般播种量每亩0.5 ~ 0.8kg，草坪育苗，播种量每亩7 ~ 8kg。

主要病虫害 主要是锈病，防治方法：发病后适时剪草，最好在夏孢子形成释放之前进行修剪，去掉发病叶片，修剪的残叶要及时收集清除。加强栽培管理：增施P、K肥，适量施用N肥。合理灌水，降低田间湿度。适当减少草坪周围的树木和灌木，保证通风透光；三唑类杀菌剂是防治锈病的特效药剂，防治效果好，持效期长。种植抗病草种和品种并进行合理的混合种植。

观赏特性及园林用途 草地早熟禾可用于一般绿化、运动场草坪、高尔夫发球台及球道。可与高羊茅和多年生黑麦草等混播作为冷型草。

9.3 结缕草

别称 结缕草、锥子草、延地青。

科属　禾本科结缕草属。

分布　产于中国东北、河北、山东、江苏、安徽、浙江、福建、台湾。

形态特征　多年生草本。具横走根茎，须根细弱。秆直立，高14~20cm，基部常有宿存枯萎的叶鞘。

总状花序呈穗状，长2~4cm，宽3~5mm；小穗柄通常弯曲，长可达5mm；第一颖退化，第二颖质硬。

生长习性　生于平原、山坡或海滨草地上。结缕草喜温暖湿润气候，受海洋气候影响的近海地区对其生长最为有利。喜光，在通气良好的开旷地上生长壮实，但又有一定的耐阴性。抗旱、抗盐碱、抗病虫害能力强，耐瘠薄、耐践踏、耐一定的水湿。

繁殖方法及栽培技术要点　结缕草一般在4—5月或8—9月种植。种植前1个月施肥，整地，浇水，土壤表层喷洒除草剂（五氯酚钠）。一个月后再次浇水，待土壤表层半干半湿时耙平播种。一般每亩播5~6kg为宜，播完后，用耙轻轻拉一耙，在地表面撒一层堆肥或覆盖一层木屑土，有条件的可盖一层薄稻草，能防止日光直射，提高发芽率，播后要喷水保持一定湿度。10天左右萌发后去掉稻草覆盖物。苗高在6~8cm时将幼草的直立茎剪断，促进萌发分蘖，加速草坪的蔓延速度。

主要病虫害　叶枯病，蝼蛄害虫。种植时多注意提纯及杀菌类药物喷洒。

观赏特性及园林用途　适宜的土壤和气候条件下，结缕草形成致密、整齐的优质暖季型草坪。

9.4　野牛草

别称　水牛草。

科属　禾本科野牛草属。

分布　在中国西北、华北及东北地区广泛种植。

形态特征　多年生低矮草本植物。具匍匐茎。

生长习性　野牛草适应干旱、半干旱的平原地区。生长迅速均匀，喜光，耐践踏，再生力强，与杂草竞争力强。叶背疏生柔毛，减少蒸腾，有利于抗旱。耐寒性强，在-34℃低温下，能安全越冬。耐盐碱，土壤含碱量0.97%~0.99%，仍能良好生长。并抗氯气和二氧化硫。

繁殖方法及栽培技术要点　在种植之前通常深耕20~25cm，清除瓦砾，施入基肥。平整土地时，中部应略高于四周，一般坡度应为2%~5%。可在5月中旬铺植，为节省材料使用间铺法，即将草皮切成约7cm×12cm的小块，采用铺砖的方式，各块之间相距3~6cm，铺植面积占总面积的1/3，在铺植时要按草皮厚度在植草皮处挖去一部分土、使草皮高度与地面一致。草皮铺设后即可镇压，随后浇水，8月就能成坪了。

主要病虫害 主要虫害：禾谷缢管蚜防治方法：可喷施1%灭虫灵乳油2 000~3 000倍液，或10%~20%合成除虫菊酯2 000~3 000倍液，或10%蚜虱净超微可湿性粉剂3 000~5 000倍液，或15%哒嗪酮乳油1 000~2 000倍液。

曲牙锯天牛防治方法：雷雨后，成虫大量出土时，进行人工捕捉。可喷施50%杀螟松乳油1 000倍液；或泼浇在草坪上防治；或撒施5%辛硫磷，或3%米乐尔颗粒剂。

黏虫防治方法：糖醋酒液（糖：醋：酒：水为3：4：1：2，再加少量胃毒性杀虫剂）诱杀成虫。幼虫为害期喷施50%敌马乳剂，或50%辛敌乳油，或10%多来宝悬浮剂2 000倍液防治。

观赏特性及园林用途 抗旱性强，适于在缺水地区或浇水不方便的地段铺植。生命力强，与杂草竞争力强，可节省人力物力。应用于低养护的地方，如高速公路旁、机场跑道，高尔夫球场等次级高草区。在园林中的湖边、池旁、堤岸上，栽种野牛草作为覆盖地面材料，既能保持水土，防止冲刷，又能增添绿色景观，是暖季型草。但因易燃，不宜在城区内大量栽植，因为是暖季型草，在本地区栽植较少。

9.5 狗牙根

别称 百慕达绊根草、爬根草、感沙草、铁线草。

科属 禾本科狗牙根属。

分布 中国华北、西北、西南及长江中下游地区。

形态特征 低矮草本，具根茎。秆细而坚韧，下部匍匐地面蔓延甚长，节上常生不定根，直立部分高10~30cm，直径1~1.5mm，秆壁厚，光滑无毛，有时略两侧压扁。叶鞘微具脊，无毛或有疏柔毛，鞘口具柔毛。小穗灰绿色或带紫色，长2~2.5mm，仅含1小花；颖长1.5~2mm，第二颖稍长，均具1脉，背部成脊而边缘膜质。

生长习性 狗牙根是适于世界各温暖潮湿和温暖半干旱地区长寿命的多年

生草，极耐热和抗旱，但不抗寒也不耐阴。狗牙根随着秋季寒冷温度的到来而褪色，并在整个冬季进入休眠状态。叶和茎内色素的损失使狗牙根呈浅褐色。狗牙根适应的土壤范围很广，但最适于生长在排水较好、肥沃、较细的土壤上。狗牙根要求土壤pH值为5.5~7.5。它较耐淹，水淹下生长变慢；耐盐性也较好。

繁殖方法及栽培技术要点 狗牙根草种子稀少，且不易采收，故用分根法繁殖。一般于春夏期间，挖起草茎，敲掉泥土，均匀拉开撒铺于地面，覆土压实，保持湿润，数日内即可生根萌发新芽，经20天左右即能滋生新匍匐枝，此时应增施氮肥同时配合修剪，匍匐枝迅速向外蔓延伸长，并节间生根扩大形成新草坪，速度之快为其他草种所不及。

主要病虫害 狗牙根可能发生的病害是褐斑病、币斑病、锈病等，可用一些广谱的杀菌剂进行防治，如托布津、多菌灵、百菌清等；可能发生的虫害有蛴螬、螨类、介壳虫和线虫等，可及时喷一些菊酯类杀虫农药进行有效控制。

根据狗牙根不同生长时期科学合理施肥，在春季多施氮肥；夏季和秋季多施P肥和K肥，以提高狗牙根抗病虫害的能力。对已发生病虫害的草坪要及时喷施杀菌剂和杀虫剂进行防治，防止其扩展蔓延，对无病虫害的草坪可提前进行预防。

观赏特性及园林用途 由于狗牙根草坪的耐践踏性、侵占性、再生性及抗恶劣环境能力极强，耐粗放管理，且根系发达，常应用于机场景观绿化，堤岸、水库水土保持，高速公路、铁路两侧等处的固土护坡绿化工程，是极好的水土保持植物品种。改良后的草坪型狗牙根可形成苗壮的、高密度的草坪，侵占性强，叶片质地细腻，草坪的颜色从浅绿色到深绿色，具有强大根茎，匍匐生长，可以形成致密的草皮，根系分布广而深。因为是暖季型草，在本地区栽植较少。

9.6 匍匐剪股颖

别称 四季青、本特草。

科属 禾本科剪股颖属。

分布 中国华北、华东、华中。

形态特征 属多年生草本。根系发达，具细根状茎，茎节着地生根，株高30cm左右。叶细窄，质地柔软，单叶互生，7—8月开花，9—10月种子成熟。

生长习性 潮湿地区或疏林下草坪。喜冷凉湿润气候，耐阴性强于草地早熟禾，不如紫羊茅。耐寒、耐热、耐瘠薄、较耐践踏、耐低修剪、剪后再生力强。耐盐碱性强于草地早熟禾，不如多年生黑麦草。对土壤要求不严，在微酸至微碱性土壤上均能生长，最适pH值为5.6~7.0。

繁殖方法及栽培技术要点 有播种繁殖和分株繁殖，每亩施入农家肥4~5cm³，再加入2~3kg的呋喃丹或1~2kg宜农杀农药，再精耕细耙，打畦筑垄，一般畦宽1~1.5m，耧平，最好再用镇压器压一遍，然后，浇足水，待水渗下后再将种子和细沙对等均匀地撒在畦床上（每亩播种量2~3kg），最后稍覆土，厚度0.2~0.3cm，这样，7天左右即可出苗，以后做好除杂草、浇水、施肥和病虫害防治等工作。

主要病虫害 主要病害枯萎病、白粉病等。主要虫害有蚜虫、红蜘蛛、地老虎等。

观赏特性及园林用途 它广泛适用于公园、花园、花卉境地、厂矿、机关、学路边等绿地、绿化美化。

9.7 牛筋草

别称 千千踏、忝仔草、粟仔越、野鸡爪、粟牛茄草。

科属 禾本科䅟属。

分布 分布于中国南北各省区及全世界温带和热带地区。

形态特征 一年生草本。根系极发达。秆丛生，基部倾斜，高10~90cm。叶鞘两侧压扁而具脊，松弛，无毛或疏生疣毛。

生长习性 牛筋草根系发达，吸收土壤水分和养分的能力很强，对土壤要求不高；它的生长时需要的光照比较强，适宜温带和热带地区。

繁殖方法及栽培技术要点 分布于中国南北各省区及全世界温带和热带地区。多生于荒芜之地及道路旁。全世界温带和热带地区也有分布。正常栽植即可。

主要病虫害 病虫害少。

观赏特性及园林用途 为优良保土植物，也可做园林草坪植物，因为是暖季型草，在本地区栽植较少。

9.8 多年生黑麦草

科属 禾本科黑麦草属。

分布 原产于西南欧、北非及亚洲西南。在中国长江流域、四川、云南、贵州、湖南一带生长良好。

形态特征　根系发达，须根主要分布于15cm表土层中；分蘖多，秆扁平直立，高80～100cm；叶狭长，叶脉明显，芽中幼叶呈折叠状，叶耳小，叶舌小而钝。叶鞘裂开或封闭，长度与节间相等或稍长。穗状花序，细长，可达30cm，含小穗轴数可达35个。

生长习性　喜温凉湿润气候，宜夏季凉爽、冬季不太严寒地区生长。难耐-15℃的低温，10～27℃均能适宜生长。35℃以上易枯萎死亡。不耐阴，能耐湿，不耐旱，夏季高温干旱对生长极为不利，喜肥不耐瘠，适宜在排水良好、湿润肥沃、pH值为6～7的土壤上栽培。

繁殖方法及栽培技术要点　春秋均可播种，而以秋播为佳。每公顷播种量11～15kg，行距15～20cm，覆土深度1～2cm。施用氮肥，可促进生长，增加有机物质产量和蛋白质含量，减少难以消化的半纤维素含量。

为了使黑麦草形成草坪，经常保持绿色，喷施氮肥用量为3kg/100m²。黑麦草播种量为15～30g/m²，秋播和春播均可，但以秋播最为适宜，因秋播杂草较少，幼苗期养护管理省工。

多年生黑麦草也可采用营养繁殖。通常在扩大繁殖优良品种或种子供应不足情况下采用。一般挖起1m²草块，约可扩大移栽5～10m²，而且栽植后成活迅速，成苗率很高。

主要病虫害　对于黏虫类用糖醛酒液诱杀成虫。配制方法是取糖3份、酒1份、醋4份、水2份，调匀后加1份2.5%敌百虫粉剂。诱剂放入盆中，每公顷面积放2～3盆。或用2.5%敌百虫或5%马拉硫磷喷粉，每公顷喷粉22.5～30.0kg；或用50%辛硫磷乳油5 000～7 000倍液，90%敌百虫1 000～1 500倍液喷雾。

蚜虫类：冬灌能杀死大量蚜虫，增施基肥，清除杂草，均能减轻为害损失。药剂防治可用1.5%乐果粉，每公顷22.5～30kg，或50%灭蚜松1 000倍液喷雾。

观赏特性及园林用途　作为园林用冷型草。

10 水生植物

10.1 千屈菜

别称 水枝柳、水柳、对叶莲。

科属 千屈菜科千屈菜属。

分布 产全中国各地，亦有栽培；分布于亚洲、欧洲、非洲的阿尔及利亚、北美和澳大利亚东南部。

形态特征 多年生草本，湿地挺水植物，根茎横卧于地下，粗壮；茎直立，多分枝，高30～100cm，全株青绿色。花组成小聚伞花序，簇生。

生长习性 生于河岸、湖畔、溪沟边和潮湿草地。喜强光，耐寒性强，喜水湿，对土壤要求不严，在深厚、富含腐殖质的土壤上生长更好。

繁殖方式及栽培技术要点 对土壤要求不严，耐寒、喜光、喜潮湿。栽培以肥沃土壤为佳。可用播种、扦插、分株等方法繁殖。播种须在湿地进行；扦插于6—7月进行，将新枝剪下，插入泥水中，一个月可生根；分株在春季，将老株挖出，切分为多份，分别栽植即可。

主要病虫害 千屈菜的病虫害主要为斑点病，在叶片上产生椭圆形或不规则病斑，灰褐色，无边缘，其上生黑色小点。在天气干旱、高温条下，此病容易发生。防治方法：越冬之前清洁田园；发病初期喷洒75%百菌清500倍液或50%多菌灵300倍液。

观赏特性及园林用途 株丛整齐，耸立而清秀，花朵繁茂，花序长，花期长，是水景中优良的竖线条材料。最宜在浅水岸边丛植或池中栽植，也可作花境材料及切花，盆栽或沼泽园，是一种旱生、湿生两用的花卉品种。

10.2 水生美人蕉

别称 弗罗里达美人蕉。

科属 美人蕉科美人蕉属。

分布　原产南美洲，广布于美国的东南部。沿佐治亚、阿拉巴马、佛罗里达和路易斯安那州的航道到处可见。目前世界很多地区均引进种植。原生长于天然池塘湿地中，是大型的水生花卉。

形态特征　水生美人蕉为多年生大型草本植物，株高1～2m；叶片长披针形，蓝绿色；总状花序顶生，多花。

生长习性　生性强健，适应性强，喜光，怕强风，适宜于潮湿及浅水处生长，肥沃的土壤或沙质土壤都可生长良好。生长适宜温度为15～28℃，低于10℃不利于生长。在原产地无休眠期，周年生长开花，在北方寒冷地区冬季休眠。根茎需温室保护越冬。

繁殖方式及栽培技术要点　可在春季将分割下的块茎直接栽入具有肥土的盆中，生长点微露，栽后灌透水，放到花阴凉处缓苗5～7天，再移到背风向阳处培育。露地栽植可选择池边湿地或浅水处挖穴丛植，将块茎埋入土中，覆土7～10cm，栽后保持湿度或浅水。

主要病虫害　水生美人蕉抗性强，没有重大的病虫为害。但需注意保持水体清洁，及时打捞浮萍，清除杂草。

观赏特性及园林用途　水生美人蕉叶茂花繁，花色艳丽而丰富，花期长，适合大片的湿地自然栽植，也可点缀在水池中，还是庭院观花、观叶良好的花卉植物，可作切花材料。它还是净化空气的良好材料，对硫、氯、氟、汞等有害气体有一定的抗性和吸收能力。

10.3　水生鸢尾

别称　紫蝴蝶、蓝蝴蝶、乌鸢、扁竹花。

科属　鸢尾科鸢尾属。

分布　原产于中国中部及日本。现在中国主要分布在中原、西南和华东一带。杂交原种产自美国、韩国、俄罗斯等高纬度地区。

形态特征　根状茎横生肉质状，叶基生密集，宽约2cm，长40～60cm，平行脉，厚革质；花葶直立坚挺高出叶丛，可达60～100cm，花被片6，花色有紫红、大红、粉红、深蓝、白等，花直径16～18cm。

生长习性　喜光照充足的环境，能常年生长在20cm水位以上的浅水中，可作水生植物、湿地植物或旱地花境材料。

繁殖方法及栽培技术要点　春季开花花期3个月左右，4—6月多采用分株、播种法。分株春季花后或秋季进行均可，一般种植2~4年后分栽1次。在种植常绿水生鸢尾前，种植土壤最好亩施1 000kg以上有机农家肥，并通过耕翻均匀混入土壤中作为基肥。种植后应保持足够的水位，缺水将会导致植株生长矮小，进而导致花的品质下降。成活后视生长情况可每月施一次复合肥，每亩施20kg氮、磷、钾复合肥。

主要病虫害　病虫害不多，春季如果干旱缺水蚜虫为害可能会比较严重，夏季高温季节要注意防治煤烟病和细菌性腐烂病等。秋季要及时清除植株上的老叶和病黄叶，并及时清除田间杂草，减少病虫害的藏身之所。5—6月开花后应把残枯花枝清除掉。

观赏特性及园林用途　水生鸢尾可作为高档的水景材料应用于别墅、写字楼的水景，或在水景工程的节点处使用，也可植于池塘的浅水区域作不等边S形片植或点缀于石旁。该品种可与其他层次的水景材料配植，

在本地区尚属实验性种植阶段，不宜栽植过多。

10.4　旱伞草

别称　水竹、风车草等。

科属　莎草科莎草属。

分布　产自中国黄河流域及其以南各地。多生于河流两岸及山谷中。

形态特征　旱伞草是多年湿生、挺水植物，高40~160cm。茎秆粗壮，直立生长，茎近圆柱形，丛生，上部较为粗糙，下部包于棕色的叶鞘之中。聚伞花序，有多数辐射枝，每个辐射枝端常有4~10个第二次分枝。

生长习性　旱伞草性喜温暖、阴湿及通风良好的环境，适应性强，对土壤要求不严格，以保水强的肥沃的土壤最适宜。

繁殖方式及栽培技术要点　分株繁殖，分株适宜在3—4月换盆的时候进行。把母株从盆里托出，分切成数丛并分别进行上盆，随分随种植，成活率非常高。

主要病虫害　常见病害叶枯病，主要为害叶片。防治方法：用50%甲基托布津1 000倍液喷洒。

常见害虫红蜘蛛防治方法：用40%氧化乐果乳油剂1 500倍液喷洒。

观赏特性及园林用途　旱伞草株丛繁密，叶形奇特，常配置于溪流岸边假山石的缝隙作点缀，别具天然景趣，但栽植地光照条件要特别注意，应尽可能考

虑植株生态习性，选择在背阴面处进行栽种观赏。

10.5　水葱

别称　莞、苻蓠、莞蒲、夫蓠、葱蒲、莞草、蒲苹、水丈葱。

科属　睡莲科莲属。

分布　产于中国多省地，生长在湖边或浅水塘中。也分布于朝鲜、日本，澳洲、南北美洲。

形态特征　地下具粗壮而横走的根茎。地上茎直立，圆柱形，中空，粉绿色。叶褐色，鞘状，生于茎基部。聚伞花序顶生，稍下垂。

生长习性　性强健。喜光，喜温暖、湿润。耐寒、耐阴，不择土壤。在自然界中常生于湿地、沼泽地或池畔浅水中。

繁殖方式及栽培技术要点　水葱可用种子和根状茎繁殖。如用种子繁殖，于秋季采收种子，4—5月将河滩围起，水撒下后，进行播种，撒播、条播、穴播均可，覆土1~2cm，可自行出苗。出苗后，放入浅水，随着幼株长高，水量逐渐加深。用根状茎繁殖时，4—5月，将根掘出，用刀切成小段，栽于河泥中，当河泥稍干，发出新芽，再放入浅水，随着植株长高，水面逐渐加深，但水面不要超过植株，否则被水淹死。

定植与株行距：4—5月可移苗定植，为便于管理，最好分级栽植。株行距20cm×20cm，每穴3~4株，分蘖力强的品种株行距20cm×25cm，每穴2~3株。定植时用尖圆柱形木棒插孔，栽植深度以露心为宜。

主要病虫害　水葱在正常生长情况下很少发生病害，主要有紫斑病和葱锈病，虫害主要有葱蓟马。

紫斑病可用50%福美双、50%多菌灵或50%甲基托布津可湿性粉剂，按种子重量的0.4%进行药剂拌种。

防治锈病的主要方法是多施磷、钾肥，增强植株的抗病能力；控制发病条件。发病初期应及时喷药防治，使用的药剂有25%菌通散（三唑酮）乳油800倍液，或12.5%禾果利（烯唑醇）可湿性粉剂1 500倍液，每隔10天喷药1次，连续喷2~3次。

葱蓟马可用80%敌敌畏乳油，或90%敌百虫晶体1 000倍液，或2.5%溴氰菊酯，或20%速灭杀丁乳油3 000倍液喷雾防治。

观赏特性及园林用途　常用于水面绿化或作岸边、池旁点缀，是典型的竖线条花卉,甚为美观。成活率高,效果好。

10.6　荷花

别称　莲花、水芙蓉等。

科属　睡莲科莲属。

分布　一般分布在中亚,西亚、北美,印度、中国、日本等亚热带和温带地区。荷花在中国南起海南岛(北纬19°左右),北至黑龙江的富锦(北纬47.3°),东临上海及我国台湾,西至天山北麓,除西藏自治区和青海省外,全国大部分地区都有分布。垂直分布可达海拔2 000m,在秦岭和神农架的深山池沼中也可见到。

形态特征　荷花是多年生水生草本;根状茎横生,肥厚,节间膨大,内有多数纵行通气孔道,节部缢缩,上生黑色鳞叶,下生须状不定根。叶圆形,盾状,直径25～90cm,表面深绿色,被蜡质白粉覆盖,背面灰绿色,全缘稍呈波状,上面光滑,具白粉。花单生于花梗顶端、高托水面之上,花直径10～20cm,美丽,芳香。

生长习性　喜相对稳定的平静浅水、湖沼、泽地、池塘,是其适生地。荷花的需水量由其品种而定,大株形品种如古代莲、红千叶相对水位深一些,但不能超过1.7m,中小株形只适于20～60cm的水深。同时荷花对失水十分敏感,夏季只要3h不灌水,水缸所栽荷叶便萎靡,若停水一日,则荷叶边焦,花蕾回枯。荷花还非常喜光,生育期需要全光照的环境。荷花极不耐阴,在半阴处生长就会表现出强烈的趋光性。

繁殖方式及栽培技术要点　繁殖方式主要是分藕繁殖,3月中旬至4月中旬是分藕的最佳时期,此时的温度适宜,种藕不会因为温度低而冻伤。在栽种之前将土备好,要将盆泥和成糊状,不要加任何的肥料,放好备用;将备好的种藕从土中取出,适当清楚淤泥和边缘老化的根茎,可以适当用清水冲洗。栽插时手持种藕顶端,呈20°斜插入泥,尾部翘起,不要让尾部进水。对于小型品种在中深度为5cm。大型荷花深10cm左右;栽种之后直接放在阳光下照射。土层表面泥土出现微裂时,加少量的水,种藕发芽之后适当增加水量到3～5cm,可用塑料薄膜包裹,增加温度。

主要病虫害　病害防治方法:黑斑病防治方法:发病初期及时喷洒50%多菌灵或75%百菌清500～800倍液进行防治。

腐烂病防治方法：发病初期喷洒50%多菌灵500~600倍液进行防治。

叶片病防治方法：及时摘除虫叶销毁。

虫害主要是蚜虫，其对气候的适应性较强，分布很广，主要刺吸植株的茎、叶，尤其是幼嫩部位。蚜虫繁殖和适应力强，种群数量巨大，因此，各种方法都很难取得根治的效果，需要定期喷药。

观赏特性及园林用途　作四季有花可赏中的夏花，荷花专类园，在山水园林中作为主题水景植物，作多层次配置中的前景、中景、主景。

10.7　睡莲

别称　子午莲、茈碧莲、白睡莲。

科属　睡莲科睡莲属。

分布　从中国东北至云南，西至新疆皆有分布。朝鲜、日本、印度、苏联、北美也有。

形态特征　宿根浮水草本。根茎直立，不分枝。叶近圆形或卵形，全缘，具长细叶柄，表面浓绿色，背面暗紫色，浮于水面。花径5~7cm，白色，花药金黄色；花于午后开放，黄昏闭合，单花花期3天；花期7—8月。

生长习性　睡莲耐寒性强，栽培水深春季20~30cm，夏季60~80cm，不宜超过80cm。喜水质清洁，水面通风良好的静水环境。喜温暖湿润，抗病能力强，对土壤要求不严，喜肥沃的黏质土壤。

繁殖方式及栽培技术要点　睡莲主要采取分株繁殖。耐寒种通常在早春发芽前3—4月进行分株，不耐寒种对气温和水温的要求高，因此要到5月中旬前后才能进行分株。分株时先将根茎挖出，挑选有饱满新芽的根茎，切成8~10cm长的根段，每根段至少带1个芽，然后进行栽植。

主要病虫害　睡莲病害：腐烂病防治方式：选用抗病品种；重病田实行2~3年轮作。精选无病种藕，并用50%多菌灵或20%甲基硫菌灵可湿性粉剂800倍液加75%百菌清可湿性粉剂800倍液，喷雾后闷种，覆盖塑料薄膜密封24h，晾干后栽植。及时拔除病株并喷洒50%多菌灵可湿性粉剂600倍液加75%百菌清可湿性粉剂600倍液。

叶腐病防治方式：采收时清除病残株，将其深埋或集中烧毁，以减少菌源；发病初期喷洒50%多菌灵可湿性粉剂800倍液或70%甲基硫菌灵可湿性粉剂800倍液或30%碱式硫酸铜悬浮剂500倍液，每隔10天左右喷1次，连喷2~3次。

主要病虫害小萤叶甲虫防治措施：一旦幼虫为害，可用1 200倍液敌杀死喷杀。

睡莲缢管蚜防治措施：其卵在李属植物上越冬，特别是在梅花及山楂树上，稀在樱花树上越冬，应避免在水边大片栽植李属植物，或在冬季用焦油冲洗这些寄主植物，亦可用水龙头冲洗叶片，喷洒杀虫剂等。

观赏特性及园林用途 睡莲的栽培历史悠久，种类极多，花大色艳，是栽培最普遍的水生观花植物。可布置于水池中观赏，尤其适宜较小水面的美化布置。

10.8　再力花

别称　水竹芋、水莲蕉、塔利亚。

科属　竹芋科再力花属。

分布　原产于美国南部和墨西哥的热带植物。中国主要种植城市：海口、三亚、琼海、高雄、台南、深圳、湛江、中山、珠海、澳门、香港、南宁、钦州、北海、茂名、景洪。

形态特征　多年生挺水草本。叶卵状披针形，浅灰蓝色，边缘紫色，长50cm，宽25cm。复总状花序，花小，紫堇色，全株附有白粉。

生长习性　在微碱性的土壤中生长良好。好温暖水湿、阳光充足的气候环境，不耐寒，耐半阴，怕干旱。生长适温20～30℃，低于10℃停止生长。冬季温度不能低于0℃，能耐短时间的-5℃低温。入冬后地上部分逐渐枯死，以根茎在泥中越冬。

繁殖方式及栽培技术要点　栽植时一般每丛10芽，每平方米1～2丛。以根茎分株培植。初春，从母株割下1～2个芽的根茎，栽入盘内，定植前施足底肥，以花生麸、骨粉为好，放进水池养护，待长出新株，移植于池中生长。

主要病虫害　再力花一般没有病虫害，养在河道里也不会被鱼吞噬。

观赏特性及园林用途　再力花植株高大美观，硕大的绿色叶片形似芭蕉叶，叶色翠绿可爱，花序高出叶面，亭亭玉立，蓝紫色的花朵素雅别致，是水景绿化的上品花卉，有"水上天堂鸟"的美誉。除供观赏外，再力花还有净化水质的作用，是重要的水景花卉，常成片种植于水池或湿地，形成独特的水体景观，也可盆栽观赏或种植于庭院水体景观中。

10.9 梭鱼草

别称 北美梭鱼草、海寿花。

科属 雨久花科梭鱼草属。

分布 原产北美。中国华北地区、东北地区、华东地区、华南地区、西北地区、华中地区、西南地区有分布。

形态特征 多年生挺水或湿生草本植物，叶柄绿色，圆筒形，叶片较大，长可达25cm，宽可达15cm，深绿色，叶形多变。最上方的花被裂片有1个二裂的黄绿色斑点。花葶直立，通常高出叶面。根茎为须状不定根，长15～30cm，具多数根毛。

生长习性 喜温、喜阳、喜肥、喜湿、怕风不耐寒，静水及水流缓慢的水域中均可生长，适宜在20cm以下的浅水中生长，适温15～30℃，越冬温度不宜低于5℃，梭鱼草生长迅速，繁殖能力强，条件适宜的前提下，可在短时间内覆盖大片水域。

繁殖方式及栽培技术要点 采用分株法和种子繁殖，分株可在春夏两季进行，自植株基部切开即可，种子繁殖一般在春季进行，种子发芽温度需保持在25℃左右。

主要病虫害 梭鱼草是一种水生的植物，本身的病虫害比较少，在养殖过程中，需要进行防护，避免病虫害的发生。

观赏特性及园林用途 梭鱼草广泛用于园林美化，栽植于河道两侧、池塘四周、人工湿地，与千屈菜、水葱、再力花等相间种植，具有观赏价值。

10.10 芦苇

别称 苇、芦、芦芽、蒹葭。

科属 禾本科芦苇属。

分布 产自中国各地。为全球广泛分布的多型种。

形态特征 多年生根状茎十分发达。秆直立，高1～3（8）m，直径1～4cm，具20多节，基部和上部的节间较短，最长节间位于下部第4～6节，长20～25（40）cm，节下被蜡粉。

生长习性 生于江河湖泽、池塘沟渠沿岸和低湿地。除森林生境不生长外，各种有水源的空旷地带，常以其迅速扩展的繁殖能力，形成连片的芦苇群落。

繁殖方式及栽培技术要点 芦苇生在浅水中或低湿地，新垦麦田或其他水田、旱田易受害。芦苇具有横走的根状茎,在自然生境中以根状茎繁殖为主,根状茎纵横交错形成网状,甚至在水面上形成较厚的根状茎层,人、畜可以在上面行走。根状茎具有很强的生命力,能较长时间埋在地下,1m甚至1m以上的根状茎,一旦条件适宜,仍可发育成新枝。也能以种子繁殖,种子可随风传播。

对水分的适应幅度很宽,从土壤湿润到长年积水,从水深几厘米至1m以上,都能形成芦苇群落。在水深20~50cm,流速缓慢的河、湖,可形成高大的禾草群落,素有"禾草森林"之称。

主要病虫害 芦苇虫害主要是蚜虫,一般严重发生时节在6—7月,在严重发生年份用40%氧化乐果800~1 500倍液喷杀。在防治中,采用点片防治和关键防治的原则,防止大面积防治构成人员和药物的浪费。芦苇苗东亚飞蝗也有发展趋势,应注重预告和加强防治。

观赏特性及园林用途 芦苇种在公园湖边开花季节特别美观。深水耐寒、抗旱、抗高温、抗倒伏,笔直、株高、梗粗、叶壮,成活率高。能达到短期成型、快速成景等优点。生命力强,易管理,适应环境广,生长速度快,是景点旅游、水面绿化、河道管理、净化水质、沼泽湿地、置景工程、护土固堤、改良土壤之首选,为固堤造陆先锋环保植物。

10.11 香蒲

别称 东方香蒲、猫尾草、蒲菜、水蜡烛。

科属 香蒲科香蒲属。

分布 中国黑龙江、吉林、辽宁、内蒙古、河北、山西、河南、陕西、安徽、江苏、浙江、江西、广东、云南、台湾等省区均有栽培。菲律宾、日本、苏联及大洋洲等地均有分布。

形态特征 多年生水生或沼生草本。根状茎乳白色。地上茎粗壮,向上渐细,高1.3~2m。叶片条形,长40~70cm,宽0.4~0.9cm,光滑无毛,上部扁平,下部腹面微凹,背面逐渐隆起呈凸形,横切面呈半圆形,细胞间隙大,海绵状;叶鞘抱茎。雌雄花序紧密连接;雄花序长2.7~9.2cm,花序轴具白色弯曲柔毛,自基部向上具1~3枚叶状苞片,花后脱落;雌花序长4.5~15.2cm,基部具1枚叶状苞片,花后脱落。

生长习性 生于海拔700~2 100m的沟边、沟塘浅水处、河边、湖边、湖边浅水中、湖中、静水中、水边、溪边、沼泽地和沼泽浅水中。广泛分布于我国各地。菲律宾、日本、苏联及大洋洲等地均有分布。

繁殖方式及栽培技术要点 香蒲生长健壮，繁殖方法简单，生产中多采用分株法或播种法。分株繁殖：4—6月进行。将香蒲地下的根状茎挖出，用利刀截成每丛带有6~7个芽的新株，分别定植即可。播种繁殖：多于春季进行。播后不覆土，注意保持苗床湿润，夏季小苗成形后再分截。

主要病虫害 主要是黑斑病和褐斑病，黑斑病防治方法：加强栽培管理，及时清除病叶。发病较严重的植株，需更换新土再行栽植，不偏施氮肥。发病时，可喷施75%的百菌清600~800倍液防治。

褐斑病防治方法：清除残叶，减少病源。发病严重的可喷施50%的多菌灵500倍液或用80%的代森锌500~800倍液进行防治。

观赏特性及园林用途 香蒲叶绿穗奇，常用于点缀园林水池、湖畔，构筑水景。宜做花境、水景背景材料。

11 观赏草

11.1 花叶芒

科属　禾本科芒属。

分布　原分布于欧洲地中海地区。适宜在中国华北地区以南种植。

形态特征　多年生草本，具根状茎，丛生，暖季型。叶片浅绿色，有奶白色条纹，条纹与叶片等长。也怕松散，叶片较宽，花期9—10月。株高1.5～1.8m。开展度与株高相同，叶片呈拱形向地面弯曲，最后呈喷泉状，叶片长60～90cm。圆锥花序，花序深粉色，花序高于植株20～60cm。花期9—10月。

生长习性　喜光，喜潮湿的土壤。

繁殖方法及栽培技术要点　分株繁殖，分蘖力很强，二三年后便可大量分栽，种植方法可视土壤条件而定。若土层深厚，肥沃，种植密度宜稀，若土质瘠薄，肥力差，种植密度可以加大，增加覆盖度，可以减少蒸发，有利于植物生长。种子也可自播。

主要病虫害　病虫害较少，养护简单易行。

观赏特性及园林用途　主要作为园林景观中的点缀植物，可单株种植，片植或盆栽观赏效果理想。与其他花卉及各色萱草组合搭配种植景观效果更好。可用于花坛、花境、岩石园，可做假山、湖边的背景材料。

11.2 斑叶芒

别名　斑马叶芒。

科属　禾本科芒属。

分布　中国的华北、华中、华南、华东及东北地区。

形态特征　斑叶芒是多年生草本。丛生状，茎高1.2m。叶鞘长于节间，鞘口有长柔毛；叶片长20～40cm，宽6～10mm，下面疏生柔毛并被白粉，具黄白色环状斑，形似斑马的斑纹。圆锥花序扇形，长15～40cm，小穗成对着生，含1

朵两性花和1朵不育花，具芒，芒长8~10mm，膝曲，基盘有白至淡黄褐色丝状毛，秋季形成白色大花序。

生长习性 喜温暖、湿润及光照充足的条件，耐半阴、耐旱，也耐涝，对气候的适应性强。不择土壤，耐贫瘠。

繁殖方法及栽培技术要点 分株、播种繁殖。芒的分株繁殖宜秋季进行，将根茎植于湿润土壤中，极易成活。自播繁衍能力强。

斑叶芒是花叶芒中特殊的一个类群，它们的斑纹横截叶片，而不是纵向的条纹。早春气温较低的条件下往往没有斑纹，太高的温度下斑纹会减弱以至枯黄，应用时应该引起注意。

主要病虫害 病虫害较少，养护简单易行。

观赏特性及园林用途 主要作为园林景观中的点缀植物，可单株种植，片植或盆栽观赏效果理想。与其他花卉搭配种植景观效果更好。可用于花坛、花境、岩石园，可做假山、湖边的背景材料。

11.3 细叶芒

别称 拉手笼。

科属 禾本科芒属。

分布 芒属类观赏草原产中国、朝鲜、日本等地。广布于中国南北各地。

形态特征 株高2.1m。茎秆密集丛生，株丛成优雅的半球形，叶片细长，秋季变成棕黄色。花期9月底至10月初。花序棕红色。喜光照充足，排水良好的土壤。

生长习性 喜光照充足，湿润排水良好的土壤。注意肥水大会造成植株松散而倒伏。耐半阴、耐旱，也耐涝。

繁殖方法及栽培技术要点 播种或分株繁殖。冬天不要将其修除以观其冬态。早春从根部将整株梳理剪除，促其重新抽枝。

主要病虫害 病虫害较少。

观赏特性及园林用途 园林中用作观赏草，宜用于水景园。

11.4 晨光芒

科属 禾本科芒属。

分布 芒属类观赏草原产中国、朝鲜、日本等地。广布于中国南北各地。

形态特征　多年生草本，植株丛生，茎秆密集，叶片纤细，向外弯曲平展，株丛成半球形，叶缘具有均匀整齐的白色条纹。花序初开紧实，银白色，干燥后，淡红色，蓬松开展。不能自播繁衍，花期9月底至10月初。

生长习性　晨光芒喜光，耐半阴、耐寒（−30℃）、耐旱，也耐涝，对气候的适应性强，不择土壤，能耐瘠薄土壤。

繁殖方法及栽培技术要点　分株繁殖，不能自播繁殖。

主要病虫害　病虫害较少。

观赏特性及园林用途　可种植与水边、花境、石边，也可作为自然式绿篱使用，晨光芒姿态优美，秋季开花，可以营造出秋季的野趣。

11.5　常绿芒

科属　禾本科芒属。

分布　芒属类观赏草原产中国、朝鲜、日本等地。广布于中国南北各地。

形态特征　暖季型草本，抽穗期株高可达1.8m，秆密集丛生，叶宽呈弓形下垂，圆锥花序，穗色银白色，叶片鲜绿，中间白色条纹，穗期8—9月，花期7—10月，花序白色，非常引人注目。

生长习性　喜光，耐半阴，耐酷暑，耐寒，耐旱，耐湿，耐贫瘠。

繁殖方法及栽培技术要点　养护成本低，成景速度快，对各种环境适应性强。不需浇水、施肥，可正常生长。

主要病虫害　病虫害较少。

观赏特性及园林用途　园林中用作观赏草，宜用于水景园。

11.6　矢羽芒

科属　禾本科芒属。

分布　芒属类观赏草原产中国、朝鲜、日本等地。广布于中国南北各地。

形态特征　暖季型草本。抽穗期株高可达2m，秆密集直立丛生，叶片宽厚下垂。顶生箭羽状花穗，穗色初为红色，秋季转为银白色，穗期9—10月。圆锥花序，花期9—10月，深秋叶色变红。

生长习性　喜光，耐半阴，耐酷暑，耐寒，耐旱，耐湿，耐贫瘠。

繁殖方法及栽培技术要点　养护成本低，成景速度快，对各种环境适应性强。不需浇水、施肥，可正常生长。

主要病虫害 病虫害较少。

观赏特性及园林用途 园林中用作观赏草，宜用于水景园。

11.7 柳枝稷

科属 禾本科黍属。

分布 原产北美。中国引种栽培作牧草。

形态特征 多年生草本。暖季型，根茎被鳞片。秆直立，质较坚硬，高1~2m。丛生或蔓生。叶深绿色，叶鞘无毛，上部的短于节间；叶舌短小，长约0.5mm，顶端具睫毛；叶片线形，长20~40cm，宽约5mm，顶端长尖，两面无毛或上面基部具长柔毛。圆锥花序。花果期6—10月。

生长习性 柳枝稷为C4植物，对生长温度要求较高。萌发的最低温度为10.3℃，当土壤温度低于15.5℃时，种子萌发很慢；柳枝稷生长的最适温度在30℃左右。柳枝稷具有明显的光周期特性，它是短日植物，短日照条件下才可开花。柳枝稷可适应沙土、黏壤土等多种土壤类型，且具有较强的耐旱性，甚至在岩石类土壤中亦能生长良好，其适宜生长的土壤pH值为4.9~7.6，在中性条件下生长最好。

繁殖方法及栽培技术要点 柳枝稷一般采取春播与夏末播种，以春播效果较好。播种方式常采用在播床上撒播或条播，条播行距建议为50~80cm，播种量以10~15kg/hm^{2}为宜，在壤土或黏土中播种，适宜的播种深度为1~2cm，播种过深会引起柳枝稷无法出苗，在沙土中播种深度以3~10cm为宜。在裸露荒地等边际土地上种植柳枝稷，也可使用免耕播种技术。

主要病虫害 柳枝稷锈病防治方法：选育抗病品种。科学的养护管理：增施磷、氮肥，适量施用氮肥。化学防治：三唑类杀菌剂防治锈病效果好，作用的持效期长。常见品种有粉锈宁、羟锈宁、特普唑（速宝利）、立克秀等。

观赏特性及园林用途 柳枝稷作为园林观赏草，可用于公园游园等。

11.8 小兔子狼尾草

别称 小布尼狼尾草。

科属 禾本科狼尾草属。

分布 中国各省广有分布。

形态特征 小兔子狼尾草是多年生草本，株高15~30cm，是最低矮的观赏狼尾草，花黄色，花期自晚夏、初秋至仲秋，叶片在初秋有黄褐色条斑纹，晚秋变为褐色。丛生，6—9月抽穗，花絮白色，毛绒状。盛夏开花时植株如喷泉。

生长习性　喜光照充足、温暖气候，耐旱、耐湿，亦能耐半阴，抗寒性强，土壤适应性广，耐轻微碱性，亦耐干旱贫瘠。

繁殖方法及栽培技术要点　该草生性强健，萌发力强，容易栽培，对水肥要求不高，耐粗放管理，少有病虫杂草为害。可播种繁殖，亦可在春秋季分株，生长快，且耐移植。

主要病虫害　病虫害较少。

观赏特性及园林用途　狼尾草适应性强，用途广，是一种优良的园林观赏植物，尤其是理想的花境材料，可用于盆栽观赏，也可用于基础栽植，作为地被材料，可栽植于岩石园、海岸边，植于花园、草地、林缘等地。

11.9　卡尔拂子茅

科属　禾本科拂子茅属。

分布　分布在温带地区，中国南北均产，但大多产于北部和东北部。

形态特征　宿根草本。属冷季型。植株直立，茎秆密集丛生，株高可达2m。花序初放松散柔软，淡紫色。夏末花序密集直立，变成淡黄色。一直到冬季花序也不脱落。花期6—7月。

生长习性　适应性广泛，不择土壤，甚至在重黏土中也能生长，但是在疏松湿润的壤土中生长迅速，对光照要求不严格，全光照或半阴条件下都能生长。

繁殖方法及栽培技术要点　由于该种不产生种子，只能进行分株繁殖。栽培管理要注意通风透气，尤其是高温高湿的夏季，如植株郁闭，通风透光不良，容易发生锈病。

主要病虫害　病虫害较少。

观赏特性及园林用途　可布置花境，具有挺拔直立的景观效果，也适宜带状种植，构成其他花卉布置的背景，与其他植株开张的花卉搭配布置，可形成对比鲜明、引人注目的效果。冬天花序和植株变成金黄色，给萧瑟的冬日涂上一抹亮丽的彩色；尤其在雪景的衬托下，一冷一暖对比鲜明，确有一种别样的独特风韵。也适宜盆栽，植株密集丛生，花序紧凑，惹人喜爱。

附录 沧州市常用绿化素材参考目录

序号类别	品种名称	科属
一、常绿针叶乔木：2科4属14种		
1	圆柏	柏科圆柏属
2	洒金柏	柏科圆柏属
3	龙柏	柏科圆柏属
4	蜀桧	柏科圆柏属
5	侧柏	柏科侧柏属
6	油松	松科松属
7	黑松	松科松属
8	白皮松	松科松属
9	华山松	松科松属
10	樟子松	松科松属
11	雪松	松科雪松属
12	云杉	松科云杉属
13	青杆	松科云杉属
14	白杆	松科云杉属
二、常绿阔叶乔木：1科1属1种		
15	大叶女贞	木犀科女贞属
三、落叶阔叶乔木：25科40属88种		
16	白蜡	木犀科白蜡树属
17	速生白蜡	木犀科白蜡树属
18	暴马丁香	木犀科丁香属
19	流苏树	木犀科流苏树属
20	石楠	蔷薇科石楠属
21	红叶石楠	蔷薇科石楠属
22	山楂	蔷薇科山楂属
23	西府海棠	蔷薇科苹果属
24	红宝石海棠	蔷薇科苹果属
25	红丽海棠	蔷薇科苹果属
26	亚当海棠	蔷薇科苹果属
27	绚丽海棠	蔷薇科苹果属
28	山荆子	松科云杉属

（续表）

序号类别	品种名称	科属
29	杏	蔷薇科杏属
30	杏梅	蔷薇科杏属
31	桃	蔷薇科桃属
32	碧桃	蔷薇科桃属
33	白碧桃	蔷薇科桃属
34	红碧桃	蔷薇科桃属
35	紫叶桃	蔷薇科桃属
36	垂枝桃	蔷薇科桃属
37	寿星桃	蔷薇科桃属
38	山桃	蔷薇科桃属
39	菊花桃	蔷薇科桃属
40	帚桃	蔷薇科桃属
41	东京樱花	蔷薇科樱属
42	日本晚樱	蔷薇科樱属
43	紫叶李	蔷薇科李属
44	太阳李	蔷薇科李属
45	美人梅	蔷薇科李属
46	紫叶稠李	蔷薇科稠李属
47	梨树	蔷薇科梨属
48	毛白杨	杨柳科杨属
49	河北杨	杨柳科杨属
50	新疆杨	杨柳科杨属
51	银白杨	杨柳科杨属
52	小叶杨	杨柳科杨属
53	旱柳	杨柳科柳属
54	垂柳	杨柳科柳属
55	金丝垂柳	杨柳科柳属
56	速生竹柳	杨柳科柳属
57	榆树	榆科榆属
58	金叶榆	榆科榆属
59	构树	桑科构属
60	龙爪桑	桑科桑属
61	杜仲	杜仲科杜仲属

（续表）

序号类别	品种名称	科属
62	元宝枫	槭树科槭树属
63	五角枫	槭树科槭树属
64	美国红枫	槭树科槭树属
65	复叶槭	槭树科槭树属
66	青竹复叶槭	槭树科槭树属
67	栾树	无患子科栾树属
68	文冠果	无患子科文冠果属
69	臭椿	苦木科臭椿属
70	千头椿	苦木科臭椿属
71	刺槐	蝶形花科（豆科）刺槐属
72	毛刺槐	蝶形花科（豆科）刺槐属
73	红花刺槐	蝶形花科（豆科）刺槐属
74	香花槐	蝶形花科（豆科）刺槐属
75	国槐	蝶形花科（豆科）槐属
76	金枝国槐	蝶形花科（豆科）槐属
77	金叶国槐	蝶形花科（豆科）槐属
78	龙爪槐	蝶形花科（豆科）槐属
79	蝴蝶槐	蝶形花科（豆科）槐属
80	火炬树	漆树科盐肤木属
81	黄栌	漆树科黄栌属
82	红栌	漆树科黄栌属
83	银杏	银杏科银杏属
84	合欢	含羞草科合欢属
85	青桐	梧桐科梧桐属
86	梓树	紫葳科梓树属
87	楸树	紫葳科梓树属
88	黄金树	紫葳科梓树属
89	苦楝	楝科楝属
90	香椿	楝科香椿属
91	玉兰	木兰科木兰属
92	紫玉兰	木兰科木兰属
93	一球悬铃木（美桐）	悬铃木科悬铃木属
94	二球悬铃木（英桐）	悬铃木科悬铃木属

（续表）

序号类别	品种名称	科属
95	三球悬铃木（法桐）	悬铃木科悬铃木属
96	柽柳	柽柳科柽柳属
97	紫荆	云实科（苏木科）紫荆属
98	柿	柿科柿属
99	君迁子	柿树科柿树属
100	丝棉木	卫矛科卫矛属
101	毛泡桐（紫花泡桐）	玄参科泡桐属
102	沙枣	胡颓子科胡颓子属
103	石榴	石榴科石榴属
四、常绿灌木：4科4属9种		
104	铺地柏	柏科圆柏属
105	叉子圆柏	柏科圆柏属
106	大叶黄杨（冬青卫矛）	卫矛科卫矛属
107	金边大叶黄杨	卫矛科卫矛属
108	胶东卫矛	卫矛科卫矛属
109	卫矛	卫矛科卫矛属
110	黄杨	黄杨科黄杨属
111	雀舌黄杨	黄杨科黄杨属
112	凤尾兰	百合科丝兰属
五、落叶灌木：14科33属43种		
113	金叶女贞	木犀科女贞属
114	小叶女贞	木犀科女贞属
115	紫丁香	木犀科丁香属
116	白丁香	木犀科丁香属
117	小叶丁香（四季丁香）	木犀科丁香属
118	连翘	木犀科连翘属
119	迎春花	木犀科素馨属
120	榆叶梅	蔷薇科桃属
121	紫叶矮樱	蔷薇科李属
122	郁李	蔷薇科樱属
123	麦李	蔷薇科樱属
124	月季	蔷薇科蔷薇属
125	丰花月季	蔷薇科蔷薇属

（续表）

序号类别	品种名称	科属
126	玫瑰	蔷薇科蔷薇属
127	黄刺玫	蔷薇科蔷薇属
128	缫丝花（刺梨）	蔷薇科蔷薇属
129	绣线菊	蔷薇科绣线菊属
130	珍珠梅	蔷薇科珍珠梅属
131	贴梗海棠	蔷薇科木瓜属
132	平枝栒子	蔷薇科栒子属
133	棣棠	蔷薇科棣棠属
134	紫穗槐	蝶形花科（豆科）紫穗槐属
135	锦鸡儿	蝶形花科（豆科）锦鸡儿属
136	金叶莸	马鞭草科莸属
137	紫珠	马鞭草科紫珠属
138	枸杞	茄科枸杞属
139	红瑞木	山茱萸科梾木属
140	紫叶小檗	小檗科小檗属
141	金叶接骨木	忍冬科接骨木属
142	金银木	忍冬科忍冬属
143	蓝叶忍冬	忍冬科忍冬属
144	锦带花	忍冬科锦带花属
145	天目琼花	忍冬科荚蒾属
146	皱叶荚蒾	忍冬科荚蒾属
147	糯米条	忍冬科六道木属
148	猬实	忍冬科猬实属
149	木槿	锦葵科木槿属
150	紫薇	千屈菜科紫薇属
151	花椒	芸香科花椒属
152	枸骨	冬青科冬青属
153	牡丹	芍药科芍药属
154	香茶藨子	虎耳草科茶藨子属
155	太平花	虎耳草科山梅花属
六、藤本攀援：7科9属11种		
156	紫藤	蝶形花科（豆科）紫藤属
157	地锦（爬山虎）	葡萄科爬山虎属
158	美国地锦（五叶地锦）	葡萄科爬山虎属

（续表）

序号类别	品种名称	科属
159	葡萄	葡萄科葡萄属
160	美国凌霄	紫葳科凌霄属
161	扶芳藤	卫矛科卫矛属
162	金银花	忍冬科忍冬属
163	藤本月季	蔷薇科蔷薇属
164	野蔷薇	蔷薇科蔷薇属
165	观赏葫芦	葫芦科葫芦属
166	观赏南瓜	葫芦科南瓜属
七、竹类：1科2属5种		
167	刚竹	禾本科刚竹属
168	早园竹	禾本科刚竹属
169	紫竹	禾本科刚竹属
170	黄槽竹	禾本科刚竹属
171	阔叶箬竹	禾本科箬竹属
八、草本类：29科51属66种		
（一）多年生草本：18科30属40种		
172	芍药	毛茛科芍药属
173	菊花	菊科菊属
174	地被菊	菊科菊属
175	荷兰菊	菊科紫菀属
176	金光菊	菊科金光菊属
177	黑心菊	菊科金光菊属
178	大滨菊	菊科滨菊属
179	宿根天人菊	菊科天人菊属
180	大花金鸡菊	菊科金鸡菊属
181	大丽花	菊科大丽花属
182	萱草	百合科萱草属
183	大花萱草	百合科萱草属
184	金娃娃萱草	百合科萱草属
185	玉簪	百合科玉簪属
186	紫萼	百合科玉簪属
187	郁金香	百合科郁金香属
188	麦冬	百合科沿阶草属
189	鸢尾	鸢尾科鸢尾属

（续表）

序号类别	品种名称	科属
190	马蔺	鸢尾科鸢尾属
191	射干	鸢尾科射干属
192	蜀葵	锦葵科蜀葵属
193	蛇莓	蔷薇科蛇莓属
194	美人蕉	美人蕉科美人蕉属
195	二色补血草	蓝雪科（白花丹科）补血草属
196	白三叶	蝶形花科（豆科）车轴草属
197	苜蓿	蝶形花科（豆科）苜蓿属
198	紫花苜蓿	蝶形花科（豆科）苜蓿属
199	紫茉莉	紫茉莉科紫茉莉属
200	柳叶马鞭草	马鞭草科马鞭草属
201	红花酢浆草	酢浆草科酢浆草属
202	紫叶酢浆草	酢浆草科酢浆草属
203	宿根鼠尾草	唇形科鼠尾草属
204	假龙头	唇形科假龙头花属
205	宿根福禄考	花葱科福禄考属（天蓝绣球属）
206	紫花地丁	堇菜科堇菜属
207	'金叶'过路黄	报春花科珍珠菜属
208	八宝景天	景天科景天属
209	三七景天	景天科景天属
210	垂盆草	景天科景天属
211	崂峪苔草	莎草科苔草属
（二）一二年生草本：15科24属26种		
212	波斯菊	菊科秋英属
213	金盏菊	菊科金盏菊属
214	万寿菊	菊科万寿菊属
215	孔雀草	菊科万寿菊属
216	矢车菊	菊科矢车菊属
217	雏菊	菊科雏菊属
218	蛇目菊	菊科蛇目菊属
219	百日草	菊科百日草属
220	向日葵	菊科向日葵属

（续表）

序号类别	品种名称	科属
221	美女樱	马鞭草科马鞭草属
222	蓝亚麻	亚麻科亚麻属
223	二月兰	十字花科诸葛菜属
224	一串红	唇形科鼠尾草属
225	彩叶草	唇形科鞘蕊花属
226	鸡冠花	苋科青葙属
227	五色草	苋科虾钳菜属
228	三色堇	堇菜科堇菜属
229	矮牵牛	茄科碧冬茄属（矮牵牛属）
230	虞美人	罂粟科罂粟属
231	凤仙花	凤仙花科凤仙花属
232	金鱼草	玄参科（车前科）金鱼草属
233	香石竹	石竹科石竹属
234	常夏石竹	石竹科石竹属
235	长春花（五瓣梅）	夹竹桃科长春花属
236	半枝莲	马齿苋科马齿苋属
237	地肤	藜科地肤属
九、草坪类：1科8属8种		
238	高羊茅	禾本科羊茅属
239	草地早熟禾	禾本科早熟禾属
240	结缕草	禾本科结缕草属
241	野牛草	禾本科野牛草属
242	狗牙根	禾本科狗牙根属
243	匍匐剪股颖	禾本科剪股颖属
244	牛筋草	禾本科穇属
245	多年生黑麦草	禾本科黑麦草属
十、水生植物：9科11属11种		
246	千屈菜	千屈菜科千屈菜属
247	水生美人蕉	美人蕉科美人蕉属
248	水生鸢尾	鸢尾科鸢尾属
249	旱伞草	莎草科莎草属
250	水葱	睡莲科莲属
251	荷花	睡莲科莲属

（续表）

序号类别	品种名称	科属
252	睡莲	睡莲科睡莲属
253	再力花	竹芋科再力花属
254	梭鱼草	雨久花科梭鱼草属
255	芦苇	禾本科芦苇属
256	香蒲	香蒲科香蒲属
十一、观赏草：1科4属9种		
257	花叶芒	禾本科芒属
258	斑叶芒	禾本科芒属
259	细叶芒	禾本科芒属
260	晨光芒	禾本科芒属
261	常绿芒	禾本科芒属
262	矢羽芒	禾本科芒属
263	柳枝稷	禾本科黍属
264	小兔子狼尾草	禾本科狼尾草属
265	卡尔拂子茅	禾本科拂子茅属
沧州市常用绿化素材共计：69科157属265种		

主要参考文献

陈超，袁小环，滕文军，等，2017. 狼尾草属植物生物学特性、生态适应性、观赏性和入侵风险关系的探讨[J]. 生态学杂志（2）：374-381.

陈有民，2018. 园林树木学（第2版）[M]. 北京：中国林业出版社.

程千木，2013. 彩叶树红枫价值及其繁殖栽培技术[J]. 现代园艺（7）：33.

崔明珠，张娜娜，田保明，等，2015. 三球悬铃木果球离体培养与再生体系的建立[J]. 西部林业科学（5）：132-136.

郭育文，2013. 园林树木的整形修剪技术及研究方法[M]. 北京：中国建筑工业出版社.

郝维平，2015. 成都首届紫薇赏花季拉开帷幕[J]. 中国花卉园艺（16）：18.

姜永峰，唐世勇，邢英丽，等，2010. 我国北方红叶李品种及其在园林中的应用[J]. 农业科技通讯（1）：175-176.

李汉友，2010. 木槿的生物学性状与观赏应用[J]. 中国园艺文摘（4）：96，161.

李淑梅，2016. 浅谈美国紫薇的园林应用——以美国红火箭、红火球和红叶紫薇为例[J]. 科技视界（5）：196.

李文胜，2014. 野花组合的配置应用及栽培技术[J]. 现代农业科技（7）：215-216.

李长海，郁永英，宋莹莹，等，2013. 绿化树种荚蒾引种与栽培技术试验[J]. 防护林科技（8）：20-21，31.

刘家胜，高晓慧，2014. 普通紫薇大砧高接美国"三红"紫薇技术[J]. 中国园艺文摘（11）：142-143.

刘亮梅，张喆嫄，谢宏山，等，2010. 盐胁迫对四种碧桃植物抗性指标的影响[J]. 北方园艺（12）：72-74.

刘燕，2018. 园林花卉学（第3版）[M]. 北京：中国林业出版社教育出版分社.

刘珠琴，黄宗兴，舒巧云，等，2010. 北美海棠新品种的引进与栽培表现[J]. 中国园艺文摘（10）：41-42

邱崇洋，杨炯超，郭和蓉，等，2013. 8种狼尾草属植物的生长性状比较分析[J]. 中国农学通报（6）：97-101.

沈海兵，2012. 雪松在园林绿化中应用的探讨[J]. 现代园艺（18）：78.

孙苏南，王小德，邓磷曦，等，2013. 水杉、池杉、落羽杉在园林植物造景中的应用[J]. 福建林业科技，40（2）：171-175

汤巧香，王建团，2013. 碧桃整形修剪技术[J]. 福建林业科技（2）：108.

汪志铮，2015. 紫薇新品种——"三红"紫薇[J]. 科学种养（8）：56.

王莲英，秦魁杰，2013. 花卉学（第2版）[M]. 北京：中国林业出版社.

王世国，石兴国，2011. 泡桐栽植与管理技术探析[J]. 河北农业科学，15（1）：27、30.

王中林，2016. 金枝槐主要病虫害及其防控技术[J]. 科学种养（4）：32-33.

魏本柱，曾海东，2012. 食用花卉——木槿栽培技术[J]. 中国林副特产（6）：40-41.

夏文胜，2015. 华中常见园林景观植物栽培应用[M]. 武汉：湖北科学技术出版社.

项瑜，2011. 紫竹在千岛湖园林绿化中应用[J]. 世界竹藤通讯，9（1）：38-40.

许联瑛，王森，张敬，等，2010. 常绿阔叶植物石楠在北京地区的引种示范应用[J]. 中国园林
　　（4）：45-48.

颜蓓，2012. 浅谈超大规格雪松的移植技术[J]. 北京园林（4）：24-29.

杨红伟，2012. 彩叶植物红枫的繁殖技术及管理要点[J]. 现代园艺（9）：35-36.

杨静慧，黄晗达，周强，等，2017. 不同地区的盐碱土壤对金枝槐、金叶榆生长的影响 [J]. 天
　　津农林科技（1）：1-3.

杨士雄，张晓军，刘志青，2011. 国槐大树移栽技术[J]. 安徽农学通报，17（7）：151，191.

曾慧杰，王晓明，李永欣，等，2015. 两个紫薇品种引种栽培及逆境胁迫下脯氨酸含量分析[J].
　　北方园艺（16）：67-72.

张博，李利平，毛伟兵，等，2015. 雄性不育与可育楸树花发育的细胞学比较研究[J]. 植物研
　　究（6）：812-818.

张成杰，2011. 月季栽培技术[J]. 现代农业科技（7）：216，224.

张祺超，桂炳中，赵向荣，等，2017. 华北地区全缘叶栾树栽培[J]. 中国花卉园艺（6）：48.

张天麟，2010. 园林树木1 600种[M]. 北京：中国建筑工业出版社.

张晓煊，姜卫兵，魏家星，等，2012. 连翘与迎春的文化内涵及园林应用[J]. 江西农业学报，
　　24（3）：36-38.

张志翔，2018. 树木学（北方本，第2版）[M]. 北京：中国林业出版社.

赵金盘，2011. 适宜北方盐碱地区的优良树种——白蜡[J]. 现代园艺（6）：8-9.

周兴文，毛伟，2012. 女贞的园林应用及栽培管理[J]. 陕西农业科学（1）：149-150.

周兴文，朱宇林，2011. 紫玉兰的观赏特性及其在园林中的应用[J]. 北方园艺（8）：93-95.

朱丹，董务闯，胡惠根，等，2013. 迎春花的特征特性、用途及枝插繁殖技术[J]. 上海农业科
　　学（4）：98，76.

卓丽环，陈龙青，2011. 园林树木学[M]. 北京：中国农业出版社.